高等院校计算机教育教材

Access 2016 数据库应用基础

王 萍 张 婕 主 编
罗 玮 万 芳 廖云燕 副主编

U0217996

电子工业出版社.
Publishing House of Electronics Industry
北京·BEIJING

内 容 简 介

Access 2016 是 Microsoft 公司推出的功能强大的 Office 2016 套装办公软件中的一员，主要用于数据库应用系统的开发，是目前十分流行的桌面数据库管理系统。

本书从 Access 2016 的基础入门开始，详细地介绍 Access 2016 的主要功能和基本操作，包括数据库理论、表、查询、窗体、报表、宏、模块和 VBA 编程技术，并且按照软件工程的设计思想；以"大学生科技创新项目管理系统"作为开发案例，详细介绍了如何使用 Access 2016 开发一个数据库应用系统的全过程。

本书内容由浅入深、通俗易懂、图文并茂、直观生动。书中提供了大量的操作实例，并配有丰富的实例图片，每章后面均附有习题，能够帮助读者快速掌握 Access 2016 数据库技术。

本书既可以作为高等院校电子商务、财会电算化、统计、计算机信息管理等专业学生的参考用书，也可以作为 Access 2016 数据库培训班学生的培训用书和参加全国计算机等级考试（二级 Access）人员的辅导书。

图书在版编目（CIP）数据

Access 2016 数据库应用基础 / 王萍，张婕主编. —北京：电子工业出版社，2022.2

高等院校计算机教育教材

ISBN 978-7-121-42935-4

Ⅰ. ①A… Ⅱ. ①王… ②张… Ⅲ. ①关系数据库系统－高等学校－教材 Ⅳ. ①TP311.138

中国版本图书馆 CIP 数据核字（2022）第 024510 号

责任编辑：许存权　　　　　　　特约编辑：田学清
印　　刷：涿州市京南印刷厂
装　　订：涿州市京南印刷厂
出版发行：电子工业出版社
　　　　　北京市海淀区万寿路 173 信箱　　　　邮编：100036
开　　本：787×1092　　1/16　　印张：22.25　　　字数：570 千字
版　　次：2022 年 2 月第 1 版
印　　次：2022 年 2 月第 1 次印刷
定　　价：69.00 元

凡所购买电子工业出版社图书有缺损问题，请向购买书店调换。若书店售缺，请与本社发行部联系，联系及邮购电话：（010）88254888，88258888。

质量投诉请发邮件全 zlts@phei.com.cn，盗版侵权举报请发邮件至 dbqq@phei.com.cn。

本书咨询联系方式：（010）88254484，xucq@phei.com.cn。

前　言

随着计算机在办公应用领域中的普及和数据库技术的不断完善与发展，数据库管理正成为现代企业管理中一项越来越重要的内容，数据库管理系统软件正变成与办公软件类似的企业管理工具。因此，在高等院校中有关数据库管理技术的课程倍受重视，相关课程已成为各个专业的计算机公共基础必修课。

Access 2016 是 Microsoft Office 系列应用软件的一个重要组成部分，是运行在 Windows 平台上非常适用、受欢迎的桌面数据库管理软件，它具有以下几个特点。

（1）操作简便。Access 2016 采用了与 Word、Excel、PowerPoint 等常用办公软件风格一致的图形操作界面，提供了丰富的向导帮助，使用时无须大量编程，使得数据库的创建、维护和管理变得非常方便和简单。

（2）功能强大，使用方便。Access 2016 能够满足一般企业人员与个人日常管理数据的需要，数据库对象中的表、查询、窗体、报表等都提供了"向导"和"设计视图"两种创建方式，用户几乎不必进行任何 VBA 编程和 SQL 编程就可以创建界面美观的应用系统。

（3）Access 2016 作为 Microsoft Office 2016 套装办公软件中的一员，无须额外购买便能直接使用。目前，由于大多数企业办公所用的计算机系统中都安装了 Microsoft Office 软件，因此有利于 Access 2016 的推广普及。

（4）Access 2016 增强了安全机制，能够降低操作系统受到恶意攻击带来的风险。

（5）Access 2016 增强了与 XML 之间的转换功能，可以更方便地共享跨越各种平台和不同用户级别的数据，还可以作为企业级后端数据库的前台客户端。

（6）Access 2016 内置编程语言 VBA，提供使用方便的开发环境 VBA 窗口，与独立的 Visual Basic 语言在语法和使用上兼容，提高了开发 Access 2016 数据库应用系统的功能。

（7）Access 2016 上手容易，能够帮助读者理解数据库的基础理论，为今后进一步学习其他复杂的数据库系统打下基础。

本书分为 9 章，各章具体内容如下。

第 1 章，主要讲述了数据库基础、Access 2016 数据库的特点、Access 2016 的启动与退出、Access 2016 数据库中的对象等内容。

第 2 章，主要讲述了如何创建数据库、数据库的基本操作、数据库对象的操作、数据库的安全保护等内容。

第 3 章，主要讲述了创建表、修改表的结构、设置表的主键与建立多表之间的关联关系、在数据表视图中的表操作等内容。

第 4 章，主要讲述了查询概述、选择查询、参数查询、交叉表查询、操作查询、SQL 语句查询等内容。

第 5 章，主要讲述了窗体的组成、窗体的创建、窗体的属性、窗体中控件的使用和属性的设置、实用窗体设计等内容。

第 6 章，主要讲述了报表的类型与视图、使用报表设计视图和使用向导创建报表、在报表中进行分组、排序及汇总计算、报表的页面设置及打印等内容。

第 7 章，主要讲述了宏设计视图的使用，有关宏、宏组及条件宏的创建、调试与运行，如何设置宏的快捷方式等内容。

第 8 章，主要讲述了模块、面向对象程序设计的基本概念、VBA 编程环境、VBA 程序结构、调试 VBA 程序等内容。

第 9 章，主要讲述了软件工程的思想、使用 Access 2016 开发应用软件的基本方法、剖析"大学生科技创新项目管理系统"案例的开发全过程等内容。

参与撰写本书的人员有王萍、张婕、罗玮、万芳、廖云燕、张倍敏，最后由王萍、张婕修改定稿全书。

在撰写本书过程中，得到了江西师范大学计算机信息工程学院胡羿书记、王明文院长、李云清副院长等领导的关心与支持，杨印根、李建元、敖小玲、王丽君、熊刚、甘朝红、王国纬、徐文胜、傅清平、李雪斌、王昌晶、刘洪、聂伟强、冯悦、徐培、倪海英等教师对本书提出了许多宝贵意见，对本书的成稿提供了很大的帮助，在此一并表示衷心感谢。

由于编者水平有限，书中难免存在一些疏漏和不足，希望同行专家和广大读者给予批评指正。

编　者

2021 年 10 月于江西师范大学

目　　录

第 1 章

Access 2016 入门

数据库及其应用是计算机科学中的一个重要分支。从最初简单的人工管理数据的方式到当前各种先进的数据库系统，数据管理技术发生了翻天覆地的变化。特别是数据库技术的应用非常广泛，以至于在计算机应用领域中都使用了数据库。目前，许多企业的业务开展都离不开数据库，如银行业务、证券业务、飞机订票业务、火车订票业务、超市业务、电子商务等。如果支持这些业务的数据库出现问题，那么相关的业务将无法正常运行。

本章主要介绍数据库系统概述、关系型数据库、Access 2016 的特点、Access 2016 的功能区等，希望读者尽快对 Access 2016 有一个整体认识，为后面章节的学习奠定基础。

本章重点：

◎ 初识数据管理基础
◎ 初识 Access 2016 基础

1.1 数据管理基础

1.1.1 数据与数据处理

自从世界上第一台电子数字计算机（以下简称计算机）诞生以来，数据管理经历了从较为低级的人工管理到先进的数据库、数据仓库、数据挖掘的演变。

1. 数据

数据是存储在某一种媒介（如计算机）上能够被识别的物理符号。也可以说，数据是描述事物的符号记录，如"庐山""160"。数据不仅可以包括数字、字母、文字和其他特殊字符组成的文本形式，还可以包括图像、图形、影像、声音、动画等多媒体形式，它们经过数字化后可以存入计算机。本书涉及的数据类型有 3 种。

（1）数值型数据。

客观事物的定量表达。例如，某个人的身高、证券指数、某日大米的价格等。数值型数据可以进行数学计算。

（2）文本型数据。

客观事物的定性表达。例如，某个人的姓名、履历等。需要注意的是，文本型数据除了有文字符号，还可以有数字符号。

（3）多媒体型数据。

客观事物的形象化表达。例如，某个人的照片、某个风景区的视频、某首歌曲的声音等。

当然，这些数据都是经过数字化而被计算机所接受的。

2．数据处理

数据处理是把数据加工处理成为信息的过程。信息是数据根据需要进行加工处理后得到的结果。信息对于数据接收者来说是有意义的。例如，"庐山""160"只是单纯的数据，没有具体意义，而"旅游景点庐山的门票价格是 160 元"就是一条有意义的信息。

1.1.2　数据管理技术

计算机数据管理是指利用计算机对数据进行分类、组织、编码、存储、检索和维护，是数据处理的核心技术。与其他技术一样，随着计算机硬件和软件技术的发展，计算机数据管理技术也大致经历了从低级到高级的发展阶段。

1．人工管理

在 20 世纪 50 年代中期以前，计算机主要用于数值计算。当时计算机的计算能力十分有限。硬件方面没有能够直接存取大量数据的存储设备，软件方面没有操作系统和相应的数据管理软件，同时数值计算的数据量小，数据也不需要保存，程序运行结束就随之撤销。因此，数据由应用程序直接处理，数据的输入/输出格式、访问方式等都在应用程序中设定。数据依赖特定的应用程序，缺乏与应用程序之间的相对独立性、程序之间的数据共享性。数据处理采用了批处理方式，人工管理阶段数据与应用程序之间的关系如图 1-1 所示。

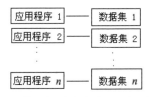

图 1-1　人工管理阶段数据与应用程序之间的关系

2．文件系统

20 世纪 50 年代后期到 20 世纪 60 年代中期，计算机的计算能力有了很大的发展，硬件方面已经有了能够直接存取大量数据的存储设备，软件方面出现了高级语言和操作系统，外存（外部存储器）中的数据由操作系统中的文件系统负责管理。因为有了文件系统，可以把数据和应用程序分开，应用程序存储在程序文件中，数据存储在独立的数据文件中，它们分别进行单独管理。计算机的应用范围逐渐扩大，计算机不仅用于科学计算，还大量用于数据管理。这个阶段称为文件系统阶段，数据和应用程序之间的关系如图 1-2 所示。

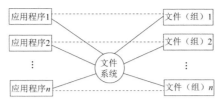

图 1-2　文件系统管理阶段数据和应用程序之间的关系

文件系统管理阶段的最大优点就是开始实现了数据与应用程序的分离，数据存储在数据文件中，保存在外存中，可以重复使用。数据文件是由一条条记录组成的。一条记录是一些数据项的集合，如学生信息管理中的一条记录是学号、姓名、性别、年龄、家庭住址等数据项的集合。所有学生的记录就构成一个学生信息文件。用户使用文件名访问文件，对文件中的记录进行存取，不必考虑数据的物理存储。但是一个或一组数据文件基本对应一个应用程序，数据文件之间没有联系，一个数据往往重复出现在几个数据文件中，数据的共享性低、冗余度大、独立性差。

3．数据库系统

20 世纪 60 年代后期，计算机应用越来越广泛，管理的数据量急剧增长，管理规模越来越大，同时多应用、多用户共享数据的需求越来越大。文件系统已经解决不了所出现的问题，需要统一的数据处理中心来管理庞大的数据，向多应用系统提供数据服务，于是出现了专门的数据管理软件系统——数据库系统。数据库系统管理阶段数据与应用程序之间的关系如图 1-3 所示。

图 1-3　数据库系统管理阶段数据与应用程序之间的关系

数据库系统管理是由数据库管理系统统一管理数据，数据库管理系统负责数据库的创建和维护、数据的查询和更新（插入、删除、修改）操作，并提供数据保护和控制功能，形成数据处理中心。数据以数据库文件组织形式长期保存，应用程序与数据的逻辑结构和物理存储结构无关，数据具有较高的逻辑独立性和物理独立性。数据库中数据是有结构的，根据数据库管理系统所支持的数学模型决定其结构形式。

数据库系统中的数据不再只是为某一应用系统所使用，而是采用面向全局的观点组织起来，为多个应用系统所使用。例如，一所学校往往包括多个应用系统，如学籍管理系统、教学管理系统，输入学生记录不仅使用学籍管理系统，还要使用教学管理系统等。因此，数据库不仅包括数据本身，而且包括数据之间的联系。数据库中的数据能够满足多用户、多应用的不同需求。数据的共享性高、冗余度小。节约存储空间可以避免数据之间的不相容性与不一致性。

4．分布式数据库系统

分布式数据库是数据库技术与网络技术相结合的产物。随着传统的数据库技术日趋成熟，以及计算机网络技术的飞速发展和应用范围的扩充，数据库应用已经普遍建立于计算机网络之上，这时集中式数据库系统表现出它的不足之处，数据按实际需要已在网络上分布存储，再采用集中式处理，势必会出现通信开销大的情况；应用程序集中在一台计算机上运行，一旦该计算机发生故障，则整个系统都会受到影响，可靠性不高；集中式处理导致系统的规模和配置都不够灵活，系统的可扩充性差。在这种形势下，集中式数据库的"集中计算"开始向"分布计算"发展。

分布式数据库系统有两种：一种在物理上是分布的，但逻辑上却是集中的；另一种在物理上和逻辑上都是分布的，也就是联邦式分布数据库系统。

5．面向对象数据库系统

将面向对象技术与数据库技术结合产生面向对象的数据库系统，是数据库应用发展的迫切需要，也是面向对象技术和数据库技术发展的必然结果。

面向对象的数据库系统必须支持面向对象的数据模型，具有面向对象的特性。一个面向对象的数据模型是用面向对象的观点来描述现实世界实体的逻辑组织、对象之间的限制和联系的。

另外，将面向对象技术应用到数据库应用开发工具中，使数据库应用开发工具能够支持面向对象的开发方法并提供相应的开发手段，对于提高数据库应用开发效率及增强数据库应用系统界面的友好性、可伸缩性、可扩充性等具有重要的意义。

6．数据仓库

随着客户机服务器技术的成熟和并行数据库的发展，信息处理技术实现了从大量的事务型数据库中抽取数据，并将其清理、转换为新的存储格式的过程，即为决策目标把数据聚合在一种特殊的格式中。随着此过程的发展和完善，这种支持决策的、特殊的数据存储被称为数据仓库（Data Warehouse）。数据仓库是支持管理决策过程的、面向主题的、集成的、稳定的、随时间变化的数据集合。

7．数据挖掘

数据挖掘（Data Mining）又被称为数据库中的知识发现（Knowledge Discovery in DataBase），它是一个从数据库中获取有效的、新颖的、潜在有用的、最终可理解的知识的复杂过程。简单来说，数据挖掘就是从大量数据中提取或挖掘知识。

数据挖掘和数据仓库的协同工作，一方面可以迎合和简化数据挖掘过程中的重要步骤，提高数据挖掘的效率和能力，确保数据挖掘过程中数据来源的广泛性和完整性；另一方面，数据挖掘技术已经成为数据仓库应用中极为重要和相对独立的工具。

8．大数据

大数据（Big Data）又被称为巨量数据、海量数据、大资料，是指所涉及的数据量规模巨大，很难通过人工在合理时间内达到截取、管理、处理并整理成为人们所能解读的信息。一般认为，大数据具有 4V 特点，即 Volume（数据量大）、Variety（数据多样性）、Velocity（处理速度快）、Value（价值）。

大数据的 4V 特点具有 4 个层面的含义。第一，数据量大，从 TB 级别跃升到 PB 级别

（1PB=1024TB），或者从 PB 级别跃升到 EB 级别（1EB=1024PB）；第二，数据多样性，如网络日志、视频、图片、地理位置信息等；第三，处理速度快，1 秒定律（要在秒级时间范围内给出分析结果，超出这个时间，数据就失去了价值），可从各种类型的数据中快速获取高价值的信息；第四，只要合理利用数据并对其进行正确、准确的分析，将会带来很高的价值回报。

对大数据而言，通过云计算技术、分布式处理技术、存储技术和感知技术的发展，这些原本很难收集和使用的数据开始容易被利用起来，通过各行各业的不断创新，大数据会逐步为人类创造更多的价值。

1.1.3　数据库系统概述

数据库系统（DataBase System，DBS）是指引入数据库技术后的计算机系统。数据库系统实际上是一个集合体，一般由计算机硬件系统、数据库、数据库管理系统及其相关的软件、数据库应用系统、数据库管理员和用户组成。

1. 数据库

数据库（DataBase，DB）是长期存储在计算机内，有组织的、可共享的、统一管理的相关数据的集合。数据库中的数据按一定的数据模型进行组织、描述和存储，具有较小的冗余度、较高的数据独立性和易扩展性。数据库中不仅包括描述事物的数据本身，而且包括相关事物之间的关系。

数据库中的数据不仅面向某一种特定的应用，还面向多种应用，可以被多个用户、多个应用程序共享。

例如，某企业的数据库，可以被该企业下属的各个部门的有关管理人员共享使用，而且可供各个管理人员运行的不同应用程序共享使用。当然，为了保障数据库安全，对于使用数据库的用户应该有相应权限的限制。

2. 数据库管理系统

数据库管理系统（DataBase Management System，DBMS）是数据库系统的核心软件，其主要任务是支持用户对数据库的基本操作，对数据库的创建、运行和维护进行统一管理和控制。

注意：用户不能直接接触数据库，而只能通过数据库管理系统来操作数据库。

数据库管理系统的主要功能包括以下几个方面。

（1）数据定义功能。

数据库管理系统提供了数据定义语言（Data Description Language，DDL）供用户定义数据库的结构、数据之间的联系等。

（2）数据操纵功能。

数据库管理系统提供了数据操纵语言（Data Manipulation Language，DML）完成用户对数据库提出的各种操作要求，以实现对数据库的插入、修改、删除、检索等基本操作。

（3）数据库运行控制功能。

数据库管理系统提供了数据控制语言（Data Control Language，DCL）实现对数据库进行并发控制、安全性检查、完整性约束条件的检查等功能。它们在数据库运行过程中监视数据库的各种操作，控制管理数据库资源，处理多用户的并发操作等。

（4）数据库维护功能。

数据库管理系统还提供了一些实用程序，用于对已经创建好的数据库进行维护，包括数据库的转储与恢复、数据库的重组与重构、数据库性能的监视与分析等。

（5）数据通信功能。

数据库管理系统还提供了与通信有关的实用程序，以实现网络环境下的数据通信功能。

3. 数据库管理员

数据库管理员（DataBase Administrator，DBA）是负责数据库的创建、使用和维护的专门人员。

4. 数据库应用系统

数据库应用系统是利用数据库系统资源，为特定应用环境开发的应用软件，如学籍管理系统、教务管理系统、财务管理系统、图书管理系统等。

5. 数据库系统的组成

数据库系统是指引入数据库技术后的计算机系统，数据库系统实际上是一个集合体，通常包括以下几部分。

（1）数据库。

（2）数据库管理系统及其相关软件。

（3）数据库应用系统。

（4）计算机硬件系统。

（5）数据库管理员。

（6）用户。

数据库系统各部分之间的关系如图 1-4 所示。

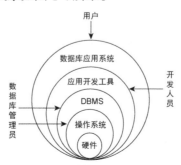

图 1-4　数据库系统各部分之间的关系

1.1.4　关系型数据库

数据库技术发展至今已经有 50 多年，主要按照数据模型的发展而演变，经历了层次和网状数据库系统、关系型数据库系统、面向对象数据库系统。基于层次模型（Hierarchical Model）、网状模型（Network Model）的层次和网状数据库系统构成早期的数据库产品，基于关系模型（Relational Model）的关系数据库系统当前被大量使用，如 Access 2016 就是基于关系模型的关系型数据库管理系统。基于面向对象模型（Object Oriented Model）的数据库系统现阶段商业化程度还不够高，大多处在实验研究阶段，有待成熟。

1. 实体联系模型

在创建一个数据库应用系统之前，先要搞清楚用户需要从数据库得到什么？从而决定数据库中要存储哪些数据及如何存储这些数据。要解决这个问题，需要分析理解现实世界中的客观事物，对它某一方面的客观属性进行描述，如描述某个学生，总是用他的姓名、性别、年龄、籍贯、家庭住址、家庭成员等属性来反映他的客观存在。这样，人的认识从客观世界（现实世界）进入了概念世界（信息世界）。下一步就断定数据库存储的学生记录中需要有姓名、性别、年龄、籍贯、家庭住址、家庭成员等字段，这就进入了数据世界（计算机世界）。上述的分析过程只是一种近似的描述，在数据库技术领域，使用严格的数学模型工具完成相应的工作。实体联系模型（Entity Relationship，E-R）就是一种描述信息世界的模型，它只描述用户所关心的信息结构，而不涉及信息在计算机中的表示，是一种与任何计算机系统无关的"概念数据模型"，是用户与数据库设计人员之间进行交流的工具。

E-R 模型中常用到实体、实体集、属性、码、域、联系和 E-R 图，它们的概念如下。

（1）实体（Entity）。

客观存在并可相互区别的事物被称为实体。实体可以是具体的人、事、物，也可以是抽象的概念或联系。例如，一个学生、一所院校、学生与院校的就学关系等都是实体。同一个事物在不同的场合可以是不同的实体。例如，小张在学校是学生，在家庭是子女。

（2）实体集（Entity Set）。

同一类型的实体的集合构成实体集。例如，全体学生就是一个实体集。

（3）属性（Attribute）。

实体在某一方面的特性被称为属性，一个实体可以由若干个属性来刻画。例如，学生实体的学号、姓名、性别、出生日期、所在院系等属性表示了学生实体的 5 个方面的特性。实体名和各个属性名的集合构成实体型。例如，学生（学号，姓名，性别，出生日期，所在院部）就是一个实体型，（200610201，李建，男，1988/6/6，音乐学院）就是学生实体型的一个实体。

（4）码（Key）。

能唯一表示每个实体的属性集合被称为码（关键字）。例如，在学生实体中的学号。而姓名则不是，因为可能出现重名。

（5）域（Domain）。

属性的取值范围被称为该属性的域。例如，学号的域是 8 位正整数，性别的域为（男、女），姓名的域为 8 个字符串集合。

（6）联系（Relationship）。

现实世界的事物之间总是存在某种联系的，任何实体都不可能孤立存在，实体的联系包括实体内部的联系（通常指组成实体的各属性之间的联系）和实体之间的联系。

两个实体之间的联系可分为以下 3 类。

① 一对一联系（1∶1）。

如果实体集 A 中的每一个实体仅对应实体集 B 中最多一个（也可以没有）实体，反之亦然，则称实体集 A 与实体集 B 具有一对一联系，记为 1∶1。例如，一夫一妻制下的丈夫与妻子、公民与身份证、学生与学号等。

② 一对多联系（1∶n）。

如果实体集 A 中的每一个实体与实体集 B 中一个以上的实体对应；反之，对实体集 B 中的每一个实体，实体集 A 中最多只有一个实体与之对应，则称实体集 A 与实体集 B 具有一对多联系，记为 1∶n。例如，班级与学生、学校与院系、工厂与车间、国家与省份、省份与县市等。

③ 多对多联系（m∶n）。

如果实体集 A 中的每一个实体与实体集 B 中一个以上的实体对应；反之，实体集 B 中的每一个实体也与实体集 A 中一个以上的实体对应，则称实体集 A 与实体集 B 具有多对多联系，记为 n∶m。例如，一个学生可以同时选择多门课程，一门课程可以供多个学生选择，所以学生与课程之间就具有多对多联系。

（7）E-R 图。

E-R 图提供了表示实体、属性和联系的图示方法，是由 P.P.S Chen 于 1976 年提出的，用于描述客观世界的概念模型。

① 矩形表示实体型，矩形框内为实体名。

② 椭圆形表示属性，椭圆形框内为属性名，并用无向边将其与实体连接。

③ 菱形表示联系，菱形框内为联系名，并用无向边分别与有关实体型连接，同时注明联系类型（1∶1、1∶n 或 m∶n）。如果联系有属性，则要用无向边与该联系连接起来。

图 1-5 所示为某高校教师教学情况的 E-R 图。

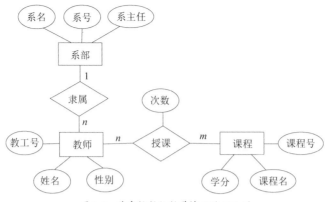

图 1-5　某高校教师教学情况的 E-R 图

学校有若干个系部，每个系部有若干个教师。每个教师可讲授多门课程。本教学实体涉及"系部""教师""课程" 3 个实体，系部与教师之间的"隶属"关系为一对多的联系，教师与课程之间的"授课"关系为多对多的联系。假设"系部"实体的属性有系号、系名和系主任，"教师"实体的属性有教工号、姓名和性别，"课程"实体的属性有课程号、课程名和学分，"授课"联系的属性是次数。

2. 关系模型

使用 E-R 图将客观世界抽象为概念世界以后，还要再将概念世界转换为机器世界，这时需要使用数据模型。数据模型主要有层次模型、网状模型、关系模型和面向对象模型。其中，关系模型是 Access 数据库管理系统所使用的。

利用二维表结构来表示实体联系的数据模型被称为关系模型。关系数据模型以关系数学理论为基础，一个关系对应一个二维表。直观上无论是实体还是实体之间的联系都使用关系（一个二维表）来表示。例如，教师、课程、教师与课程之间的"授课"联系都使用关系来表示，如表 1-1 所示。

表 1-1　"教师"关系

系　号	姓　　名	性　别	教 工 号
01	张晴	女	001
05	李建国	男	002
10	王小红	女	003
16	孙国庆	男	004

"授课"关系

教 工 号	课 程 号	次　数
001	01	5
002	08	2
003	10	3
004	16	1

"课程"关系

课 程 号	课 程 名	学 分
01	Access	3
08	Python	4
10	VC	4
16	计算机文化基础	3

（1）关系术语。

① 关系。

一个关系就是一个二维表，每个关系有一个关系名，又被称为表名（见表 1-1）。其中，有"教师""课程""讲授" 3 个关系（表）。在 Access 中，一个关系就是数据库文件中的一个表，具有一个表名。例如，"教师"表、"课程"表、"授课"表。

② 元组。

表中的一行就是一个元组，又被称为一条记录。在 Access 中，元组对应数据库文件表中的一条记录。例如，教工号为 001、姓名为张晴的记录。

③ 属性。

表中的一列就是一个属性，又被称为一个字段。每个属性有一个属性名。在 Access 中，一个属性叫作一个字段，每个字段有一个字段名。例如，教工号、姓名、性别、系号等字段。

④ 域。

域是属性的取值范围。例如，"男"或"女"是性别的取值范围，对应的是性别字段的一个域。

⑤ 关系模式。

对关系的描述被称为关系模式，它对应一个关系的结构。写成关系名（属性 1，属性 2，…，属性 n）。

例如，在表 1-1 中，"教师"表的关系模式为教师（教工号，姓名，性别，系号）。

⑥ 主关键字。

在表中能够唯一标识一条记录的字段或字段组合被称为候选关键字。例如，教工号和系号都是候选关键字。一个表可能有多个候选关键字，从中选择一个作为主关键字，又被称为主键。例如，"教师"表中的"教工号"字段在每条记录中是唯一的，因此教工号就是主键。

⑦ 外部关键字。

如果表 A 和表 B 中有公共字段，且该字段在表 B 中是主键，则该字段在表 A 中被称为外部关键字或外键。例如，"授课"表和"课程"表中都有"课程号"字段，且"课程号"在"课程"表中是主键，则"课程号"在"授课"表中就是外键。

在关系型数据库中，主键和外键表示了两个表之间的联系。例如，"课程"表和"授课"表中的记录可以通过公共的"课程号"字段相联系，当要查找某名教工号的教师讲授的课程时，可以先在"授课"表中找出该教工号所属的课程号，再到"课程"表中找出该课程号所对应的课程。

（2）关系模型的主要特点。

关系模型对关系有一定的要求，关系模型的主要特点如下。

① 在关系（表）中每一个属性（字段）不可再分，是最基本的单位。就是表中不能再有表。

② 在同一个关系（表）中不能有相同的属性名（字段名）。

③ 在关系（表）中不允许有相同的元组（记录）。

④ 在关系（表）中各属性（字段）的顺序是任意的。

⑤ 在关系（表）中元组（记录）的顺序是任意的。

⑥ 在关系（表）中每一列元素必须是同一类型的数据。

（3）关系运算。

从一个关系或几个关系中查询所需要的数据，就要使用关系运算。关系运算的对象是一个关系，运算结果仍是一个关系。关系的基本运算分为传统的集合运算（并、差、交等）和专门的关系运算（选择、投影和连接）。

① 并（Union）。

假设关系 A 和 B 具有相同的关系模式，由两个关系 A 和 B 的并产生一个新的关系 C，C 由 A 和 B 去掉重复记录后所有的记录组成。记作 C=A∪B，如表 1-2 所示。

表 1-2 C=A∪B

A

教 工 号	姓 名	性 别	系 号
10001	李红	女	10
10002	张力功	男	11
10003	钱昆明	男	21

B

教 工 号	姓 名	性 别	系 号
10001	李红	女	10
10005	张力	男	11
10007	郝明	男	21

C=A∪B

教 工 号	姓 名	性 别	系 号
10001	李红	女	10
10002	张力功	男	11
10003	钱昆明	男	21
10005	张力	男	11
10007	郝明	男	21

② 差（Difference）。

假设关系 A 和 B 具有相同的关系模式，由两个关系 A 和 B 的差产生一个新的关系 C，C 由属于 A 但不属于 B 的记录组成。记作 C=A-B，如表 1-3 所示。

表 1-3　C=A-B

教　工　号	姓　　名	性　　别	系　　号
10002	张力功	男	11
10003	钱昆明	男	21

③ 交（Intersection）。

假设关系 A 和 B 具有相同的关系模式，由两个关系 A 和 B 的差产生一个新的关系 C，C 由既属于 A 又属于 B 的所有记录组成。记作 C=A∩B，如表 1-4 所示。

表 1-4　C=A∩B

教　工　号	姓　　名	性　　别	系　　号
10001	李红	女	10

④ 选择（Selection）。

从一个关系中找出满足条件的记录的操作称为选择。选择是从原来的表中选出某些符合条件的行，其结果是原关系的一个子集。例如，从表 1-1 所示的"教师"表中选择所有男教师的记录，结果如表 1-5 所示。

表 1-5　选择运算

系　　号	姓　　名	性　　别	教　工　号
05	李建国	男	002
16	孙国庆	男	004

⑤ 投影（Projection）。

从一个关系中选出若干个字段组成新的关系称为投影。投影是从原来的表中选出某些列（或全部）组成新表，相当于对关系进行垂直分解。新关系的关系模式所包含的字段个数通常比原关系的字段个数少，或者字段的排列顺序不同。例如，从表 1-1 所示的"教师"表中找出所有教师的教工号、姓名和性别，结果如表 1-6 所示。

表 1-6　投影运算

姓　　名	性　　别	教　工　号
张晴	女	001
李建国	男	002
王小红	女	003
孙国庆	男	004

⑥ 联接（Join）。

联接是指把两个关系中字段满足一定条件的记录横向结合，组成一个新的关系。新关系中包含满足联接条件的记录。

在联接操作中，以两个关系的字段值对应相等为条件进行的联接称为等值联接（Equal Join）。去掉重复字段的等值联接称为自然联接（Natural Join），它利用两个关系中的公共字段（或语义相同的字段），把该字段值相等的记录联接起来。自然联接是常用的联接运算。例如，将表 1-1 中的"授课"表和"教师"表进行自然联接，结果如表 1-7 所示。

表 1-7 联接运算

系 号	姓 名	性 别	教 工 号	课 程 号	次 数
01	张晴	女	001	01	5
05	李建国	男	002	08	2
10	王小红	女	003	10	3
16	孙国庆	男	004	16	1

（4）关系规范化。

关系型数据库中的关系是要满足一定要求的，满足一定要求的关系模式称为范式（Normal Form，NF）。满足最低要求的关系模式称为第一范式（1NF）。在第一范式中进一步满足一些要求的关系模式称为第二范式（2NF），还有第三范式（3NF）、BC 范式（BCNF）、第四范式（4NF）和第五范式（5NF）。

在关系型数据库中，任何一个关系模式都必须满足第一范式，即表中的每个字段必须是不可分割的数据项（表中不能再包含表）。然而满足第一范式的关系并不是最好的关系，仍然存在不少缺点，如数据冗余太多，有必要对其进行分解使之满足更高的范式。将一个低级范式的关系模式通过投影运算分解为若干个高级范式的关系模式的集合，这种过程称为规范化。

关系规范化可以避免大量的数据冗余、节省存储空间、保持数据的一致性。但由于信息被存储在不同的关系中，在一定程度上增加了操作的难度。

（5）关系的完整性。

为了保证数据库中的数据与现实世界中的数据一致，需要对关系模型中的关系施加完整性约束条件，以保证数据的正确性、有效性和相容性。关系模型中有以下 3 类完整性约束。

① 实体完整性。

因为现实世界中的每一个实体都是可以区分的，实体完整性规则要求关系中的主键不能取空值或重复的值。所谓空值就是"不知道"或"无意义"的值。

例如，在"教师"表中，"教工号"为主键，"教工号"字段就不能取空值，也不能有重复值。在"授课"表中，"教工号"和"课程号"构成主键，这两个字段都不能取空值，也不允许该表中任何两条记录的教工号和课程号的值完全相同。

② 参照完整性。

参照完整性规则要求"不允许参照不存在的实体"，即外键或者取空值，或者等于相应关系中主键的某个值。

例如，"授课"表中的"课程号"是"课程"表的主键，是"授课"表的外键，"授课"表中的"系号"字段只能取空值（表示教师未授某门课程），或者取"课程"表中已有的一个课程号值（表示教师已授某门课程）。

③ 用户定义的完整性。

实体完整性和参照完整性是关系模型必须满足的完整性约束条件，它们由系统自动支持。此外，用户还可以根据某一个具体应用所涉及的数据必须满足语义的要求，自定义完整性约束，这类完整性又被称为域完整性。

例如，在"课程"表中，如果要求学分最少 2 分，最多 5 分，用户就可以在表中定义学分字段为整数型数据，取值范围为 2 分～5 分。

1.2　Access 2016 基础

1.2.1　Access 2016 的特点

Access 2016 是 Microsoft Office 2016 办公系统应用软件系列中的一个关系型数据库管理软件。在许多企业的办公自动化系统中常作为一个前后台结合的小型数据库管理系统使用，或者作为各种信息管理系统中的小型后台数据库使用。

Access 2016 的主要特点如下。

（1）Access 2016 是 Microsoft Office 2016 组件中的一个数据库管理软件，与 Word 2016 、Excel 2016 和 PowerPoint 2016 等应用软件具有统一的操作界面，并可以共享数据。

（2）使用方便，数据库对象中的表、查询、窗体、报表都提供了"向导"和"设计器"两种创建方式，用户几乎不必做任何的 VBA 和 SQL 编程工作就可以设计界面美观的应用系统。同时用户在使用中可以通过 4 种方式查询帮助信息。

（3）Access 2016 增强了安全机制，降低受到恶意攻击带来的风险。

（4）Access 2016 增强了与 XML 之间的转换功能，可以更加方便地共享跨越各种平台和不同用户级别的数据，还可以作为企业级后端数据库的前台客户端。

（5）Access 2016 内置了大量函数，提供许多宏命令，用户一般不必编写代码就可以解决许多问题。

（6）Access 2016 内置编程语言 Visual Basic（VB），该编程语言提供了使用方便的开发环境 VBA 窗口，与独立 Visual Basic 语言在语法和使用上兼容。VBA 极地加强了 Access 2016 的应用系统开发功能。

1.2.2　Access 2016 的启动与退出

1．启动 Access 2016

（1）单击"开始"菜单，选择"所有程序"中的"Access 2016"命令，如图 1-6 所示。

图 1-6　选择"Access 2016"命令

（2）选择"Access 2016"命令，双击"空白桌面数据库"按钮，打开 Access 2016 工作界面，如图 1-7 所示。

（3）双击桌面"Microsoft Office Access 2016"图标，双击"空白桌面数据库"按钮，打开 Access 2016 工作界面。

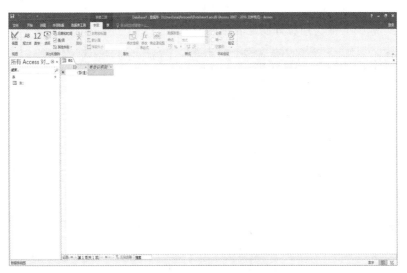

图 1-7　Access 2016 工作界面

2．退出 Access 2016

（1）单击 Access 2016 工作界面标题栏右上角的"关闭"按钮。

（2）按 Alt+F4 组合键。

1.2.3　Access 2016 的工作界面

Access 2016 的工作界面由标题栏、快速访问工具栏、功能区、导航窗格、工作区和状态栏等几部分组成。

1. 标题栏

"标题栏"位于 Access 2016 工作界面的顶端，用于显示当前打开的数据库文件名。在标题栏的右侧有 3 个按钮，从左到右依次为"最小化"按钮、"最大化"按钮（"还原"按钮）和"关闭"按钮，这是标准 Windows 应用程序的组成部分，如图 1-8 所示。

图 1-8 标题栏

2. 快速访问工具栏

快速访问工具栏默认位于 Access 2016 工作界面顶端的左侧，默认有"保存""撤销""恢复" 3 个按钮，如图 1-9 所示。

图 1-9　快速访问工具栏

3. 功能区

功能区是一个带状区域，位于标题栏的下方，它以选项卡的形式将各种相关的功能组合在一起，提供了 Access 2016 的主要命令，如图 1-10 所示。

通过 Access 2016 的功能区，用户可以快速查找所需的命令。例如，创建一个新的表格，可以在"创建"选项卡中找到各种创建表格的方式。

图 1-10　功能区

使用这种选项卡式的功能区，可以使各种命令的位置与工作界面更为接近，从而方便了用户的使用。由于在使用数据库过程中，功能区是用户使用最频繁的区域，因此将在后续章节详细介绍功能区。

4. 导航窗格

导航窗格位于工作区的左侧，如图 1-11 所示，用于显示当前数据库中的各种数据库对象，它取代了 Access 早期版本中的数据库窗口。导航窗格有两种状态：折叠状态和展开状态。单击导航窗格顶端的《按钮或》按钮，可以展开或折叠导航窗格。如果需要较大的空间显示数据库，则可以把导航窗格折叠起来。

导航窗格用于对当前数据库的所有对象进行管理。导航窗格显示数据库中的所有对象，并按类别分组。

分组是一种分类管理数据库对象的有效方法。在一个数据库中，如果将某个表绑定到一个窗体、查询和报表，则导航窗格会把这些对象归组在一起。

图 1-11　导航窗格

5．工作区

工作区位于导航窗格的右侧，用于显示数据库中的各种对象，在工作区中，可以同时打开多个对象。如图 1-12 所示，以选项卡的形式显示所打开对象的相应视图。

图 1-12　工作区

在工作区中打开的多个对象，除了有"选项卡式文档"的显示方式，还有"重叠窗口"的显示方式，两种显示方式的切换方法为：选择"文件"选项卡中的"选项"命令，打开"Access 选项"对话框，选择"Access 选项"对话框左侧窗格中的"当前数据库"选项，打开"当前数据库"窗格，在"文档窗口选项"中进行选择切换，如图 1-13 所示。

注意：本教材第 1 章～第 4 章、第 7 章～第 9 章的内容均为"选项卡式文档"显示方式，第 5 章、第 6 章的内容均为"重叠窗口"显示方式。

图 1-13　文档窗口选项

6. 状态栏

状态栏位于 Access 2016 工作界面的底端，用于显示状态信息。状态栏还包含用于切换视图的按钮。图 1-14 所示为表的"设计视图"中的状态栏。

图 1-14　表的"设计视图"中的状态栏

1.2.4　Backstage 视图

在启动 Access 2016 之后但未打开数据库时，显示为 Backstage 视图，如图 1-15 所示。Backstage 视图占据功能区上的"文件"选项卡，并包含很多 Access 早期版本"文件"菜单中的命令，还包含适用于整个数据库文件的其他命令和信息。

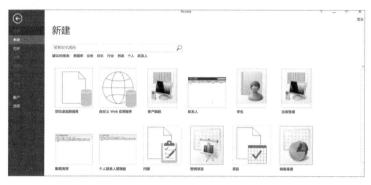

图 1-15　Backstage 视图

在 Backstage 视图中，可以创建新数据库，打开现有数据库，通过 SharePoint Server 将数据库发布到 Web，以及执行很多文件和数据库维护任务等。

1.2.5　Access 2016 的功能区

Access 2016 的功能区由以下几部分组成，其涵盖的功能类似于旧版本中的菜单。

1. 显示或隐藏功能区

为了扩大数据库的显示区域，Access 2016 允许把功能区折叠起来。单击功能区右侧的"折叠功能区"按钮即可折叠功能区。

折叠功能区之后，将只显示功能区的选项卡名称，如果想要再次打开功能区，则选择选项卡即可，此时，鼠标指针离开功能区之后，将自动隐藏功能区。如果想要功能区一直保持打开状态，则单击功能区右侧的"固定功能区"按钮。"折叠功能区"按钮和"固定功能区"按钮如图 1-16 和图 1-17 所示。

图 1-16　"折叠功能区"按钮　　　　图 1-17　"固定功能区"按钮

2．常规选项卡

在 Access 2016 的功能区中有 5 个常规选项卡，分别是"文件""开始""创建""外部数据""数据库工具"。每个选项卡下有不同的操作工具，可以通过使用这些工具对数据库中的对象进行操作。

3．上下文命令选项卡

上下文命令选项卡就是根据正在使用的对象或正在执行的任务而显示的命令选项卡。例如，当在数据表视图下编辑一个数据表时，会出现"表格工具"中的"字段"选项卡和"表"选项卡，如图 1-18 和图 1-19 所示。

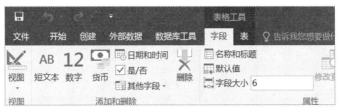

图 1-18　"表格工具"中的"字段"选项卡

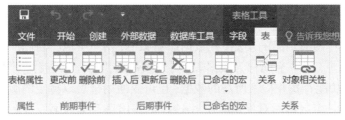

图 1-19　"表格工具"中的"表"选项卡

4．自定义功能区

Access 2016 允许用户对工作界面的一部分功能区进行个性化设置。例如，可以创建自定义选项卡和自定义组来包含经常使用的命令。具体操作步骤如下。

（1）选择"文件"选项卡中的"选项"命令，打开"Access 选项"对话框。单击"Access 选项"对话框左侧窗格中的"自定义功能区"选项，打开"自定义功能区"窗格，如图 1-20 所示。

（2）单击"新建选项卡"按钮，"主选项卡"列表框中将会添加"新建选项卡（自定义）"和"新建组（自定义）"。

（3）勾选"主选项卡"列表框中的"新建选项卡（自定义）"复选框，单击"重命名"按钮，可以重命名该复选框的名称。

（4）单击"从下列位置选择命令"右侧的下拉按钮，在弹出的下拉列表中选择"所有命令"选项。在下方的列表框中选择需要添加的命令即可。

（5）单击"选项"对话框中的"确定"按钮，完成自定义功能区。

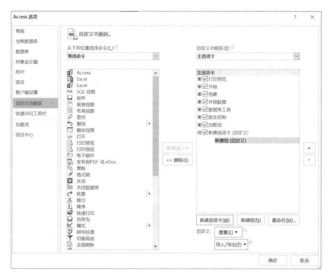

图 1-20 “自定义功能区”窗格

1.2.6 Access 2016 数据库中的对象

数据库对象是 Access 最基本的容器对象，它是一些关于某个特定主题或目的的信息集合，具有管理本数据库中所有信息的功能。在数据库对象中，用户可以将自己的数据分别保存在彼此独立的存储空间中，这些空间称为数据表；可以使用联机窗体来查看、添加和更新数据表中的数据；使用查询功能查找并检索所需的数据；也可以使用报表以特定的版面布局分析及输出数据。总之，创建一个数据库对象是应用 Access 创建信息系统的第一步。

1. 表

表是数据库用来存储数据的对象，是整个数据库系统的基础。创建和规划数据库，首先要做的就是创建各种数据表。数据表是数据库中存储数据的唯一单位，它将各种信息分门别类地存储在各种数据表中。Access 允许一个数据库中包含多个表，可以在不同的表中存储不同类型的数据。通过在表之间建立关系，可以将不同表中的数据联系起来，以供用户使用。

表中的数据以行和列的形式保存，类似于 Excel 电子表格。表中的列称为字段，字段是 Access 信息的最基本载体，说明了一条信息在某一方面的属性。表中的每一行称为记录，记录由一个或多个字段组成。一条记录就是一个完整的信息。

图 1-21 所示为“教务管理系统”数据库中的“课程”表。

课程

课程编号	课程名称	学分	周数	每周课时	总课时	工号	多媒体教学	课程简介
00000001	大学英语（1）	4	12	4	48	003933	✓	(2)
00000002	大学英语（2）	4	12	4	48	003933	✓	(2)
00000003	大学英语（3）	4	12	4	48	004622	✓	(2)
00000004	大学英语（4）	4	12	4	48	004622	✓	(1)
00000005	思想道德修养与法律基础	4	12	4	48	005609	✓	(1)
00000006	马克思主义基本原理	2	12	2	24	005609	✓	(1)
00000007	中国近现代史纲要	2	12	2	24	005609	✓	(1)
00000008	高等数学(理)	3	12	3	36	001601		(0)
00000009	高等数学(文)	3	12	3	36	001601		(0)
10000001	教育学原理	6	16	6	96	000077	✓	(0)
10000002	课程与教学论	3	16	3	48	000135	✓	(0)
10000003	幼儿数学教育学	2	16	2	32	000077	✓	(0)

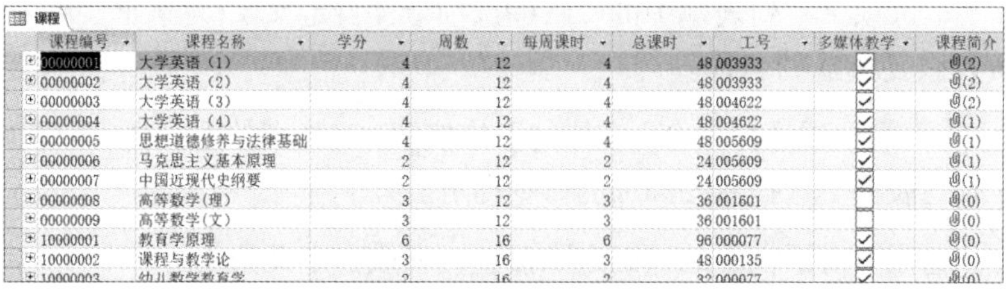

图 1 21 “课程”表

有关表的使用内容将在第 3 章中详细介绍。

2. 查询

查询是数据库中应用得最多的对象之一。它可执行很多不同的功能，最常用的功能是从表中检索符合某个条件的数据。查询是数据库设计目的的体现，数据库创建完成后，数据只有被用户查询使用才能真正体现它的价值。

查询用来操作数据库中的数据记录，可以按照一定的条件或准则从一个或多个表中筛选出需要的字段，并将它们集中起来，形成动态数据集，这个动态数据集就是用户想看到的来自一个或多个表中的字段，它显示在一个虚拟的数据表窗口中。用户可以浏览、查询、打印，甚至修改这个动态数据集中的数据，Access 会自动将所做的任何修改更新到对应的表中。执行某个查询后，用户可以对查询的结果进行编辑或分析，并将查询结果作为其他对象的数据源。

图 1-22 所示为在“教务管理系统”数据库中创建“教师授课信息查询”表，查询所有职称为讲师的教师授课信息，以及未使用多媒体教学的教师授课信息。显示教师的“工号”“姓名”“职称”“课程名称”“学分”“多媒体教学”等字段，并按“学分”降序排列。

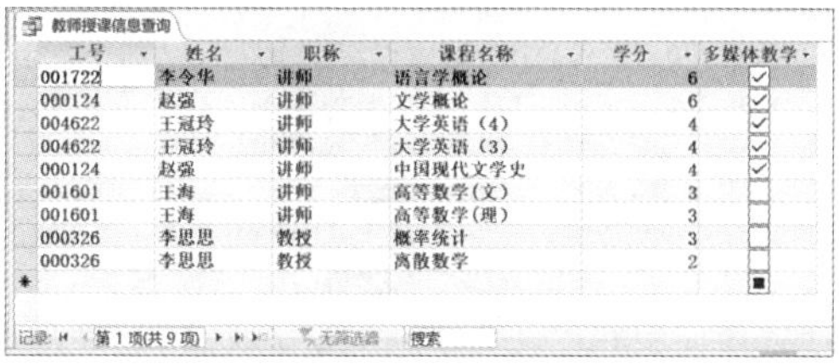
教师授课信息查询

工号	姓名	职称	课程名称	学分	多媒体教学
001722	李令华	讲师	语言学概论	6	☑
000124	赵强	讲师	文学概论	6	☑
004622	王冠玲	讲师	大学英语（4）	4	☑
004622	王冠玲	讲师	大学英语（3）	4	☑
000124	赵强	讲师	中国现代文学史	4	☑
001601	王海	讲师	高等数学(文)	3	☐
001601	王海	讲师	高等数学(理)	3	☐
000326	李思思	教授	概率统计	3	☐
000326	李思思	教授	离散数学	2	☐

记录：第 1 项(共 9 项)　无筛选器　搜索

图 1-22 “教师授课信息查询”表

有关查询的使用内容将在第 4 章中详细介绍。

3. 窗体

窗体是 Access 数据库对象中最灵活的一种对象，其数据源可以是表或查询。窗体有时被称为数据输入屏幕。窗体是用来处理数据的界面，通常包含一些可执行各种命令的按钮。可以说窗体是数据库与用户进行交互操作的最好界面。利用窗体，用户能够从表中查询、提取所需的数据，并将其显示出来。通过在窗体中插入宏，用户可以把 Access 的各个对象很方便地联系起来。

图 1-23 所示为利用“教务管理系统”数据库中的“课程”表创建多个项目的窗体。

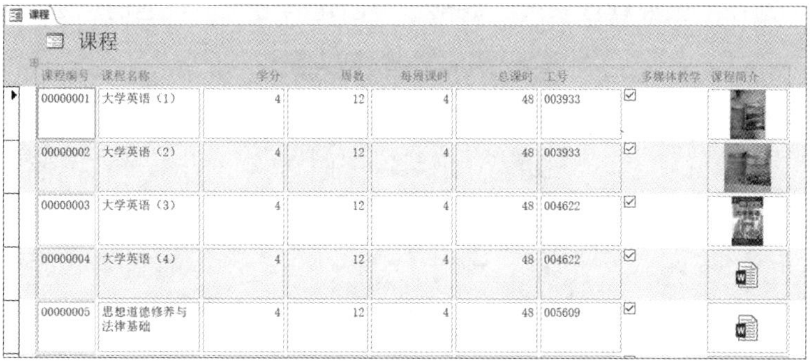

图 1-23　创建多个项目的窗体

有关窗体的使用内容将在第 5 章中详细介绍。

4．报表

报表以类似于 PDF 的格式显示数据。Access 在创建报表时提供了额外的灵活性。例如，可以配置报表以便列出给定表中的所有记录，也可以使报表仅包含满足特定条件的记录。为此，可以基于查询创建报表，该查询仅选择报表所需的记录。

用户既可以在一个表或查询的基础上创建报表，也可以在多个表或查询的基础上创建报表。利用报表可以创建计算字段；还可以对记录进行分组，以便计算出各组数据的汇总等。在报表中，用户可以控制显示的字段、每个对象的大小和显示方式，还可以按照所需的方式显示相应的内容。

图 1-24 所示为在"教务管理系统"数据库中，利用"报表向导"创建"教师"报表。

图 1-24 "教师"报表

有关报表的使用内容将在第 6 章中详细介绍。

5．宏

宏是 Access 数据库中的一个基本对象。宏是指一个或多个操作的集合，每个操作实现特定的功能，如打开某个窗体或打印某个报表。宏可以使某些普通的、需要多个指令连续执行的任务能够通过一条指令自动完成，而这条指令就被称为宏。例如，可以创建某个宏，在用户单击某个按钮时运行该宏，打印某个报表。因此，宏可以看作一种简化的编程语言。用户利用宏不必编写任何代码，就可以实现一定的交互功能。

图 1-25 所示为在"教务管理系统"数据库中创建的名为"欢迎消息宏"的宏。

图 1-25 创建名为"欢迎消息宏"的宏

有关宏的使用内容将在第 7 章中详细介绍。

6. 模块

模块是 Access 数据库中的一个基本对象。在 Access 中，不仅可以通过宏列表以选择的方式创建宏，还可以利用 VBA（Visual Basic for Applications）编程语言编写过程模块。

模块是将 VBA 的声明、语句和过程作为一个单元进行保存的集合，也就是程序的集合。创建模块对象的过程也就是使用 VBA 编写程序的过程。Access 中的模块可以分为类模块和标准模块两类。类模块包含各种事件过程，标准模块包含与任何其他特定对象无关的常规过程。

图 1-26 所示为在 "成绩管理系统" 数据库中创建的一个模块。

图 1-26　在 "成绩管理系统" 数据库中创建的一个模块

有关 VBA 程序设计的内容将在第 8 章中详细介绍。

习　题

一、填空题

1. 数据库管理系统的主要功能包括_____ 、_____、_____、_____和_____。

2. 数据库管理员是负责_____的创建、使用和维护的专门人员。

3. E-R 模型中常用到实体、_____、_____、_____、域、联系和 E-R 图。

4. 在 E-R 模型中，客观存在并可相互区别的事物被称为_____。

5. 现实世界的事物之间总是存在某种联系的，任何实体都不可能孤立存在，实体的联系包括_____的联系（通常指组成实体的各属性之间的联系）和_____的联系。

6. 在 E-R 图中，菱形表示_____，菱形框内为_____，并用无向边分别与有关实体型连接，同时注明_____类型（1∶1，1∶n 或 $m∶n$）。

7. 使用 E-R 图将客观世界抽象为概念世界以后，还要再将概念世界转换为机器世界，这时需要使用数学模型。数学模型主要有_____、_____、_____和_____。其中，_____是 Access 数据库管理系统所使用的。

8. 利用_____结构来表示实体联系的数据模型称为关系模型。关系数据模型以关系数学理论为基础，一个关系对应一个_____。

9. 在表中能够唯一标识一条记录的字段或字段组合被称为_____。一个表可能有多个_____，从中选择一个作为_____，又被称为_____。

10. 关系运算的对象是_____，运算结果仍是_____。

11. 在关系运算中，从一个关系中选出若干个字段组成新的关系称为_____。

12. 在联接操作中，以两个关系的字段值对应相等为条件进行的联接称为_____。去掉重复字段的等值联接称为_____。

13. 关系数据库中的关系是要满足一定要求的，满足一定要求的关系模式称为_____。

14. 为了保证数据库中的数据与现实世界中的数据一致，需要对关系模型中的关系施加条件，以保证数据的正确性、有效性和相容性。

15. 一个 Access 2016 数据库就是一个扩展名为_____的文件，所有的数据库对象就存储在该文件内。不同的数据库对象在数据库中起不同的作用。

16. 模块是用_____编写的一段程序或一个函数过程。

二、单项选择题

1. 数据与信息之间的关系是（　　　）。

A. 数据与信息是独立的　　　　　　　　B. 数据是信息的载体

C. 信息是数据的载体　　　　　　　　　D. 两者之间是平等关系

2. 按一定的数据模型组织在一起存储在磁盘、光盘或其他外存介质上，并可供各种用户共享的数据集合称为（　　　）。

A. 数据库　　　　　　　　　　　　　　B. 数据库系统

C. 数据库管理系统　　　　　　　　　　D. 数据库管理员

3. 下列关于数据库管理系统的叙述中正确的是（　　　）。

A. 数据库管理系统就是数据库

B. 数据库管理系统就是数据库应用系统

C. 数据库管理系统是位于用户与操作系统之间的一个数据管理软件

D. 数据库管理系统就是数据库系统

4. 数据库的基本特点是（　　　）。

A. 数据结构化，数据独立性高、冗余度大、共享性高，数据统一管理和控制

B. 数据结构化，数据独立性高、冗余度小、共享性高，数据统一管理和控制

C. 数据非结构化，数据独立性高、冗余度小、共享性高，数据统一管理和控制

D. 数据非结构化，数据独立性低、冗余度大、共享性低，数据统一管理和控制

5. 数据库系统的核心是（　　　）。

A. 数据库
B. 数据库管理系统
C. 数据库应用系统
D. 计算机硬件

6. 数据库管理系统是（　　　）。

A. 系统软件
B. 计算机辅助设计
C. 应用软件
D. 高级语言

7. 利用二维表结构来表示实体与实体之间联系的数据模型称为（　　　）。

A. 层次模型
B. 网状模型
C. 关系模型
D. 面向对象模型

8. 下列关于实体联系模型的叙述中正确的是（　　　）。

A. 是一种描述机器世界的模型

B. 是一种描述客观世界的模型

C. 是一种描述信息世界的模型

D. 以上都不是正确的

9. 下列关于关系型数据库主要特点的叙述中错误的是（　　　）。

A. 关系中的每个属性是可再分割的数据项

B. 关系中的每一列元素必须是相同类型的数据

C. 同一个关系中不能有相同的字段，也不能有相同的记录

D. 关系的行、列次序能任意交换，不会影响其信息内容

10. 假设一个教室可以安排多个学生，某个学生只能安排在一个教室内，教室与学生之间是（　　　）。

A. 一对一的联系
B. 一对多的联系
C. 多对一的联系
D. 多对多的联系

11. 在 E-R 图中，用来表示属性的图形是（　　　）。

A. 菱形
B. 矩形
C. 圆形
D. 椭圆形

12. 在下列关系运算中，从一个关系中选出若干个字段组成新的关系称为（　　　）。

A. 投影
B. 选择
C. 联结
D. 没有的运算

13. 假设关系 A 和 B 具有相同的关系模式，由 A 和 B 去掉重复记录后产生一个新的关系 C，C 称为 A 与 B 的（　　　）。

A. 并

B. 交

C. 差

D. 什么都不是

14. 在关系型数据库中，任何一个关系模式都必须满足（　　　）。

A. 第一范式

B. 第二范式

C. 第三范式

D. 第四范式

15. 下列关于关系的完整性描述正确的是（　　　）。

A. 实体完整性规则要求关系中的主键不能取空值或重复的值

B. 参照完整性规则要求"允许参照不存在的实体"，即外键可以不等于相应关系中主键的某个值

C. 实体完整性和参照完整性不一定是关系模型满足的完整性约束条件

D. 实体完整性规则要求关系中的主键只能取空值或重复的值

16. Access 2016 是（　　　）。

A. 数据库应用系统

B. 数据库

C. 数据库管理系统

D. 电子表格软件包

三、多项选择题

1. 下列叙述中，（　　　）是错误的。

A. 在关系模型中，实体与实体之间的联系也是用关系来表示的

B. 在现实世界中事物内部及事物之间是有联系的，在信息世界中反映为实体内部的联系和实体之间的联系

C. 学生实体和课程实体之间存在一对多的关系

D. 数据库系统是一个管理数据库的软件

2. 在数据库概念设计的 E-R 图中，所用的图形包括（　　　）。

A. 矩形

B. 菱形

C. 四边形

D. 椭圆形

3. 关系型数据库的任何查询操作都是由 3 种基本运算组成的，这 3 种基本运算包括（　　　）。

A. 连接

B. 比较

C. 选择

D. 投影

四、简答题

1. 什么是数据库？简要叙述数据库的主要特点。

2. 什么是关系模型？简要叙述关系模型的主要特点。

3. 分别列举两个实体之间具有一对一、一对多和多对多联系的实例。

4. 分别列举选择、投影和联接关系运算的实例。

5. 简要叙述 Access 2016 中数据库对象在数据库中起到的作用。

6. 解释关系基本运算中传统的集合运算（并、差、交等）和专门的关系运算（选择、投影和连接）的运算规则，并列举实例加以说明。

7. 简要叙述 Access 2016 工作界面各组成部分的功能。

8. 某所学校有若干个学院，每个学院有若干个教研室和专业，每个教研室有若干个教师，每个教师讲授若干门课程，每个专业有若干个学生，每个学生选修若干门课程，每门课程又被有若干个学生选修。利用 E-R 图画出该学校的概念模型。

五、实验题

1. 安装 Access 2016。

2. 启动 Access 2016、打开一个实例数据库、关闭实例数据库、退出 Access 2016。

第2章

数据库的创建与管理

Access 2016 是面向对象的、采用事件驱动的关系型数据库，其功能强大、界面友好、易学易用、开发简单、接口灵活，可以组织处理、存储共享、管理分析类型丰富的大量数据信息，方便辅助用户做出有效决策，适合开发小型数据库应用系统。一个 Access 2016 数据库在存储介质中默认以一个扩展名为 ".accdb" 文件存储，所有的数据库对象（包括表、查询、窗体、报表、宏、模块等）都存储在该文件中。

本章重点：

◎ 掌握创建数据库的方法
◎ 掌握数据库的基本操作
◎ 掌握数据库对象的操作
◎ 掌握数据库的安全保护

2.1 创建数据库

Access 2016 数据库是关系型数据库，是信息的数据容器。创建 Access 2016 数据库，首先应根据用户需求对数据库应用系统进行全面分析和深入研究，根据设计规范做好设计，然后在 Access 2016 中创建数据库。科学合理的数据库设计，可以帮助用户更加高效地创建一个结构科学、好用管用的数据库应用系统，能够更加方便地处理数据信息，并为以后的更新维护、管理应用提供方便。

2.1.1 数据库设计的步骤

数据库设计的一般步骤为：明确创建数据库的目的→确定数据库中的表→确定表中的字段→确定主关键字→确定表之间的关系→优化设计等。

1. 明确创建数据库的目的

数据库设计先要确定创建数据库的目的。为什么要创建这个数据库？这个数据库要存储哪些数据信息、要如何处理数据信息、谁使用这些数据信息、如何使用这些数据信息？一个成功的数据库设计方案应该在设计之初就将用户需求厘清。因此，在需求分析中，数据库设计者应该与数据库的最终用户进行广泛、深入、详细的交流，了解现行工作的处理流程，讨论使用数据库应该解决的问题和应该完成的任务，收集与当前处理有关的各种表格。

2．确定数据库中的表

确定数据库中的表是数据库设计过程中最基础、也可能是最难处理的工作。在一般情况下，设计者不要急于在 Access 2016 中创建表，而应该在全面需求分析的基础上，对收集到的表格进行仔细梳理，明确设计思路，再进行详细设计，然后着手在 Access 2016 中创建相应的表。在设计数据库中的表时，可以按以下的原则对数据进行分类。

（1）每个表应该只包含关于一个主题的信息。如果每个表只包含关于一个主题的信息，就可以独立于其他主题来维护每个主题的信息。例如，将学生信息与教师信息分开，保存在不同的表中，这样当删除某个学生信息时不会影响教师信息。

（2）表中不应该包含重复信息，并且信息不应该在表之间复制。如果每条信息只保存在一个表中，那么只需在一处进行更新，这样效率会更高，同时也消除了包含不同信息重复项的可能性。表之间通过设置主关键字和外部关键字，用于表之间建立联系用的公共字段即可。

（3）表中的字段表示原子数据，不可再分。像总分、平均分这样的字段，是计算得到的二次数据，不要作为表中的字段。

3．确定表中的字段

对于一个具体的表，表结构的设计就是要确定该表应该包含哪些字段。在 Access 2016 数据库中，每个表所包含的信息都应该属于同一个主题，因此，在确定所需字段时，要注意每个字段包含的内容应该与表的主题相关，而且应该包含相关主题所需的全部信息。需要注意的是，表中一般不要包含需要推导或计算的数据，一定要以最小逻辑部分作为字段来保存。

4．确定主关键字

关系型数据库中的每个表都应当由字段能唯一标识每条记录，这个字段就是主关键字。主关键字既可以是一个字段，也可以是一组字段。主关键字字段值的唯一性，不允许在主关键字字段中输入重复值和空值，以保证主关键字能够区别表中不同的数据记录，同时便于实现不同表中的数据关联。

5．确定表之间的关系

在确定了表、表结构和表中主关键字后，还需要确定表之间的关系，以实现不同表中相关数据的关联操作。

6．优化设计

在设计完所需要的表、字段、主关键字和关系后，在向数据库中存储数据之前，应该认真检查该设计的规范性、合理性和完备性，找出可能存在的不足地方，及时优化设计，以免存储数据后再调整。

2.1.2 创建数据库的方法

Access 2016 创建数据库常用的方法有两种：一种是先创建一个空白数据库，然后在该空白数据库中添加表、查询、窗体、宏等对象。另一种是使用模板创建数据库，这是一种快捷创建数据库的方法。

1．使用"创建空白数据库"功能创建数据库

例 2.1 使用 Access 2016 "创建空白数据库"功能创建一个名为"教务管理系统"的数据库，存储在 C:\Users\zzb\Desktop\Access 2016\文件夹中。

操作步骤如下。

（1）启动 Access 2016，在 Access 2016 的"Backstage 视图"（"文件"选项卡）下，如图 2-1 所示，Access 默认选择"开始"命令，单击"空白数据库"按钮，打开如图 2-2 所示的"空白数据库"窗口。

图 2-1 "文件"选项卡

图 2-2 空白数据库窗口

（2）在"空白数据库"窗口的"文件名"文本框中，Access 2016 会根据新建数据库文件的次序主动给出一个默认的文件名，如 Database1，并默认存储在安装 Access 2016 时指定的文件夹（如 C:\Users\zzb\Documents\）可以按需要修改数据库文件名和存储位置。例如，在"文件名"文本框中输入新数据库的文件名"教务管理系统"，单击"浏览"按钮，指定数据库文件存储位置为"C:\Users\zzb\Desktop\Access 2016\"，如图 2-3 所示。

图 2-3 指定数据库文件名和存储位置

（3）单击"创建"按钮，Access 2016 便在 C:\Users\zzb\Desktop\Access 2016\文件夹中新建一个文件名为"教务管理系统"的数据库，并会自动打开该数据库，打开如图 2-4 所示工作界面（标题栏中显示出当前打开的数据库文件名称"教务管理系统"），自动创建一个名为"表 1"的表，并打开其"数据表视图"。继续向数据库添加其他表、查询、窗体等对象，完成数据库创建。

图 2-4　创建并自动打开"教务管理系统"数据库

2．使用模板创建数据库

Access 模板是预先设计好的数据库，含有专业设计的表、窗体和报表等，可以为用户创建新数据库提供极大的便利。使用模板创建数据库是创建数据库的便捷方法，如果能找到与需求接近的模板为基础创建数据库，则可以达到事半功倍的效果。

例 2.2　使用 Access 2016"学生"数据库模板创建一个名为"学生信息"的数据库，存储在 C:\Users\zzb\Desktop\Access 2016\文件夹中。

操作步骤如下。

（1）启动 Access 2016，在"Backstage 视图"下，选择左侧窗格中"新建"命令，在右侧窗格中显示可用模板列表，如图 2-5 所示。

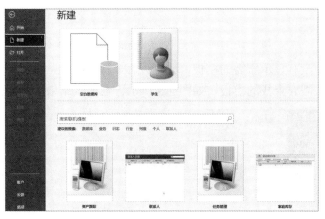

图 2-5　在右侧窗格中显示可用模板列表

（2）单击可用模板列表中的"学生"模板，打开如图 2-6 所示对话框，将系统默认的文件名"学生"修改为"学生信息"，指定存储位置为"C:\Users\zzb\Desktop\Access 2016\"文件夹。

图 2-6　指定数据库文件名和存储位置

（3）单击"创建"按钮，Access 2016 便在 C:\Users\zzb\Desktop\Access 2016\文件夹中新建一个文件名为"学生信息"的数据库，并自动打开该数据库，可以在导航窗格中看到此数据库中已经有表、查询、窗体等对象，如图 2-7 所示。可以按需求对"学生信息"数据库的对象进行增加、删除、修改及查询等各种操作。

图 2-7　利用"学生"数据库模板创建的数据库

如果模板列表中没有显示所需的模板，则可以在"Backstage 视图"下，选择"新建"命令，在搜索框中输入需要查找的模板，如图 2-8 所示，在搜索结果中选择需要的模板。

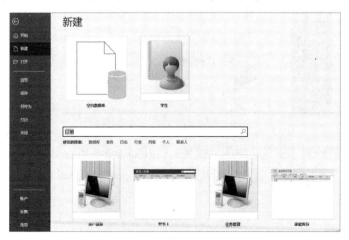

图 2-8　搜索数据库模板

也可以使用现有数据库文件创建数据库（将现有的数据库作为模板），再按需要修改或扩展数据库。

2.2　数据库的基本操作

2.2.1　打开数据库

Access 2016 打开数据库文件有 4 种方式：打开、以只读方式打开、以独占方式打开、以独占只读方式打开，如图 2-9 所示。

（1）打开：如果要在多用户环境下打开共享的数据库，使你和其他用户都能读/写数据库，则选择"打开"选项，此方式为默认的数据库打开方式。

（2）以只读方式打开：如果打开数据库后只能查看但不能编辑，则单击"打开"下拉按钮，在弹出的下拉列表中选择"以只读方式打开"选项。

（3）以独占方式打开：如果要独占、不让其他用户使用打开的数据库，则单击"打开"下拉按钮，在弹出的下拉列表中选择"以独占方式打开"选项。

（4）以独占只读方式打开：如果打开数据库后只能查看但不能编辑，且要独占、不让其他用户使用打开的数据库，则单击"打开"下拉按钮，在弹出的下拉列表中选择"以独占只读方式打开"选项。

图 2-9　数据库的打开方式

Access 2016 打开数据库的常用方法有以下两种。

1．打开最近打开的数据库或已固定的数据库

操作步骤如下。

（1）启动 Access 2016，在 Access 2016 "Backstage 视图"中选择"开始"命令。

（2）从右侧窗格"最近"或"已固定"选项卡中选择需要打开的数据库，如图 2-10 所示，Access 2016 将使用最后一次打开文件时的打开方式来打开该数据库文件。

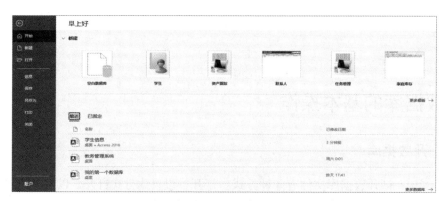

图 2-10　打开最近打开的数据库或已固定的数据库

对于近期需要经常使用的数据库，可以将其固定。

操作步骤如下。

（1）启动 Access 2016，在"Backstage 视图"下，选择"开始"命令。

（2）从右侧窗格"最近"选项卡中选择需要固定的数据库，如"学生信息"并右击。

（3）在弹出的快捷菜单中选择"固定至列表"命令，如图 2-11 所示。

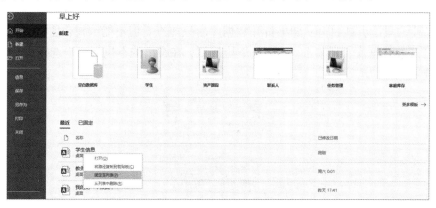

图 2-11　选择"固定至列表"命令

"学生信息"数据库出现在"已固定"选项区，位列最上端，如图 2-12 所示。如果需要从列表中取消固定，则可以选择该数据库并右击，在弹出的快捷菜单中选择"从列表中取消固定"命令。

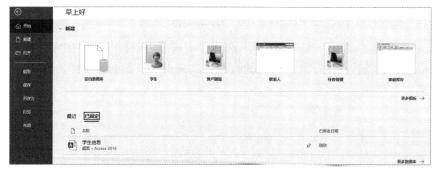

图 2-12　最新固定的数据库位列"固定"选项区最上端

2. 打开指定位置的数据库文件

操作步骤如下。

（1）启动 Access 2016，在"Backstage 视图"下，选择"打开"命令，打开如图 2-13 所示界面。

（2）分情况选择需要打开的数据库文件的位置，选择需要打开的数据库文件。

① 如果要查看最近打开过的数据库，则选择右侧窗格中的"最近使用的文件"选项，在"文件"或"文件夹"选项卡中选择需要的数据库文件，如图 2-13 所示。

图 2-13　查看最近打开过的数据库文件

② 如果需要打开 OneDrive 云盘上的数据库文件，则选择右侧窗格中的"OneDrive"选项，登录互联网后在其中找到所需的数据库文件。

③ 如果需要打开这台计算机中的数据库文件，则选择右侧窗格中的"这台电脑"选项或"浏览"选项，打开相应对话框，通过浏览找到所需的数据库文件，如图 2-14 所示，单击"打开"右侧的下拉按钮，在下拉列表中按需要选择一种打开方式。

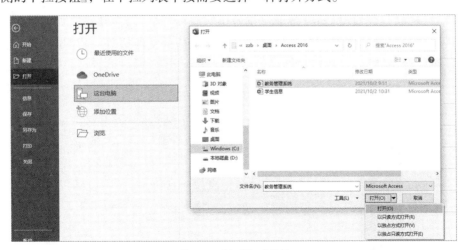

图 2-14　"打开"对话框

需要注意的是，如果要指定数据库的打开方式，则必须通过打开指定位置的数据库文件的方法打开数据库。

2.2.2 保存数据库

1. 直接保存

在"Backstage 视图"下，选择"保存"命令，即可保存当前数据库，文件名和保存位置不变，如图 2-15 所示。

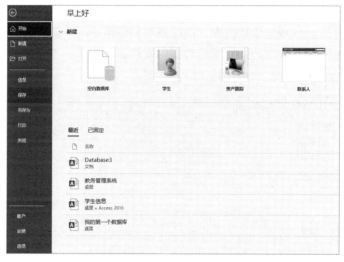

图 2-15 保存当前数据库

需要注意的是，如果是新创建数据库的第一次保存，则会打开"另存为"对话框，需要以"另存为"的方式操作。

2. "另存为"保存

操作步骤如下。

（1）在"Backstage 视图"下，选择"另存为"命令，在"文件类型"列表中选择"数据库另存为"选项，在"数据库另存为"列表框中选择相应的文件类型，这里选择"Access 数据库"选项，如图 2-16 所示。

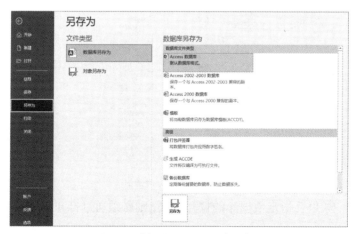

图 2-16 选择"Access 数据库"选项

（2）单击"另存为"按钮，打开"Microsoft Access"提示对话框，提示"在继续操作之前，必须关闭所有打开的对象。"，如图 2-17 所示，单击"是"按钮。

图 2-17 "Microsoft Access"提示对话框

（3）打开"另存为"对话框，设置文件名和保存类型，单击"保存"按钮，保存数据库，如图 2-18 所示。

图 2-18 单击"保存"按钮

2.2.3 关闭数据库

当完成数据库操作后，需要将其关闭。Access 2016 关闭数据库的常用方法有以下两种。

1. 不退出 Access 应用程序关闭当前数据库

选择"文件"选项卡，打开"Backstage 视图"，选择"关闭"命令，关闭当前数据库（不退出 Access 应用程序），如图 2-19 所示。

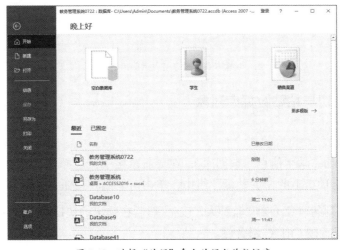

图 2-19 选择"关闭"命令关闭当前数据库

2. 退出 Access 应用程序关闭数据库

单击 Access 2016 工作界面右上角中的"关闭"按钮 ⊠，会先关闭数据库然后退出 Access 应用程序。

2.3 数据库对象的操作

2.3.1 打开数据库对象

打开数据库（如"学生信息"数据库），在导航窗格中双击需要操作的对象，如双击"表"对象下的"学生"表，打开"学生"表的数据表视图，如图 2-20 所示。

图 2-20 打开"学生"表的数据表视图

2.3.2 搜索数据库对象

打开数据库（如"学生信息"数据库），在导航窗格搜索框中输入需要搜索的对象名称"过敏和用药记录"，可以快速找到需要搜索的对象，即"过敏和用药记录"报表，如图 2-21 所示。

图 2-21 搜索数据库对象"过敏和用药记录"报表

2.3.3 复制、剪切与粘贴数据库对象

1. 复制

打开数据库（如"学生信息"数据库），在导航窗格中，选择要复制的对象（如"学生"表），在"开始"选项卡上的"剪贴板"组中，单击"复制"按钮，如图 2-22 所示。

或者右击要复制的对象（如"监护人"表），然后在弹出的快捷菜单中选择"复制"命令，如图 2-23 所示；或者按 Ctrl+C 组合键。

图 2-22　单击"复制"按钮

图 2-23　选择"复制"命令

2．剪切

在导航窗格中，选择要剪切的对象（如"学生"表），在"开始"选项卡上的"剪贴板"组中，单击"剪切"按钮。

或者右击要剪切的对象（如"监护人"表），然后在弹出的快捷菜单中选择"剪切"命令；或者按 Ctrl+X 组合键。

3．粘贴

在导航窗格中，为粘贴的对象选择位置。此位置可以是同一个数据库导航窗格中的另一个位置，也可以是另一个数据库导航窗格中的位置。

（1）在"开始"选项卡上的"剪贴板"组中单击"粘贴"按钮，或者将鼠标指针放置在某个组上右击，在弹出的快捷菜单中选择"粘贴"命令；或者将鼠标指针放置在某个组上，然后按 Ctrl+V 组合键。

（2）打开"粘贴表方式"对话框，如图 2-24 所示，为粘贴的对象命名，并选择粘贴的方式（如选中"结构和数据"单选按钮），单击"确定"按钮。

图 2-24　"粘贴表方式"对话框

2.3.4　重命名与删除数据库对象

1．重命名

打开数据库（如"学生信息"数据库），在导航窗格中右击需要重命名的数据库对象（如"监护人"表），在弹出的快捷菜单中选择"重命名"命令，该对象名称处将变为可编辑文本框模式，如图 2-25 所示。

图 2-25 重命名表

输入新名称，按 Enter 键，完成该数据库对象的重命名操作。

需要注意的是，不能在数据库对象打开时对其重命名。

2．删除

打开数据库（如"学生信息"数据库），在导航窗格中右击需要删除的数据库对象（如"学生"表），在弹出的快捷菜单中选择"删除"命令，打开"Microsoft Access"提示对话框，如图 2-26 所示，单击"是"按钮，即可删除数据库对象。

需要注意的是，不能在数据库对象打开时将其删除。

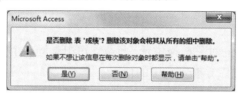

图 2-26 "Microsoft Access"提示对话框

2.3.5 显示与隐藏数据库对象

1．隐藏

打开数据库（如"学生信息"数据库），在导航窗格中右击需要隐藏的数据库对象（如"学生"表），在弹出的快捷菜单中选择"在此组中隐藏"命令，如图 2-27 所示。

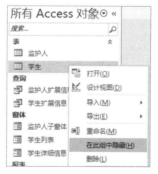

图 2-27 选择"在此组中隐藏"命令

2．取消隐藏

如果要显示已经隐藏的数据库对象（如"学生"表），则可以在导航窗格中右击需要显示的已隐藏数据库对象，在弹出的快捷菜单中选择"取消在此组中隐藏"命令，如图 2-28 所示。

图 2-28　选择"取消在此组中隐藏"命令

需要注意的是，在选择"取消在此组中隐藏"命令之前，需要在"Access 选项"对话框先勾选当前数据库导航选项的"显示隐藏对象"复选框，否则隐藏的对象不可见而无法操作。

操作步骤如下。

（1）在"Backstage 视图"下，选择"选项"命令，打开"Access 选项"对话框，如图 2-29 所示。

图 2-29　"Access 选项"对话框

（2）选择"当前数据库"选项，在右侧设置区单击"导航选项"按钮，打开"导航选项"对话框。

（3）在"显示选项"组中勾选"显示隐藏对象"复选框，单击"确定"按钮，如图 2-30 所示。

图 2-30　勾选"显示隐藏对象"复选框

2.3.6　查看数据库对象的属性

打开数据库（如"学生信息"数据库），在导航窗格中右击需要查看的数据库对象（如"学生"表），在弹出的快捷菜单中选择"表属性"命令，如图 2-31 所示。

打开"学生 属性"对话框，如图 2-32 所示，在该对话框中查看数据库对象的创建时间、修改时间及属性等信息。可以在"说明"文本框内输入数据库对象的基本情况、设计思路等信息，以便用户知晓。

图 2-31　选择"表属性"命令

图 2-32　"学生 属性"对话框

2.4　数据库的安全保护

2.4.1　设置/撤销数据库访问密码

设置/撤销数据库访问密码，都必须以独占方式打开数据库。

1．设置密码

操作步骤如下。

（1）以独占方式打开数据库（如"学生信息"数据库）。

（2）在"Backstage 视图"下，选择"信息"命令，在右侧窗格中单击"用密码进行加密"按钮，如图 2-33 所示。

图 2-33　单击"用密码进行加密"按钮

（3）打开"设置数据库密码"对话框，如图 2-34 所示。输入两次密码，如果两次输入的密码相同，单击"确定"按钮。

图 2-34　"设置数据库密码"对话框

如果当前数据库不是以独占方式打开的，又需要为其设置密码，则需要先关闭当前数据库重新以独占方式打开数据库。

操作步骤参考"2.2.1 打开数据库\2.打开指定位置的数据库文件\打开这台电脑的数据库文件"步骤，选择"以独占方式"打开需要设置访问密码的数据库。

2．撤销密码

操作步骤如下。

（1）以独占方式打开需要删除密码的数据库（如"学生信息"数据库），在"要求输入密码"对话框中输入正确密码，如图 2-35 所示。

图 2-35　"要求输入密码"对话框

（2）单击"确定"按钮，打开数据库。

（3）选择"文件"选项卡打开"Backstage 视图"，选择"信息"命令，在右侧窗格中单击"解密数据库"按钮，如图 2-36 所示。

图 2-36　单击"解密数据库"按钮

（4）打开"撤销数据库密码"对话框，如图 2-37 所示。输入正确密码，单击"确定"删除数据库密码。

图 2-37　"撤销数据库密码"对话框

2.4.2　压缩和修复数据库

当 Access 数据库的数据量较大时，会明显影响处理速度，容易消耗服务器的资源导致服务器崩溃。所以，我们有必要对数据库进行优化维护，如清理数据库中没用的信息，精简数据库。Access 提供了"压缩和修复"数据库功能，可以对数据库进行压缩和修复操作，主要有以下两种方法。

1．手动压缩和修复数据库

操作步骤如下。

（1）打开数据库（如"学生信息"数据库），在"Backstage 视图"下，选择"信息"命令。

（2）在右侧窗格中单击"压缩和修复数据库"按钮，如图 2-38 所示，即可执行压缩和修复数据库操作。

图 2-38　单击"压缩和修复数据库"按钮

也可以打开数据库后，单击"数据库工具"选项卡中"工具"组的"压缩和修复数据库"按钮，如图 2-39 所示。

图 2-39　单击"压缩和修复数据库"按钮

2．关闭数据库时自动执行压缩和修复操作

操作步骤如下。

（1）打开数据库（如"学生信息"数据库）。

（2）在"文件"选项卡上，选择"选项"命令，打开"Access 选项"对话框。

（3）在"Access 选项"对话框中，选择左侧窗格中的"当前数据库"选项，在右侧窗格中出现"用于当前数据库的选项"组。

（4）勾选"关闭时压缩"复选框，如图 2-40 所示，单击"确定"按钮。

图 2-40　勾选"关闭时压缩"复选框

以后，当每次关闭数据库时都会自动执行压缩和修复操作。

Access 2016 对数据库执行压缩和修复操作，时长因数据库数据量大小不同而有长短。

2.4.3　备份数据库

Access 2016 支持数据库备份功能，操作步骤如下。

（1）打开数据库（如"学生信息"数据库）。

（2）在"Backstage 视图"下，选择"文件"→"另存为"→"数据库另存为"→"备份数据库"选项，如图 2-41 所示。单击"另存为"按钮，打开"另存为"对话框，如图 2-42 所示，指定文件名和存储位置。

图 2-41 选择"备份数据库"选项　　　　　图 2-42 "另存为"对话框

当然，Access 数据库是以文件形式存储的，也可以在 Windows 操作系统中将数据库文件复制一份作为备份。

2.4.4 生成 ACCDE 文件

生成 ACCDE 文件是把原数据库.accdb 文件编译为仅可执行的.accde 文件。如果.accdb 文件包含任何 Visual Basic for Applications（VBA）代码，则.accde 文件中仅包含编译后的目标代码，因此用户不能查看或修改其中的 VBA 源程序代码。使用.accde 文件的用户无法更改窗体或报表的设计，从而进一步提高了数据库系统的安全性能。

利用.accdb 文件创建.accde 文件的操作步骤如下。

（1）打开要生成.accde 文件的数据库（如"学生信息"数据库）。

（2）在"Backstage 视图"下，选择"另存为"命令，在"文件类型"列表中选择"数据库另存为"选项，在"数据库另存为"列表框中选择"生成 ACCDE"选项，如图 2-43 所示。

图 2-43　选择"生成 ACCDE 文件"选项

（3）单击"另存为"按钮，打开"另存为"对话框。通过浏览找到要在其中保存该文件的文件夹，在"文件名"文本框中输入该文件的名称，然后单击"保存"按钮，如图 2-44 所示。

图 2-44　"另存为"对话框

习　题

一、填空题

1. Access 2016 是_____、_____的关系型数据库。

2. Access 2016 数据库文件扩展名为 _____ 。

3. Access 2016 数据库是_____型数据库。

4. _____是数据库设计过程中最基础、也可能是最难处理的工作。

5. 对于一个具体的表，表结构的设计就是要确定_____ 。

6. 在 Access 2016 数据库中，每个表所包含的信息都应该属于 _____主题。

7. 表之间通过设置_____ 和_____ ，用于表之间建立联系用的公共字段。

8. 新创建数据库的第一次保存，会打开_____对话框，需要以_____的方式操作。

9. Access 2016 对数据库进行压缩和修复操作，时长因数据库_____不同而有长短。

10. 如果要显示已经隐藏的数据库对象，则可以在导航窗格中右击需要显示的已隐藏数据库对象（灰显状态），在弹出的快捷菜单中选择_____ 命令。

二、单项选择题

1. Access 2016 数据库文件的扩展名是（　　　）。

A．.db　　　　　　　　B．.mdb　　　　　　　C．.exe　　　　　　D．.accdb

2. Access 2016 数据库是（　　　）数据库。

A．网状　　　　　　　　B．关系型　　　　　　C．层次

3. 设置数据库密码需要（　　　）数据库。

A．以打开方式打开　　　　　　　　　　　B．以只读方式打开

C．以独占方式打开　　　　　　　　　　　D．以独占只读方式打开

4. 要撤销数据库密码，需要（　　　）数据库。

A．以打开方式打开　　　　　　　　　　　B．以只读方式打开

C．以独占方式打开　　　　　　　　　　　D．以独占只读方式打开

5. Access 2016 适合开发（　　　）数据库应用系统。

A．小型　　　　　　　　　　　　　　　　B．中型

C．中小型　　　　　　　　　　　　　　　D．大型

6. 在关系型数据库中，表的性质的叙述错误的是（　　　）。

A．数据项不可再分

B. 同一个数据项要具有相同的数据类型

C. 记录的顺序可以任意排列

D. 字段的顺序不能任意排列

7. 关系型数据库中的每个表都必须有字段能唯一标识每条记录，这个字段是（　　　）。

A. 主关键字 B. 外部关键字

C. 候选关键字 D. 字段名

8. 下面关于主关键字字段的叙述中错误的是（　　　）。

A. 数据库中每一个表都必须具有一个主关键字

B. 主关键字字段的值是唯一的

C. 主关键字可以是一个字段也可以是一组字段

D. 主关键字字段中不允许有重复值和空值

9. 可以在导航窗格中进行剪切对象操作，选择要剪切的对象并右击，在弹出的快捷菜单中选择"剪切"命令，或者按（　　　）组合键。

A. Ctrl+C B. Ctrl+X

C. Ctrl+Y D. Ctrl+V

10. 可以在导航窗格中进行复制对象操作，选择要复制的对象并右击，在弹出的快捷菜单中选择"复制"命令，或者按（　　　）组合键。

A. Ctrl+C B. Ctrl+X

C. Ctrl+Y D. Ctrl+V

三、多项选择题

1. Access 2016 数据库对象已经打开时不能进行（　　）操作。

A. 删除 B. 重命名

C. 复制 D. 剪切

2. Access 2016 创建数据库有两种方法，分别是（　　）。

A. 通过输入数据创建数据库

B. 通过建立表之间的关系创建数据库

C. 创建空的数据库

D. 使用模板创建数据库

3. Access2016 打开数据库文件方式有（　　　）。

A. 以打开方式打开 B. 以只读方式打开

C．以独占方式打开　　　　　　　　　　　　D．以独占只读方式打开

4．主关键字字段值的唯一性，不允许在主关键字字段中输入（　　）。

A．文本　　　　　　　　　　　　　　　　　B．重复值

C．空值　　　　　　　　　　　　　　　　　D．数字

5．Access 2016 关闭数据库的常用方法有（　　）。

A．在"Backstage 视图"中选择"关闭"命令

B．退出 Access 2016 程序

C．关闭表

D．关闭窗体

四、简答题

1．简述 Access 2016 的特点。

2．数据库设计一般包括哪些步骤？

3．在设计数据库中应该包含的表时，对数据进行分类的原则有哪些？

4．简述 Access 2016 打开数据库文件的方法。

5．简述通过将原数据库.accdb 文件编译为仅可执行的.accde 文件以提高数据库安全性的原因。

五、实验题

1．使用"创建空白数据库"功能创建一个"课程管理"数据库，其中，包括 4 个数据表，即"学生信息"表、"教师信息"表、"课程信息"表和"选课记录"表。

2．分别以"打开""以只读方式打开""以独占方式打开""以独占只读方式打开"4 种方式打开"课程管理"数据库。

3．保存已经打开的"课程管理"数据库，以免误操作、掉电等意外事件损坏数据库。

4．为"课程管理"数据库设置两次访问密码，第一次密码设置为"TWGDH"，第二次密码设置为"btzhy"。

5．为"课程管理"数据库生成一个备份数据库，命名为"课程管理备份"数据库。

6．在"课程管理"数据库中复制"学生信息"表，在当前组粘贴与原表结构和数据相同的"学生信息备份"表。

7．在"课程管理"数据库中将"教师信息"表重命名为"教师基本信息"表。

8．在"课程管理"数据库中删除"课程信息"表。

9．在"课程管理"数据库中隐藏数据库对象"选课记录"表。

10．在"课程管理"数据库中显示已经隐藏的数据库对象"选课记录"表。

11. 在"课程管理"数据库中查看数据库对象"学生信息"表的属性，并为其添加说明"不含插班生信息"。

12. 为"课程管理"数据库执行压缩和修复数据库操作。

13. 将"课程管理"数据库文件"课程管理.accdb"生成 ACCDE 文件"课程管理.accde"。

14. 关闭"课程管理"数据库。

15. 使用 Access 2016 "销售渠道"模板创建一个"书籍销售渠道"数据库。

第 3 章

表

　　表（Table，又被称为数据表）是 Access 数据库的基础，数据库中的所有数据信息都是以表的形式存储的。表将数据组织成列和行的二维表格形式，列称为字段，行称为记录。根据需要一个数据库可以包含多个表，不同主题的信息保存在不同的表中，这样可以高效准确地提供信息。例如，在"教务管理系统"数据库中，可以用一个表存储"教师"的信息，用一个表存储"学生"的信息，再用一个表存储"修课成绩"的信息。

　　表是 Access 数据库最基本的对象，其他数据库对象，如查询、窗体、报表等都是在表的基础上创建并使用的，因此它在数据库中占有很重要的位置。本章详细介绍表结构设计概述、创建表、表的基本操作（输入、修改、删除、查找记录等），以及表之间的关系等内容。

本章重点：

◎　了解表结构设计概述
◎　掌握创建表的方法
◎　掌握表的基本操作
◎　了解表之间的关系
◎　掌握导入表、导出表和链接表的方法

3.1　表结构设计概述

　　在关系型数据库中，表是一个满足关系模型性质的二维表，由表名、表结构、表的内容 3 部分组成。在 Access 2016 数据库中，表结构由该表的全部字段的字段名、字段的数据类型和字段的属性等组成。在创建表时，要指定这些内容以确定表结构。而在创建表结构之前，要先设计该表的结构。

3.1.1　字段的命名规则

　　字段名称是表中一列的标识，在同一个表中的字段名称不能重复。在 Access 2016 中，字段的命名规则如下。

（1）字段名长度为 1～64 个字符。

（2）字段名可以包含字母、数字、空格和特殊字符（英文句号"."、感叹号"!"、重音符号","和方括号"[ ]"除外）。

（3）空格不能作为第一个字符。

（4）不能使用控制字符（值为 0～31 的 ASCII 码字符）。

3.1.2　字段的数据类型

在数据库系统中，不同数据类型的数据，其存储方式及存储空间有所不同，参与计算的方式也不同。字段数据类型决定该字段保存数据的类型，每一个字段只能存储由单一数据类型组成的数据。用户在设计表时，必须定义字段的数据类型。Access 2016 常用的数据类型有短文本、长文本、数字、日期/时间、货币、自动编号、是/否、OLE 对象、超链接、查阅向导、附件、计算字段等。

1．短文本数据类型

短文本数据类型用于存储文字字符及不需要计算的数字字符组成的数据字段，如姓名、地址、电话号码、零件编号或邮编。最多存储 255 个字符。

2．长文本数据类型

长文本数据类型用于存储文稿、注释或说明等较多内容的字段，并支持文本格式，如不同的颜色、字体和突出显示用于长文本数据类型。最多存储 65536 个字符。

3．数字数据类型

数字数据类型用于存储要进行计算（涉及货币的计算除外，使用"货币"类型）的数据（含小数点和正负号）字段。存储字段长度为 1、2、4 或 8 字节，如表 3-1 所示。

表 3-1　数字数据类型的几种数字类型

数字类型	值的范围	小数位数	字段长度
字节	0～255	无	1 字节
整型	32768～32767	无	2 字节
长整型	2147483648～2147483647	无	4 字节
单精度	$-3.4 \times 10^{38} \sim 3.4 \times 10^{38}$	7	4 字节
双精度	$-1.79734 \times 10^{308} \sim 1.79734 \times 10^{308}$	15	8 字节

当确定了某个字段的为数字数据类型时，Access 默认该字段数据类型为长整型字段。

4．日期/时间数据类型

日期/时间数据类型用于存储日期和时间的字段。存储字段长度为 8 字节。例如，出生日期、参加工作时间、毕业时间等。Access 2016 为日期和时间数据提供了多种预定义格式，如表 3-2 所示。

表 3-2 日期/时间数据类型预定义格式及实例

格 式	说 明	实 例
常规日期	（默认值）日期值显示为数字，时间值显示为小时、分钟和秒，后跟 AM 或 PM。对于这两种类型的值，Access 使用 Windows 区域设置中指定的日期和时间分隔符。如果该值没有时间组件，则 Access 仅显示日期。如果该值没有日期组件，则 Access 仅显示时间	11/11/2018 11:11:42AM
长日期	仅显示由 Windows 区域设置中长日期格式指定的日期值	2018 年 11 月 21 日，星期二
中长日期	将日期显示为 dd/mm/yy，但使用 Windows 区域设置中的指定日期分隔符	18/11 月 21 日
短日期	显示日期值，由 Windows 区域设置中的短日期格式指定	2018/07/21 7-21-2018
长时间	显示小时、分钟和秒，后跟 AM 或 PM。Access 使用 Windows 区域"时间"设置中指定的分隔符	上午 11:11:12
中长时间	显示小时和分钟，后跟 AM 或 PM。Access 使用 Windows 区域"时间"设置中指定的分隔符	上午 11:11
短时间	仅显示小时和分钟。Access 使用 Windows 区域"时间"设置中指定的分隔符	11:11

5．货币数据类型

货币数据类型用于存储货币值，是特殊的数字类型。存储字段长度为 8 字节。给货币数据类型字段输入数据，不需要输入货币符号及千位分隔符，Access 会根据所输入的数据自动添加货币符号及千位分隔符。

6．自动编号数据类型

自动编号数据类型用于存储在每添加一条记录时，由 Access 自动插入的唯一顺序（每次递增 1）或随机编号的字段。自动编号字段不能更新，字段大小为长整型，存储字段长度为 4 字节。

7．是/否数据类型

是/否数据类型用于存储只可能是两个值中的一个（如"是/否""真/假""开/关"）的数据字段。存储字段长度为 1 位。

8．OLE 对象数据类型

OLE（Object Linking and Embedding，对象连接与嵌入）是一种可用于在程序之间共享信息的程序集成技术。由于 Office 程序都支持 OLE，所以可以通过链接和嵌入对象共享信息。

OLE 对象数据类型用于存储使用 OLE 协议在其他程序中创建的 OLE 对象（如 Word 文档、Excel 电子表格、图片、声音或其他二进制数据）的字段。最大存储空间为 1GB（受磁盘空间限制）。

9．超链接数据类型

超链接数据类型用于存储超链接地址的字段。超链接地址是文本或文本和数字的组合，以文本形式存储，可以包含以下内容。

- 显示的文本：出现在字段或控件中的文本。
- 地址：文件的路径或页面的路径（URL）。
- 子地址：文件或页面中的位置。
- 超链接数据类型的每一部分最多可以包含 2048 个字符。

10．查阅向导数据类型

查阅向导数据类型用于存储可以使用列表框或组合框从另一个表或值列表中选择值的字段。创建字段设置数据类型时单击"创建"→"查询"→"查阅向导"按钮，Access 2016将启动"查阅向导"功能，它用于创建一个查阅字段。在查阅向导完成之后，Access 2016 将基于在向导中选择的值来设置数据类型。

11．附件数据类型

附件数据类型用于存储附加到数据库中记录的图像、电子表格文件、文档、图表及受支持的其他类型文件（类似于将文件附加到电子邮件）的字段。

12．计算字段数据类型

计算字段数据类型用于存储计算表达式的字段。创建字段设置数据类型时单击"计算字段"按钮，Access 2016 将启动表达式生成器，用户可以创建使用来自一个或多个字段数据的表达式。计算字段大小为 8 字节。

3.1.3 表结构设计实例

在创建表之前，要根据表模式（关系模式）要求，设计该表的结构，确定该表包含的字段及每个字段的字段名、数据类型与属性。以存储处理教师、学生、课程、修课成绩等数据信息的"教务管理系统"为例，数据库中的"学生"表、"教师"表、"课程"表、"修课成绩"表的表结构设计如下。

1．"学生"表

"学生"表模式：学生（学号、姓名、性别、出生日期、籍贯、专业名称、入学总分、照片、备注）。

"学生"表的表结构如表 3-3 所示。在"学生"表中，主键是"学号"。

表 3-3 "学生"表的表结构

字段名	学号	姓名	性别	出生日期	籍贯	专业名称	入学总分	照片	备注
字段类型	短文本	短文本	短文本	日期/时间	短文本	短文本	数字	OLE 对象	长文本
字段大小	10 个字符	4 个字符	1 个字符		2 个字符	16 个字符	整型		
小数点							1 位		
索引	有								

2."教师"表

"教师"表模式：教师（工号、姓名、性别、职称、学院名称、手机号、邮箱、照片、教学简介）。

"教师"表的表结构如表 3-4 所示。在"教师"表中，主键是"工号"。

表 3-4 "教师"表的表结构

字段名	工号	姓名	性别	职称	学院名称	手机号	邮箱	照片	教学简介
字段类型	短文本	短文本	短文本	查阅向导	短文本	短文本	超链接	OLE 对象	长文本
字段大小	6 个字符	4 个字符	1 个字符		16 个字符	11 个字符			
小数点									
索引	有								

3."课程"表

"课程"表模式：课程（课程编号、课程名称、学分、每周课时、周数、总课时、工号、多媒体教学、课程简介）。

"课程"表的表结构如表 3-5 所示。在"课程"表中，主键是"课程编号"。

总课时=（每周课时）×（周数）。

表 3-5 "课程"表的表结构

字段名	课程编号	课程名称	学分	每周课时	周数	总课时	工号	多媒体教学	课程简介
字段类型	短文本	短文本	数字	数字	数字	计算	短文本	是/否	附件
字段大小	8 个字符	16 个字符	整型	整型	整型	长整型	6 个字符		
小数点			自动	自动	自动	自动			
索引	有								

4."修课成绩"表

"修课成绩"表模式：修课成绩（学号，课程编号，成绩）。

"修课成绩"表的表结构如表 3-6 所示。在"修课成绩"表中，主键是"学号"+"课程编号"。

表 3-6 "修课成绩"表的表结构

字 段 名	学 号	课 程 编 号	成 绩
字段类型	短文本	短文本	数字
字段大小	10 个字符	8 个字符	整型
小数点			自动
索引	有	有	

3.2 创建表

对于一个新的数据库，在明确创建数据库目的、确定数据库中所需的表及表的结构后，就可以着手创建表。对于现有数据库也可以根据需要在数据库中创建新的表。创建表时要先创建表的结构，包括构造每个表所包含的字段，并定义其数据类型、设置字段属性、设置表的主键等，再向表中输入数据。Access 2016 有多种创建表的方法，如使用数据表视图创建表、使用设计视图创建表和通过创建应用程序部件创建表，还可以导入外部数据（如 Excel 表、Word 文档、其他数据库等）创建表或链接表。

利用外部数据创建表的方法将在 3.5 节中介绍，下面具体介绍如何使用数据表视图创建表、使用设计视图创建表和通过创建应用程序部件创建表。

3.2.1 使用数据表视图创建表

使用数据表视图创建表是一种方便简单的方法，能够快捷创建一个比较简单的数据表。

例 3.1 使用数据表视图创建"学生"表。

按照表 3-3 中"学生"表的表结构，在"教务管理系统"数据库中使用数据表视图创建"学生"表。

操作步骤如下。

（1）打开"教务管理系统"数据库，单击"创建"选项卡中"表格"组的"表"按钮，Access 2016 会创建一个默认名为"表 1"的新表，字段名为"ID"的字段是系统默认添加的，其数据类型为自动编号，如图 3-1 所示。

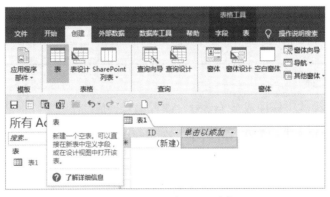

图 3-1 使用数据表视图创建表

（2）单击"单击以添加"下拉按钮，在下拉列表中选择"短文本"选项（将该字段数据类型设置为短文本），如图 3-2 所示。将刚添加的字段名称"字段 1"修改为"学号"，如图 3-3 所示。

图 3-2 设置字段 1 数据类型　　　　　　图 3-3 将"字段 1"的名称修改为"学号"

（3）重复步骤（2），依次添加"姓名""性别""出生日期""籍贯""专业名称""入学总分""照片""备注"字段，如图 3-4 所示。

图 3-4 在"学生"表中添加字段

（4）单击快速访问工具栏中的"保存"按钮，如图 3-5 所示。

图 3-5 单击"保存"按钮

（5）打开"另存为"对话框，如图 3-6 所示，将表名称修改为"学生"表，单击"确定"按钮。也可以先以"表 1"为表名保存，再对其重命名。具体操作为右击需要重命名的表，在弹出的快捷菜单中选择"重命名"命令，如图 3-7 所示。

图 3-6 "另存为"对话框

图 3-7 选择"重命名"命令

当该表名称处变为可编辑文本框状态时，输入新的表名即可。需要注意的是，要先关闭该表才可以对其重命名。

3.2.2 使用设计视图创建表

使用设计视图可以更加灵活地创建表，对于比较复杂的表，一般在设计视图下创建。

例 3.2 使用设计视图创建"教师"表。

操作步骤如下。

按照表 3-4 中"教师"表的表结构，在"教务管理系统"数据库中使用设计视图创建"教师"表。

（1）打开"教务管理系统"数据库，单击"创建"选项卡中"表格"组的"表设计"按钮，Access 2016 会自动创建一个表，并打开表设计视图，如图 3-8 所示。

图 3-8　表设计视图

（2）单击"字段名称"列空白单元格，在单元格中输入"工号"，然后将"数据类型"设置为"短文本"，并在"常规"选项卡中设置字段数据类型属性，如将"字段大小"设置为"6"个字符。

（3）重复步骤（2），依次在"字段名称"处添加"姓名""性别""职称""学院名称""手机号"、"邮箱""照片""教学简介"字段，并分别给各字段设置对应的数据类型，如图 3-9 所示。

图 3-9　添加字段名称与设置数据类型

（4）右击"表 2"选项卡，在弹出的快捷菜单中选择"保存"命令，打开"另存为"对话框，将表名称修改为"教师"表，单击"确定"按钮。此时打开"Microsoft Access"提示对话框，如图 3-10 所示。如果单击"是"按钮，则表中添加一个新的字段"ID"，数据类型为"自动编号"，字段选定栏上出现"主键"标志，如图 3-11 所示；如果单击"否"按钮，则不添加"ID"字段。"教师"表保存成功，如图 3-12 所示。

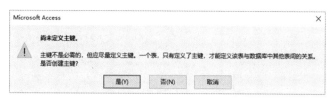

图 3-10 "Microsoft Access"提示对话框

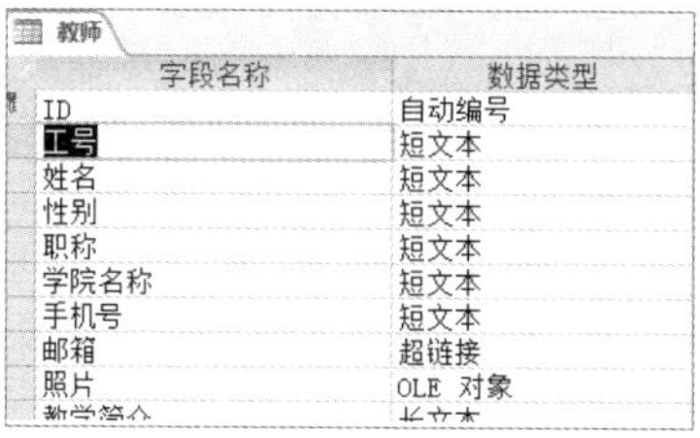

图 3-11 在"教师"表中添加"ID"字段

图 3-12 "教师"表设计视图

3.2.3 通过创建应用程序部件创建数据表

Access 2016 创建数据表的入口不同、场景不同，创建数据表的方法比较灵活，可以通过创建应用程序部件创建数据表，可以理解为是利用表模板创建数据表，并与相关窗体、报表组合构建常用组件。

例 3.3 通过创建应用程序部件创建数据表。

操作步骤如下。

（1）打开"教务管理系统"数据库，单击"创建"选项卡中"模板"组的"应用程序部件"下拉按钮，如图 3-13 所示。

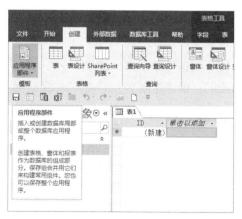

图 3-13 单击"应用程序部件"下拉按钮

（2）弹出下拉列表，在该下拉列表中具有可供选择的选项，如图 3-14 所示。选择需要的选项，如选择"用户"选项，打开"创建关系"对话框，设定其与现有数据表不存在关系（也可以指定此部件与现有数据表之间的关系，有关操作将在 3.4 节中介绍），如图 3-15 所示。

 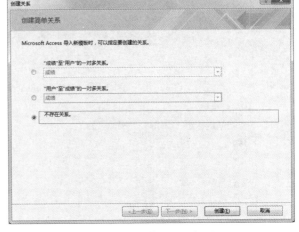

图 3-14　可供选择的选项　　　　　　　　图 3-15　"创建关系"对话框

（3）单击"创建"按钮，在 Access 导航窗格中出现创建好的"用户"表，将"用户"表重命名为"行政人员"表，如图 3-16 所示。

图 3-16　"行政人员"表

3.2.4　修改表的结构

如果在已经创建的数据表中发现表结构的设计有不完善的地方，则可以在该表的"设计视图"中对字段名称、数据类型、字段属性及主关键字等进行修改。

例如，在"教务管理系统"数据库的"修课成绩"表中，"成绩"字段是由"考试成绩""实践成绩""平时成绩"构成的，该表中要包括"考试成绩""实践成绩""平时成绩"字段，因此表结构需要修改完善。

操作步骤如下。

（1）打开"教务管理系统"数据库，右击导航窗格中的"修课成绩"表，在弹出的快捷菜单中选择"设计视图"命令，如图 3-17 所示，打开"修课成绩"表的设计视图，如图 3-18所示。

如果在已打开表的数据表视图的情况下，还可以单击"开始"选项卡中"视图"组的"视图"按钮，切换到"修课成绩"表的设计视图，如图 3-18 所示。

图 3-17 选择"设计视图"命令

图 3-18　"修课成绩"表的设计视图

（2）选中"成绩"字段，将其修改为"考试成绩"。

（3）依次添加"实践成绩"字段和"平时成绩"字段，并设置相应字段的数据类型，如图 3-19 所示，单击"保存"按钮。

图 3-19　修改"修课成绩"表的表结构

字段的其他修改操作（如增加字段、删除字段、修改数据类型等）方法基本类似，这里不再赘述。

需要注意的是，在对表结构进行修改时，有可能会造成数据丢失。当"字段大小"由较大的范围改为较小的范围时可能会导致原有部分数据丢失；当"数据类型"发生改变时可能会造成原有数据丢失；当删除字段时可能会造成该字段原有数据丢失。

3.2.5　字段属性的设置

在数据表中每个字段都有一系列的属性描述。字段属性表示字段所具有的特性，控制数据的存储、输入或显示方式等，不同的字段类型具有不同的属性。图 3-20 所示为"教务管理系统"数据库中"修课成绩"表"学号"字段的属性，可按需要进行设置。

图 3-20　"修课成绩"表中"学号"字段的属性

1."字段大小"属性

通过"字段大小"属性,可以控制使用空间的大小。该属性只适用于"短文本""数字""自动编号"数据类型的字段。对于一个"短文本"数据类型的字段,其字段大小的取值范围是 0~255,默认值为 255,可以在该属性框中输入取值范围内的整数;对于一个"数字"数据类型的字段,可以单击"字段大小"属性单元格,从下拉列表中选择一种类型,如整型、长整数、单精度(见表 3-1)。

2."格式"属性

"格式"属性用来定义数据的打印方式和显示方式,不影响数据的存储方式。不同数据类型的字段,其格式选择有所不同。

在 Access 中,系统提供了一些字段的常用格式供用户选择,也允许用户自定义字段格式(除 OLE 对象数据类型外的字段)。常用的字段格式有"货币"字段的格式、"日期/时间"字段的格式和"是/否"字段的格式。可在其对应的格式单元格的下拉列表中选择某一种格式,也可以在格式单元格中直接输入自定义的格式(例如,显示"09 月 01 日 2021 年"日期的自定义格式为 mm\月 dd\日 yyyy 年)。

图 3-21 所示为"货币"字段的格式。图 3-22 所示为"日期/时间"字段的格式。

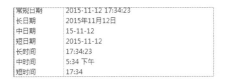

图 3-21 "货币"字段的格式   图 3-22 "日期/时间"字段的格式

3."输入掩码"属性

"输入掩码"属性用来定义数据的输入格式。在创建输入掩码时,可以使用特殊字符要求某些数据是必须输入的,或者某些数据是可选输入的。这些特殊字符还可以用来指定输入数据的类型(例如,输入数字或字符)。用来定义输入掩码的字符列表如表 3-7 所示。

表 3-7　用来定义输入掩码的字符列表

字　　符	说　　明	定义掩码	显示结果
0	数字(0~9,必须输入,不允许有"+"和"−"符号)	(000) 0000-0000	(010) 1234-5678
9	数字(0~9,可选输入,不允许有"+"和"−"符号)	(999) 9999-9999	(010) 1234-5678
#	数字或空格(非必须输入,在"编辑"模式下空格显示为空白,但在保存数据时空白将会被删除,允许有"+"和"−"符号)	#999	20
L	大写字母(A~Z,必须输入)	000LL00	123kk45

续表

字　　符	说　　明	定义掩码	显示结果
?	大写字母（A~Z，可选输入）	>L????L?000L0	ABCDEFG123I4
A	大写字母/小写字母或数字（必须输入）	（000）AAA-AAAA	（010）12a-3cde
a	小写字母或数字（可选输入）	（000）aaa-aaaa	（010）45f-6ghi
&	任何一个字符或空格（必须输入）	Abc0-&&&&-0	Abc0-123dd-4
C	任何一个字符或空格（可选输入）	L????CL?000	ABCDE FG123
. , ; ; /	小数点占位符及千位、日期与时间的分隔符。（实际的字符将根据 Windows "控制面板"中"区域设置属性"的设置而定）		
<	将所有字符转换为小写字母	>L<?????????????	Red
>	将所有字符转换为大写字母	>L????L?000L0	ABCDEFG123I4
!	使输入掩码从右到左显示，而不是从左到右显示。输入掩码中的字符始终都是从左到右输入的。可以在输入掩码中的任何地方包括感叹号	（999）9999-9999!	（010）1234-5678
\	使接下来的字符以原义字符显示	\A	A
密码（Password）	隐藏输入文本，以"*"代替显示文本	JXSFDX	******

例如，为"修课成绩"表中"学号"字段设置输入掩码"0000000000"，可以确保必须输入 10 个数字字符。

操作步骤如下。

可以直接在"学号"字段属性的"输入掩码"文本框中输入"0000000000"，也可以在"自定义'输入掩码向导'"对话框中，设置输入掩码为"0000000000"，占位符为"_"、示例数据为"2101020301"，单击"关闭"按钮，如图 3-23 所示。

图 3-23　设置"学号"字段属性

需要注意的是，如果对同一个字段同时定义了"输入掩码"属性和"格式"属性，则在显示该字段数据时，"格式"属性优先显示，"输入掩码"属性被忽略。

4."标题"属性

"标题"属性值用于在数据表视图、窗体和报表中替换该字段名，但不改变表结构中的字段名。在数据表视图中用户看到的列名显示的内容和在窗体、报表与查询的列名中显示的文本都是字段的标题，而在系统内部引用的则是字段名称。"标题"属性是一个最多包含 2048 个字符的字符串表达式，在窗体和报表中超过标题栏所能显示字符数的标题部分将被截掉。

5."默认值"属性

可以使用"默认值"属性指定一个默认值，该值在新建记录时将自动输入字段中。

例如，在"学生"表中可以将"籍贯"字段的默认值设置为"江西"。在向表中添加新记录时，在"籍贯"字段中会自动插入"江西"，也可以输入其他内容。

6."验证规则"属性和"验证文本"属性

"验证规则"属性用于指定对输入记录、字段或控件中的数据应满足的要求。

"验证文本"属性用于指定当输入的数据违反了字段的验证规则属性时，向用户显示的消息。

当输入的数据违反了验证规则的设置时，可以将"验证文本"属性指定的提示消息显示给用户。

例如，将"教务管理系统"数据库中"修课成绩"表的"成绩"字段"验证规则"设置为">=0"，"验证文本"设置为"成绩应该大于或等于 0!"，如图 3-24 所示。

当为某条记录输入成绩的值小于 0 时（如输入"-1"），会打开"Microsoft Access"提示对话框显示"成绩应该大于或等于 0!"，如图 3-25 所示。单击"确定"，当光标返回该记录"成绩"字段时，等待重新输入。

图 3-24　设置"验证规则"属性和"验证文本"属性

图 3-25　"Microsoft Access"提示对话框

表 3-8 所示为"验证规则"属性和"验证文本"属性表达式实例。

表 3-8 "验证规则"属性和"验证文本"属性表达式实例

"验证规则"属性	"验证文本"属性
＜＞0	输入项必须是不等于 0 的数值
＞100 Or Is Null	输入项必须大于 100 或为空值
Like "A??????"	输入项必须是 7 个字符并以大写字母 A 开头
＞= #1/1/21# And ＜#1/1/22#	输入项必须是 2021 年中的某一个日期

7. "必需"属性

"必需"属性可以确定字段中是否必须有值。如果将该属性设置为"是",则在输入数据时,必须在该字段或绑定到该字段的任何控件中输入数据,而且该数据不能为空值。

8. "索引"属性

索引是一种排序机制,它可以加快查询、排序、检索和打印速度,改变记录的显示顺序。一个表可以有多个索引字段。使用"索引"属性可以设置单一字段索引。索引有两类,一类是唯一(无重复)的索引,另一类是有重复的索引。例如,对于"教师"表的"工号"字段,在创建主键时会自动创建唯一的索引;对于"教师"表的"姓名"字段,因为可能有同名的教师,不能创建唯一的索引,可以创建有重复的索引。

3.2.6　设置和取消表的主键

1. 设置主键

在 Access 2016 数据库中,设置表的主键(又被称为主关键字)的方法有以下 3 种。

(1)单字段主键。

单字段主键,即一个字段的值可以确定表中的唯一记录。

例如,在"教务管理系统"数据库"学生"表中设置单字段主键("学号")的操作步骤如下。

① 打开"教务管理系统"数据库,在"学生"表的"设计视图"中选中"学号"字段。

② 单击"表格工具—设计"选项卡中"工具"组的"主键"按钮,这时在"学号"字段的选定栏上出现"主键" 标志,如图 3-26 所示。

图 3-26　设置单字段主键

(2)多字段主键。

多字段主键,即一个字段组(几个字段组合)的值可以确定表中的唯一记录。

例如，在"教务管理系统"数据库"修课成绩"表中设置多字段主键（"学号"+"课程编号"）的操作步骤如下。

① 打开"教务管理系统"数据库，在"修课成绩"表的"设计视图"中，先选中"学号"字段，然后按住 Ctrl 键，再选中"课程编号"字段。

② 单击"表格工具—设计"选项卡中"工具"组的"主键"按钮，这时在"学号"字段和"课程编号"字段的选定栏上出现"主键" 标志，如图 3-27 所示。

图 3-27　设置多字段主键

（3）自动编号类型字段主键。

当使用设计视图创建新表时，如果之前没有设置主键，则在保存表时系统会询问"是否创建主键？"，如果单击"是"按钮，则系统会创建一个名为"ID"的自动编号类型的字段，并将其设置为主键；当使用数据表视图创建新表时，用户不必回答，系统将会自动创建一个名为"ID"的自动编号类型的字段，并将其设置为主键。

此外，如果要在表中选定一个数据类型为自动编号的字段作为主键，则单击"表格工具—设计"选项卡中"工具"组的"主键"按钮。

需要注意的是，删除记录时自动编号类型的字段值不会自动调整，此时字段值将会出现空缺，变成不连续的字段值。

2．取消主键

通过上述方法选定字段后，单击"表格工具—设计"选项卡中"工具"组的"主键"按钮，可取消已定义的主键。

需要注意的是，如果此表为一个或多个关系的主表，取消表的主键时会打开如图 3-28 所示的"Microsoft Access"提示对话框，提示要先删除关系后方可取消主键。

图 3-28　"Microsoft Access"提示对话框

3.3　表的基本操作

在创建完表之后，可以打开表的"数据表视图"，对表中的记录进行各种操作。

3.3.1　在表中添加记录

在创建完表的结构之后，就可以向表中添加记录。向表中添加记录比较简单，只要打开该表的“数据表视图”就可以直接输入数据了。在 Access 2016 中，还可以利用已有的数据源向表中添加记录，这部分内容将在 3.5 节中介绍。这里具体介绍利用数据表视图向表中输入数据。

操作步骤如下。

（1）打开数据库（如“教务管理系统”数据库）。

（2）在导航窗格中，双击需要输入数据的表对象，如“学生”表，打开数据表视图。

（3）从第一个空记录的第一个字段开始，分别输入“学号”“姓名”“性别”等字段的值，每输入完一个字段值按 Enter 键或按 Tab 键转到下一个字段。把数据输入“学生”表之后，效果如图 3-29 所示。

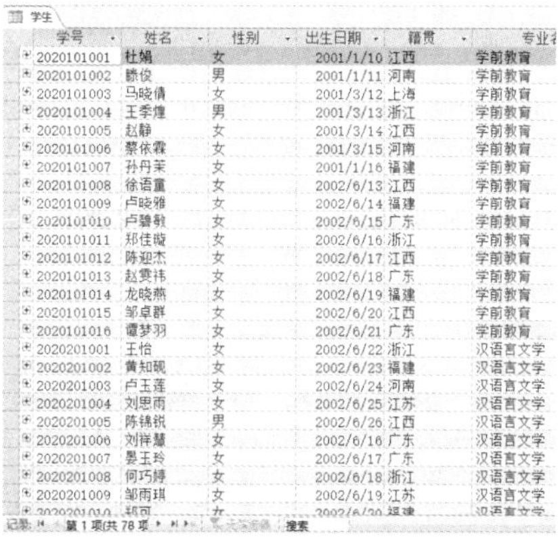
学生

学号	姓名	性别	出生日期	籍贯	专业名
2020101001	杜娟	女	2001/1/10	江西	学前教育
2020101002	赣俊	男	2001/1/11	河南	学前教育
2020101003	马晓倩	女	2001/3/12	上海	学前教育
2020101004	王季煌	男	2001/3/13	浙江	学前教育
2020101005	赵静	女	2001/3/14	江西	学前教育
2020101006	蔡依霖	女	2001/3/15	河南	学前教育
2020101007	孙丹茉	女	2001/1/16	福建	学前教育
2020101008	徐语薰	女	2002/6/13	江西	学前教育
2020101009	卢晓雅	女	2002/6/14	福建	学前教育
2020101010	卢碧敏	女	2002/6/15	广东	学前教育
2020101011	郑佳璇	女	2002/6/16	浙江	学前教育
2020101012	陈迎杰	女	2002/6/17	江西	学前教育
2020101013	赵霁祎	女	2002/6/18	广东	学前教育
2020101014	龙晓燕	女	2002/6/19	福建	学前教育
2020101015	邹卓群	女	2002/6/20	江西	学前教育
2020101016	谭梦羽	女	2002/6/21	广东	学前教育
2020201001	王怡	女	2002/6/22	浙江	汉语言文学
2020201002	黄知砚	女	2002/6/23	福建	汉语言文学
2020201003	卢玉莲	女	2002/6/24	河南	汉语言文学
2020201004	刘思雨	女	2002/6/25	江苏	汉语言文学
2020201005	陈锦锐	男	2002/6/26	江西	汉语言文学
2020201006	刘祥馨	女	2002/6/16	广东	汉语言文学
2020201007	晏玉玲	女	2002/6/17	广东	汉语言文学
2020201008	何巧婷	女	2002/6/18	浙江	汉语言文学
2020201009	邹雨琪	女	2002/6/19	江苏	汉语言文学

记录：第 1 项(共 78 项　搜索

图 3-29　在“学生”表中输入数据

在输入记录时，可以看到，每次输入一条记录的同时，表中都会自动添加新的一行，供用户下次输入新记录。

（4）输入完成后，单击快速访问工具栏中的“保存”按钮，保存“学生”表中的数据。

（5）单击“学生”表“数据表视图”右上角的“关闭”按钮。

注意事项如下。

（1）“学号”字段是主键，该字段的值不能为空也不能重复。

（2）当输入数据的字段设置为 OLE 对象数据类型（如“照片”字段）时，双击输入框，会打开“Microsoft Access”提示对话框，如图 3-30 所示。

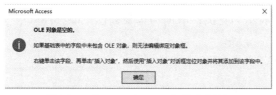

图 3-30　“Microsoft Access”提示对话框

右击该字段，在弹出的快捷菜单中选择"插入对象"命令，如图 3-31 所示。打开"Microsoft Access"对话框，如图 3-32 所示。

图 3-31　选择"插入对象"命令

图 3-32　"Microsoft Access"对话框

选中"新建"单选按钮，在"对象类型"列表框中选择"Bitmap Image"（位图图像）选项，单击"确定"按钮，打开"画图"软件，选择"主页"选项卡中"剪贴板"组的"粘贴来源"选项，如图 3-33 所示，在打开的"粘贴来源"对话框中，找到所需图片并选中该图片，单击"打开"按钮，如图 3-34 所示。

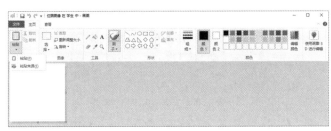

图 3-33　选择"粘贴来源"选项

图 3-34　"粘贴来源"对话框

（3）将输入数据的字段设置为"是/否"数据类型（如"是否党员"字段）时，勾选复选框会显示一个"√"，打钩表示为党员；取消勾选复选框，即去掉"√"，不打钩表示为非党员。

3.3.2　修改表的记录

向表中输入记录时，很难保证输入的数据准确无误。在对表中数据进行操作时，也难免会造成错误。因为时间等情况的变化，数据不合时宜，这样就要修改表的记录。

操作步骤如下。

（1）打开数据库（如"教务管理系统"数据库）。

（2）在导航窗格中，选择要修改的数据表（如"学生"表）并右击，在弹出的快捷菜单中选择"打开"命令，打开"学生"表的"数据表视图"，选定要修改数据的记录行，确定要修改数据的字段，即可修改数据，如图 3-35 所示。

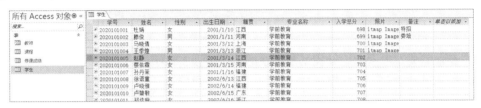

图 3-35　修改数据

（3）修改完成后，单击快速访问工具栏中的"保存"按钮。

（4）关闭"学生"表的"数据表视图"。

3.3.3　删除表的记录

操作步骤如下。

（1）打开数据库（如"教务管理系统"数据库）。

（2）在导航窗格中，选择要删除数据的表（如"课程"表）并右击，在弹出的快捷菜单中选择"打开"命令。打开"课程"表的"数据表视图"，如图 3-36 所示。

图 3-36　"课程"表的"数据表视图"

（3）选定要删除的记录（可以是一条记录，也可以是连续的多条记录）并右击，在弹出的快捷菜单中选择"删除记录"命令，如图 3-37 所示，或直接按 Delete 键。

图 3-37　选择"删除记录"命令

（4）打开"Microsoft Access"提示对话框，如图 3-38 所示，单击"是"按钮，表中的记录就被删除。

图 3-38　"Microsoft Access"提示对话框

（5）删除完成后，单击快速访问工具栏中的"保存"按钮。

（6）关闭"课程"表的"数据表视图"。

3.3.4　查找与替换

用户经常需要在数据库中查找某条记录的某个字段，该字段中含有用户所需的特定信息，同时还可以通过替换功能对数据表中记录的字段值进行修改。

1. 查找

例 3.4　在"教务管理系统"数据库的"学生"表中查找姓名为"王怡"的记录。

操作步骤如下。

（1）打开"教务管理系统"数据库。

（2）在导航窗格中双击"学生"表，打开"学生"表的"数据表视图"，在"开始"选项卡的"查找"组中单击"查找"按钮，打开"查找和替换"对话框。

（3）选择"查找"选项卡，在"查找内容"文本框内输入"王怡"，并指定查找范围为"当前文档"，匹配为"整个字段"，搜索为"全部"，如图 3-39 所示。

图 3-39　设置"查找"选项卡的参数

（4）单击"查找下一个"按钮，光标定位到第一个"姓名"为"王怡"的记录，如图 3-40 所示，可以逐次单击"查找下一个"按钮，直至查找完毕。

图 3-40　光标定位到第一个"姓名"为"王怡"的记录

2. 替换

例 3.5 在"教务管理系统"数据库的"学生"表中,将姓名为"赵静"的字段替换为"赵静静"。

操作步骤如下。

(1)打开"教务管理系统"数据库。

(2)在导航窗格中双击"学生"表,打开"学生"表的"数据表视图",在"开始"选项卡的"查找"组中单击"查找"按钮,打开"查找和替换"对话框。

(3)选择"替换"选项卡,在"查找内容"文本框内输入"赵静",在"替换为"文本框内输入"赵静静",并指定查找范围为"当前文档",匹配为"整个字段",搜索为"全部",如图 3-41 所示。

图 3-41 设置"替换"选项卡的参数

(4)单击"查找下一个"按钮,光标定位到第 1 条姓名为"赵静"的记录,如图 3-42 所示。如果需要替换,则单击"替换"按钮;如果不需要替换,则单击"查找下一个"按钮,直至全部查找替换完毕。

图 3-42 光标定位到第 1 条姓名为"赵静"的记录

(5)如果全文需要一次性替换,则直接单击"全部替换"按钮,打开"Microsoft Access"提示对话框,单击"是"按钮,如图 3-43 所示。

图 3-43 单击"是"按钮

3. 关于使用通配符

在指定要查找的内容时,如果仅知道要查找的部分内容,或者要查找以指定字符打头或符合某种模式的内容时，均可以使用通配符作为其他字符的占位符。

在"查找和替换"对话框的"查找"选项卡中，可以使用如表 3-9 所示的通配符。

表 3-9 通配符

通配符	说　　　明	实　　　例
*	与任何个数的字符匹配。在字符串中，它可以当作第一个或最后一个字符使用	张*——可以找到张三、张力等以"张"字开头的字符串
?	与任何单个字符的字符匹配	ali?e——可以找到 alice、alike 和 alive
[ ]	与方括号内任何单个字符匹配	ali[ck]e——可以找到 alice 和 alike，但找不到 alive
!	匹配任何不在方括号之内的字符	ali[!ck]e——可以找到 alive 和 aline，但找不到 alice 和 alike
-	与某个范围内的任意一个字符匹配。必须按升序指定范围（从 A 到 Z，而不是从 Z 到 A）	ali[j-o]e——可以找到 alike 和 aline，但找不到 alice 和 alive
#	与任何单个数字字符匹配	6#7——可以找到 607、617、627

需要注意的是，使用通配符搜索其他通配符，如星号"*"、问号"?"、数字符"#"、左方括号"["或连字符"-"，必须将要搜索的字符放在方括号内；如果搜索感叹号"!"或右方括号"]"，则不必将其放在方括号内。

例如，如果要搜索问号"?"，则在"查找"对话框内输入"[?]"。如果要同时搜索连字符"-"和其他字符，将连字符放在方括号内，所有其他字符之前或之后。如果要搜索非连字符和其他非括号中的字符，将连字符放在感叹号之后。

必须将左方括号、右方括号放在下一层方括号内"[[]]"，才能同时搜索一对左右方括号"[]"，否则 Access 会将这种组合作为空字符串（""）处理。

3.3.5 排序

排序是根据当前数据表中的一个或多个字段的值，对整个数据表的全部记录重新排列顺序。可以按升序（从小到大）或降序（从大到小）对所有记录进行排列，排序结果可与表一起保存。

1．简单排序操作

操作步骤如下。

（1）打开"教务管理系统"数据库，在导航窗格中打开要排序的表（如"教师"表）的"数据表视图"。

（2）单击排序字段所在列的任意一个数据单元格，如"工号"。

（3）单击"开始"选项卡中"排序和筛选"组的"升序"按钮（ 按升序排列）或"降序"按钮（ 按降序排列），显示排序结果，如图 3-44 所示。

图 3-44 按"工号"排序

还可以直接单击排序字段右侧的下拉按钮，在弹出的下拉列表中选择"升序"选项或"降序"选项，如图 3-45 所示。

图 3-45 利用在下拉列表中的选项排序

也可以右击排序字段，在弹出的快捷菜单中选择"升序"命令或"降序"命令，如图 3-46 所示。

图 3-46 利用快捷菜单排序

如果要对相邻的多个字段进行简单排序，则选定这些字段（如"姓名"+"性别"）后，单击"开始"选项卡中"排序和筛选"组的"升序"按钮或"降序"按钮，显示排序结果，如图 3-47 所示。

图 3-47 对相邻多个字段进行简单排序

当关闭该表的"数据表视图"时，可选择是否将排序结果与表一起保存，如图 3-48 所示。

图 3-48 选择是否将排序结果与表一起保存

2. 复杂排序

如果要对多个字段进行复杂排序，则要使用 Access 2016 中的"高级筛选/排序"命令。

例 3.6 在"教务管理系统"数据库中，将"学生"表按"性别"升序和"入学总分"降序进行排列。

操作步骤如下。

（1）打开"教务管理系统"数据库，打开"学生"表的"数据表视图"。

（2）在"开始"选项卡的"排序和筛选"组中，单击"高级"下拉按钮，在弹出的下拉列表中选择"高级筛选/排序"命令，如图 3-49 所示。

图 3-49 选择"高级筛选/排序"命令

这时打开一个排序筛选设计窗口，窗口上方显示了"学生"表的字段列表，下方是设置排序、筛选条件的设计网格，如图 3-50 所示。

（3）在设计网格中，在"字段"行第 1 列的单元格中选择"性别"作为第 1 排序字段，在"排序"行第 1 列的单元格中选择"升序"；在"字段"行第 2 列的单元格中选择"入学总分"作为第 2 排序字段，在"排序"行第 2 列的单元格中选择"降序"，如图 3-51 所示。

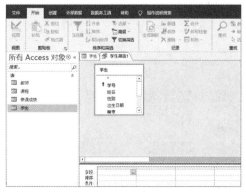

图 3-50 排序筛选设计窗口

图 3-51 设置排序条件

（4）单击"开始"选项卡中"排序和筛选"组的"切换筛选"按钮；或者单击"高级"下拉按钮，在弹出的下拉列表中选择"应用筛选/排序"命令，排序结果如图 3-52 所示

图 3-52 多个字段复杂排序结果

（5）当关闭该表的"数据表视图"时，可选择是否将排序结果与表一起保存。

用户还可以从数据表视图中删除排列次序。删除排列次序的操作非常简单，只要在打开数据表视图时，单击"开始"选项卡中"排序和筛选"组的"取消排序"按钮即可。

3. 排序规则

对于不同数据类型的字段，排序规则如下。

（1）英文的文本按字符的 ASCII 码值的顺序排列，升序按 ASCII 码值从小到大排序，降序按 ASCII 码值从大到小排序。对于英文字母，升序按从 A 到 Z 排序，降序按从 Z 到 A 排序。

（2）中文的文本按拼音字母的顺序排列，升序按从 A 到 Z 排序，降序按从 Z 到 A 排序。

（3）数字按数字的大小顺序排列，升序按从小到大排序，降序按从大到小排序。

（4）对于日期和时间类型的字段，按日期的先后顺序排列，升序按从前到后排序，降序按从后到前排序。

注意：

（1）在"文本"字段中保存的数字将作为字符串而不是数值，对它排序是按数字字符文本的 ASCII 码值的顺序排列的，不是按数值大小顺序排列的。

（2）在以升序排列字段时，任何含有空字段（包含 Null 值）的记录将排在列表中的第 1 条。如果字段中同时包含 Null 值和空字符串，则包含 Null 值的字段将显示在第 1 条记录中，紧接着是空字符串。

（3）不能对数据类型为 OLE 对象的字段进行排序。

3.3.6 筛选记录

筛选就是将符合条件的部分记录显示出来（而不是显示表中的所有记录）。一般来说，用户需要指定筛选的条件。有时筛选条件很简单，如要查看所有女学生的记录。有时筛选条件较为复杂，如要查看年龄为 19～21 岁的男学生记录。用户可以通过"开始"选项卡中"排序和筛选"组的"切换筛选"按钮来取消筛选结果，恢复表的原来面貌。

1. 按选定内容筛选

如果用户可以比较容易地在窗体、子窗体或数据表中找到要筛选的内容，则可以按选定内容筛选。按选定内容筛选实际上是每次给出一个"什么是什么"的筛选条件，如"性别"是"女"。而给出筛选条件的方法就是在表中选定某个字段（如"性别"）的一个值（如"女"），单击"开始"选项卡中"排序和筛选"组的"选择"下拉按钮，在弹出的下拉列表中选择"等于""女""（E）"选项，如图 3-53 所示。便可得到筛选结果，如图 3-54 所示。

图 3-53　设置"性别"是"女"　　　　　图 3-54　"学生"表按选定内容筛选结果

如果需要进一步做筛选，则可以按上述方法重复执行筛选，但每次只能给出一个条件。此外"选择"下拉按钮还根据字段的不同数据类型提供了多种筛选条件，如对于文本类型，还有"包含""不包含"等设置条件，如图 3-55 所示。

图 3-55　文本筛选器

2. 按窗体筛选

使用"按窗体筛选"功能可以执行较为复杂的筛选。该功能允许用户在一个"按窗体筛选"窗口中给出的多个条件来筛选记录。在"按窗体筛选"窗口中，默认显示了两个选项卡，选项卡的标签（"查找"和"或"）位于窗口的下方，其中，可以有多个"或"选项卡，每个选项卡中均可指定若干个条件，同一个选项卡中的条件与条件之间是"And"（与）的关系，不同选项卡之间的条件是"Or"（或）的关系。

在"按窗体筛选"窗口中指定筛选条件时，如果直接在某一个单元格中选择一个值，则表示选定字段等于该值（省略等于运算符"="）。需要指定大于或小于等比较运算时，需要直接输入">"或"<"等比较运算符，比较运算符包括">"（大于）、">="（大于或等于）、"<>"（不等于）、"="（等于）、"<"（小于）和"<="（小于或等于）。

在指定"是/否"类型字段的条件时，复选框只能包括 3 种状态，即选中（是）、不选中（否）和灰显（不作为筛选条件）。

例 3.7　在"教务管理系统"数据库的"学生"表中，使用"按窗体筛选"功能筛选出"入学总分"大于或等于"700 分"的女学生和"专业名称"为"学前教育"的记录。

操作步骤如下。

（1）打开"教务管理系统"数据库中的"学生"表"数据表视图"。

（2）单击"开始"选项卡中"排序和筛选"组的"高级"下拉按钮，在弹出的下拉列表中选择"按窗体筛选"选项，打开"学生:按窗体筛选"设计窗口。

（3）在"学生:按窗体筛选"窗口中的"性别"下方单元格选择"女"，按 Tab 键将光标移到"入学总分"下方单元格并输入">=700"，如图 3-56 所示。

（4）单击选项卡标签"或"，在"学生:按窗体筛选"窗口的"专业名称"下方单元格中选择"学前教育"，如图 3-57 所示。

（5）单击"开始"选项卡中"排序和筛选"组的"切换筛选"按钮，"学生"表按窗体筛选的结果如图 3-58 所示。

图 3-56　按窗体筛选条件

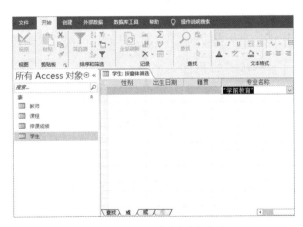

图 3-57　指定"学前教育"条件

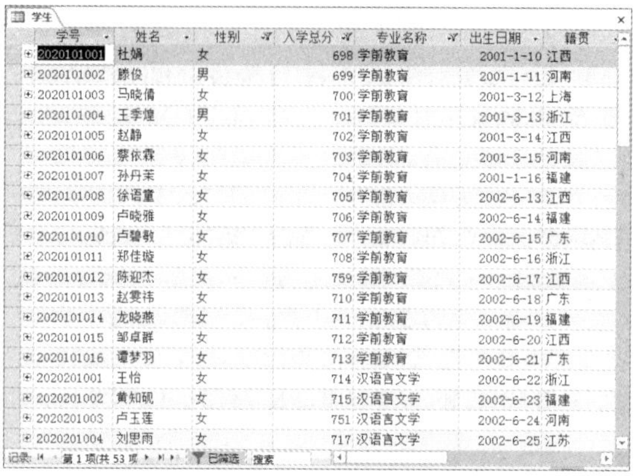

学号	姓名	性别	入学总分	专业名称	出生日期	籍贯
2020101001	杜娟	女	698	学前教育	2001-1-10	江西
2020101002	滕俊	男	699	学前教育	2001-1-11	河南
2020101003	马晓倩	女	700	学前教育	2001-3-12	上海
2020101004	王季煌	男	701	学前教育	2001-3-13	浙江
2020101005	赵静	女	702	学前教育	2001-3-14	江西
2020101006	蔡依霖	女	703	学前教育	2001-3-15	河南
2020101007	孙丹茉	女	704	学前教育	2001-1-16	福建
2020101008	徐语潼	女	705	学前教育	2002-6-13	江西
2020101009	卢晓雅	女	706	学前教育	2002-6-14	福建
2020101010	卢碧敏	女	707	学前教育	2002-6-15	广东
2020101011	郑佳璇	女	708	学前教育	2002-6-16	浙江
2020101012	陈迎杰	女	759	学前教育	2002-6-17	江西
2020101013	赵雯祎	女	710	学前教育	2002-6-18	广东
2020101014	龙晓燕	女	711	学前教育	2002-6-19	福建
2020101015	邹卓群	女	712	学前教育	2002-6-20	江西
2020101016	谭梦羽	女	713	学前教育	2002-6-21	广东
2020201001	王怡	女	714	汉语言文学	2002-6-22	浙江
2020201002	黄知砚	女	715	汉语言文学	2002-6-23	福建
2020201003	卢玉莲	女	751	汉语言文学	2002-6-24	河南
2020201004	刘思雨	女	717	汉语言文学	2002-6-25	江苏

图 3-58 “学生”表按窗体筛选的结果

3．高级筛选

“高级筛选/排序”功能支持在一个“筛选”窗口中同时给出多个筛选条件及排序要求来筛选记录，可以更加方便地执行较为复杂的筛选并对结果排序。在“筛选”窗口中指定筛选条件时，同一个“条件”行（或“或”行）中的条件与条件之间是“And”（与）的关系，不同“条件”行（“条件”行与“或”行）之间的条件是“Or”（或）的关系。

在“筛选”窗口中指定筛选条件时，如果直接在某一个单元格中输入一个值，则表示选定字段等于该值（省略等于运算符“=”）。需要指定大于或小于等比较运算时、需要直接输入“>”或“<”等比较运算符，比较运算符包括“>”（大于）、“>=”（大于或等于）、“<>“（不等于）、“=”（等于）、“<”（小于）和“<=”（小于或等于）。

在指定“是/否”类型字段的条件时，需要在对应条件单元格中输入“True”或“False”，也可以输入“1”或“-1”（表示“True”），还可以输入“0”（表示“False”）。

例 3.8　在“教务管理系统”数据库“学生”表中，使用“高级筛选/排序”功能，筛选“入学总分”大于或等于 700 分的女学生和“专业名称”等于“学前教育”的男学生记录，并将筛选出的记录先按“性别”降序排列，再按“入学总分”升序排到。

操作步骤如下。

（1）打开“教务管理系统”数据库中的“学生”表“数据表视图”。

（2）单击“开始”选项卡中“排序和筛选”组的“高级”下拉按钮，在弹出的下拉列表中选择“高级筛选/排序”选项。

（3）在“筛选”窗口下方的设计网格中，在“字段”行第 1 列的单元格中选择“性别”字段，将“性别”作为第 1 排序字段。在“排序”行第 1 列的单元格中选择“降序”，在“条件”行第 1 列的单元格中输入“女”，在“或”行第 1 列的单元格中输入“男”。

（4）在“字段”行第 2 列的单元格中选择“入学总分”字段，将“入学总分”作为第 2 排序字段。在“排序”行第 2 列的单元格中选择“升序”，在“条件”行第 2 列的单元格中输入“>=700”。

（5）在"字段"行第 3 列的单元格中选择"专业名称"字段，在"排序"行第 3 列的单元格中选择不排序。在"或"行第 3 列的单元格中输入"学前教育"，如图 3-59 所示。

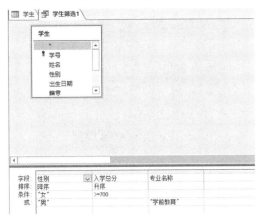

图 3-59　使用"高级筛选/排序"设置条件

（6）单击"开始"选项卡中"排序和筛选"组的"切换筛选"按钮，使用"高级筛选/排序"选项筛选的结果如图 3-60 所示。

学号	姓名	性别	出生日期	籍贯	专业名称
2020101003	马晓倩	女	2001/3/12	上海	学前教育
2020101005	赵静	女	2001/3/14	江西	学前教育
2020101006	蔡依霖	女	2001/3/15	河南	学前教育
2020201007	晏玉玲	女	2002/6/17	广东	汉语言文学
2020101007	孙丹茉	女	2001/1/16	福建	学前教育
2020201008	何巧婷	女	2002/6/18	浙江	汉语言文学
2020101008	徐语童	女	2002/6/13	江西	学前教育
2020201009	邹雨琪	女	2002/6/19	江苏	汉语言文学
2020101009	卢晓雅	女	2002/6/14	福建	学前教育
2020201010	郑可	女	2002/6/20	福建	汉语言文学
2020201011	曾熙琳	女	2002/6/21	广东	汉语言文学
2020101010	卢静馨	女	2002/6/15	广东	学前教育
2020101011	郑佳璇	女	2002/6/16	浙江	学前教育
2020101013	赵雯祎	女	2002/6/18	广东	学前教育
2020301003	熊思思	女	2002/6/24	浙江	历史学

记录：第 1 项（共 52 项）　已筛选　搜索

图 3-60 使用"高级筛选/排序"选项筛选的结果

3.3.7　表的重命名、复制、删除

1．表的重命名

表的重命名操作步骤如下。

（1）打开"教务管理系统"数据库。

（2）在导航窗格中，右击"修课成绩"表，在弹出的快捷菜单中选择"重命名"命令，如图 3-61 所示。

（3）"修课成绩"表名处于被编辑状态，输入新表名，按 Enter 键。

图 3-61　选择"重命名"命令

2．复制表

复制表结构或将数据追加到已有的表的操作步骤如下。

（1）打开"教务管理系统"数据库。

（2）在导航窗格中，单击要复制其表结构或数据的"修课成绩"表，单击"开始"选项卡中"剪贴板"组的"复制"按钮。

（3）单击"开始"选项卡中"剪贴板"组的"粘贴"按钮，如图 3-62 所示。打开"粘贴表方式"对话框，如图 3-63 所示。

图 3-62　单击"粘贴"按钮

图 3-63　"粘贴表方式"对话框

（4）在"粘贴表方式"对话框的"表名称"文本框中输入表名称。

（5）如果仅要粘贴表的结构，则选中"粘贴选项"组中的"仅结构"单选按钮；如果要粘贴表的结构和数据，则选中"粘贴选项"组中的"结构和数据"单选按钮；如果要将数据追加到已有的表中；则选中"粘贴选项"组中的"将数据追加到已有的表"单选按钮（需要注意的是，此时"表名称"文本框中已输入的表的名称应该在表对象列表中存在）。

（6）单击"确定"按钮。

3．删除表

删除表的操作步骤如下。

（1）打开"教务管理系统"数据库。

（2）在导航窗格中，右击要删除的"修课成绩"表，在弹出的快捷菜单中选择"删除"命令，打开"Microsoft Access"提示对话框，如图 3-64 所示。

图 3-64　"Microsoft Access"提示对话框（1）

（3）如果单击该对话框中的"是"按钮，则会删除"修课成绩"表。需要注意的是，如果"修课成绩"表受到"实施参照完整性"约束，则该表暂时不能被删除，系统会显示如图 3-65 所示的"Microsoft Access"提示对话框，这时只能按该提示对话框的要求去操作了。

图 3-65　"Microsoft Access"提示对话框（2）

3.3.8　表的外观设置

设置表的外观是指设置表在数据表视图所显示出来的二维表格的外观，包括调整字段的显示次序、设置数据表格式、设置字体、隐藏或显示数据表中的列等。设置结果可与表一起保存。

1. 调整字段的显示次序

当以"数据表视图"打开表时，Access 是按默认设置格式显示数据表的，显示的字段次序与其在表设计或查询设计中出现的次序相同。用户可以根据需要重新设置字段的显示次序（仅改变数据表字段显示次序外观，并不会改变这些字段在原来的表设计或查询设计中的次序）。

例 3.9　在"教务管理系统"数据库的"学生"表中，将"入学总分"字段移至"出生日期"字段前显示。

操作步骤如下。

（1）打开"教务管理系统"数据库，在"学生"表的数据表视图中，选定"入学总分"字段，如图 3-66 所示。

学号	姓名	性别	出生日期	籍贯	专业名称	入学总分
2020101001	杜娟	女	2001/1/10	江西	学前教育	698
2020101002	滕俊	男	2001/1/11	河南	学前教育	699
2020101003	马晓倩	女	2001/3/12	上海	学前教育	700
2020101004	王季煌	男	2001/3/13	浙江	学前教育	701
2020101005	赵静	女	2001/3/14	江西	学前教育	702
2020101006	蔡依霖	女	2001/3/15	河南	学前教育	703
2020101007	孙丹茉	女	2001/1/16	福建	学前教育	704
2020101008	徐语童	女	2002/6/13	江西	学前教育	705
2020101009	卢晓雅	女	2002/6/14	福建	学前教育	706
2020101010	卢馨敏	女	2002/6/15	广东	学前教育	707
2020101011	郑佳璇	女	2002/6/16	浙江	学前教育	708
2020101012	陈迎杰	女	2002/6/17	江西	学前教育	759

图 3-66 选定"入学总分"字段

（2）按住鼠标左键并将"入学总分"字段拖曳到"出生日期"字段位置前面，释放鼠标左键，重新设置字段位置后的次序效果如图 3-67 所示。

（3）当关闭该表的"数据表视图"时，可选择将设置更改与表一起保存。

学号	姓名	性别	入学总分	出生日期	籍贯	专业名称
2020101001	杜娟	女	698	2001/1/10	江西	学前教育
2020101002	滕俊	男	699	2001/1/11	河南	学前教育
2020101003	马晓倩	女	700	2001/3/12	上海	学前教育
2020101004	王季煌	男	701	2001/3/13	浙江	学前教育
2020101005	赵静	女	702	2001/3/14	江西	学前教育
2020101006	蔡依霖	女	703	2001/3/15	河南	学前教育
2020101007	孙丹茉	女	704	2001/1/16	福建	学前教育
2020101008	徐语童	女	705	2002/6/13	江西	学前教育
2020101009	卢晓雅	女	706	2002/6/14	福建	学前教育
2020101010	卢馨敏	女	707	2002/6/15	广东	学前教育
2020101011	郑佳璇	女	708	2002/6/16	浙江	学前教育
2020101012	陈迎杰	女	759	2002/6/17	江西	学前教育

图 3-67 重新设置字段位置后的次序效果

2．设置数据表格式

当以"数据表视图"方式打开表时，Access 是按默认设置格式显示数据表的，用户可以根据对显示的数据表网格线外观的需求重新进行设置。设置数据表格式的操作步骤如下。

（1）打开"学生"表的"数据表视图"。

（2）单击"开始"选项卡中"文本格式"组右下角的 按钮，如图 3-68 所示，打开"设置数据表格式"对话框，如图 3-69 所示。

图 3-68 单击 按钮   图 3-69 "设置数据表格式"对话框

（3）按照需要的效果，在"设置数据表格式"对话框中的标签提示下进行相应的操作。

（4）当关闭"学生"表的"数据表视图"时，可选择将设置更改与表一起保存。

3．设置字体

当打开表的"数据表视图"时，Access 是按默认设置的字体显示数据表的，用户可以按照显示的数据表字体外观的需求重新进行设置。设置字体的操作步骤如下。

（1）打开"学生"表的"数据表视图"。

（2）单击"开始"选项卡中"文本格式"组的"字体"下拉按钮，在弹出的字体下拉列表中选择某种字体；单击"字号"下拉按钮，在弹出的字号下拉列表中选择某种字号，如图 3-70 所示。

（3）此外，单击"文本格式"组中的其他按钮，还可以对"字形""下画线""颜色""网络线"等重新进行设置。

（4）当关闭"学生"表的"数据表视图"时，可选择将设置更改与表一起保存。

图 3-70　设置字体和字号

4．隐藏或显示数据表中的列

（1）隐藏数据表中的列。

例如，将"学生"表中的"入学总分"列设置为隐藏列。

操作步骤如下。

① 打开"学生"表的"数据表视图"。

② 选定"入学总分"字段列，如图 3-71 所示。如果要选定相邻的多列，则选定某一个列字段名，按住鼠标左键拖曳到选定范围的末列的字段名，释放鼠标左键即可。

学号	姓名	性别	出生日期	籍贯	专业名称	入学总分	照片	备注
2020101001	杜娟	女	2001/1/10	江西	学前教育	698	itmap Image	特招
2020101002	滕俊	男	2001/1/11	河南	学前教育	699	itmap Image	委培
2020101003	马晓倩	女	2001/3/12	上海	学前教育	700	itmap Image	
2020101004	王季煌	男	2001/3/13	浙江	学前教育	701	itmap Image	
2020101005	赵静	女	2001/3/14	江西	学前教育	702		

图 3-71　选定"入学总分"字段列

③ 右击选定的字段列，在弹出的快捷菜单中选择"隐藏字段"命令，如图 3-72 所示。此时隐藏了"入学总分"字段列后的显示效果如图 3-73 所示。

图 3-72 选择"隐藏字段"命令　　　　　图 3-73 隐藏了"入学总分"字段列后的显示效果

④ 当关闭"学生"表的"数据表视图"时，可选择将设置更改与表一起保存。

（2）显示数据表中隐藏的列。

例如，将"学生"表中隐藏的"入学总分"字段列显示出来。

操作步骤如下。

① 打开"学生"表的"数据表视图"。

② 右击任意字段列，在弹出的快捷菜单中选择"取消隐藏字段"命令，如图 3-74 所示，打开"取消隐藏列"对话框，如图 3-75 所示。

图 3-74 选择"取消隐藏字段"命令　　　　　图 3-75 "取消隐藏列"对话框

③ 在"取消隐藏列"对话框中，勾选"入学总分"复选框，单击"关闭"按钮。此时在"学生"表的"数据表视图"中重新显示"入学总分"字段列。

④ 当关闭"学生"表的"数据表视图"时，可选择将设置更改与表一起保存。

5. 冻结和取消冻结数据表中的列

Access 提供了可以冻结数据表中的一列或多列的功能。对数据表中的列设置了"冻结"后，无论在该表中水平滚动到何处，这些已被冻结的列都会成为最左侧显示的列（如果冻结多列，则按设置冻结字段的先后顺序，依次显示在最左列、次左列、……），并且始终是可见的，方便查看同一条记录的左右对应数据。

（1）冻结数据表中的列。

操作步骤如下。

① 打开某个表的"数据表视图"。

② 选定要冻结的列。

③ 右击字段列，在弹出的快捷菜单中选择"冻结字段"命令。

④ 当关闭该表的"数据表视图"时，可选择将设置更改与表一起保存。

（2）取消冻结数据表中的列。

操作步骤如下。

① 打开某个表的"数据表视图"。

② 右击任意字段列，在弹出的快捷菜单中选择"取消冻结所有字段"命令。

③ 当关闭该表的"数据表视图"时，可选择将设置更改与表一起保存。

6. 调整数据表的行高

（1）利用鼠标指针调整数据表的行高。

操作步骤如下。

① 打开某个表的"数据表视图"。

② 将鼠标指针放在数据表左侧的任意两个记录选定器之间，此时，当鼠标指针变成十字形并带有上下双向箭头形状时，然后按住鼠标左键一直拖曳到所需行高，释放鼠标左键即可。

③ 当关闭该表的"数据表视图"时，可选择将设置更改与表一起保存。

（2）指定行高。

操作步骤如下。

① 打开某个表的"数据表视图"。

② 右击某行记录选择器，在弹出的快捷菜单中选择"行高"命令，如图 3-76 所示，打开"行高"对话框，如图 3-77 所示。

图 3-76　选择"行高"命令

图 3-77　"行高"对话框

③ 在"行高"对话框中输入所需的行高值，单击"确定"按钮。

④ 当关闭该表的"数据表视图"时，可选择将设置更改与表一起保存。

7. 调整数据表的列宽

（1）利用鼠标指针调整数据表的列宽。

操作步骤如下。

① 打开某个表的"数据表视图"。

② 将鼠标指针指向要调整大小的列选定器的右边缘，此时，当鼠标指针变成十字形并带有左右双向箭头形状时，然后按住鼠标左键一直拖曳到所需列宽，释放鼠标左键即可。或者直接双击列标题的右边缘，可自动调整列宽以适合其中的数据。

③ 当关闭该表的"数据表视图"时，可选择将设置更改与表一起保存。

（2）指定数据表的列宽。

操作步骤如下。

① 打开某个表的"数据表视图"。

② 在选定了需要调整列宽的字段列后右击，在弹出的快捷菜单中选择"字段宽度"命令，如图 3-78 所示，打开"列宽"对话框，如图 3-79 所示 。

图 3-78 选择"字段宽度"命令

图 3-79 "列宽"对话框

③ 在"列宽"对话框中输入所需的列宽值，然后单击"确定"按钮。

④ 当关闭该表的"数据表视图"时，可选择将设置更改与表一起保存。

3.4 表之间的关系

在 Access 2016 数据库中为每个主题都创建一个表后，要使多个表联系起来，必须建立表与表之间的关系，才能将不同表中的相关数据联系起来，从而为创建查询、创建窗体、创建报表打下良好的基础。

3.4.1 表之间关系类型的确定

表之间的关系有 3 种类型，即一对一关系、一对多关系和多对多关系。创建哪种类型的关系取决于表之间相关联的字段是如何定义的。

（1）如果两个表相关联字段都是主键，则创建一对一关系。在一对一关系中，A 表中的一条记录仅能与 B 表中的一条记录相匹配，同样 B 表中的一条记录也只能与 A 表中的一条记录相匹配。例如，在"教务管理系统"数据库中，有"教师"表和"教师工资"表，两个表中的

"工号"都是主键，这两个表是一对一的关系。

（2）如果两个表仅有一个相关联字段是主键，则创建一对多关系。一对多关系是最常用的关系类型。在一对多关系中，A 表中的一条记录能与 B 表中的多条记录相匹配，但是 B 表中的一条记录仅能与 A 表中的一条记录相匹配。例如，"教师"表与"课程"表都有"工号"字段，但仅有"教师"表中的"工号"是主键，"教师"表与"课程"是一对多的关系。

（3）在多对多关系中，A 表中的一条记录能与 B 表中的多条记录相匹配，并且 B 表中的一条记录也能与 A 表中的多条记录相匹配，这两个表是多对多的关系。两个表之间的多对多关系实际上是某两个表与第三个表的两个一对多关系。第三个表的字段包含前两个表的主键。例如，"学生"表与"课程"表是多对多关系，"修课成绩"表把"学生"表与"课程"表之间的多对多关系转化为两个一对多关系，即"学生"表与"修课成绩"表是一对多关系（两个表相关联字段是"学号"），"课程"表与"修课成绩"表也是一对多关系（两个表相关联字段是"课程编号"）。

在定义表之间的关系时，应设立一些准则，这些准则有助于数据的完整性。参照完整性就是在输入或删除记录时，为维护表之间已定义的关系而必须遵循的规则。如果实施了参照完整性，那么当主表中没有相关记录时，就不能将记录添加到相关表中，也不能在相关表中存在匹配的记录时，删除主表中的记录，更不能在相关表中有相关记录时，更改主表中的主关键字值。也就是说，实施了参照完整性之后，对表中主关键字的字段进行操作时系统会自动检查主关键字的字段，看一看该字段是否被添加、修改或删除。如果对主关键字的修改违背了参照完整性的要求，那么系统将会自动强制执行参照完整性。

注意：

（1）当创建表之间的关系时，相关联的字段不一定要有相同的名称，但必须有相同的数据类型（除主键是"自动编号"数据类型外）。

（2）当主键字段是"自动编号"数据类型时，可以与"数字"数据类型并且"字段大小"属性为"长整型"的字段关联。

（3）如果分别来自两个表的两个字段都是"数字"字段，只有"字段大小"属性相同，这两个字段才可以关联。

3.4.2　建立表之间的关系

建立表之间的关系，先要保证数据库中需要建立关联关系的两个表具有关联字段，在"关系"窗口中，将一个表中的字段拖到另一个表中相关字段的位置即可。

例 3.10　为"教务管理系统"数据库的"学生"表、"教师"表、"修课成绩"表和"课程"表，建立表之间的关系。

操作步骤如下。

（1）打开"教务管理系统"数据库。

（2）单击"数据库工具"选项卡中"关系"组的"关系"按钮，打开"关系"布局窗口，如图 3-80 所示。

图 3-80　打开"关系"布局窗口

（3）在"关系"布局窗口空白处右击，弹出快捷菜单，选择"显示表"命令，如图 3-81 所示，打开"显示表"对话框，如图 3-82 所示。

图 3-81　选择"显示表"命令　　　　　　　　　　　图 3-82　"显示表"对话框

（4）选中需要建立关联关系的表，单击"添加"按钮，选中的表立即显示在"关系"布局窗口中。也可以双击选中需要建立关联关系的表，表立即显示在"关系"布局窗口中（还可以在导航窗格中按住鼠标左键逐个将要建立关系的表拖曳到"关系"布局窗口中，释放鼠标左键即可），如图 3-83 所示。

图 3-83　表在"关系"窗口中的布局

如果要在"关系"布局窗口中删除某个表，则可以选中要删除的表，然后按 Delete 键。

（5）单击"显示表"对话框中的"关闭"按钮，关闭"显示表"对话框。

（6）将表中的主键字段（字段名前有钥匙图标🔑）拖曳到其他表的外键字段，系统打开"编辑关系"对话框，如图 3-84 所示。

图 3-84　"编辑关系"对话框

（7）在"编辑关系"对话框中，可以根据需要设置关系选项建立所需关联关系。例如，建立"学生"表与"修课成绩"表之间的一对多关系，可以在操作步骤（6）时，在"编辑关系"对话框中，勾选"实施参照完整性"复选框，如图 3-85 所示，单击"编辑关系"对话框中的"创建"按钮，"学生"表与"修课成绩"表之间建立了一对多关系，如图 3-86 所示，该图中的关系线两端的符号"1"和"∞"分别表示一和多。

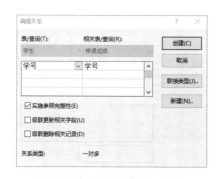

图 3-85　勾选"实施参照完整性"

图 3-86　一对多关系

需要注意的是，只有勾选了"实施参照完整性"复选框，创建关系产生的关系线的两端才会出现"1"和"∞"符号。通常，还习惯把一对多关系的"一"端对应的表称为"主表"，"多"端对应的表称为"子表"或"相关表"。

（8）要对建立关系的两个表重复执行步骤（6）和步骤（7）的操作。

"教务管理系统"数据库表之间的关系如图 3-87 所示。

图 3-87　"教务管理系统"数据库表之间的关系

（9）单击"关系"布局窗口右上角的"关闭"按钮，打开"Microsoft Access"提示对话框，如图 3-88 所示，提示"是否保存对'关系'布局的更改？"，用户可以根据需要单击"是"按钮、"否"按钮或"取消"按钮。

图 3-88　"Microsoft Access"提示对话框

3.4.3　"编辑关系"对话框中的关系选项

在"编辑关系"对话框中，有 3 个复选框形式的关系选项可供用户选择，但必须先勾选"实施参照完整性"复选框之后，其他两个复选框才可用。

1．实施参照完整性

当满足下列全部条件时，可以设置实施参照完整性。

（1）主表中的匹配字段是一个主键或者具有唯一约束。

（2）相关联字段具有相同的数据类型和字段大小。

（3）两个表属于相同的数据库。

Access 2016 使用实施参照完整性来确保相关表中记录之间关系的有效性，并且不会意外地删除或更改相关数据。如果设置了实施参照完整性，则会有如下功能效果。

（1）不能在相关表的外键字段中输入不存在于主表的主键中的值。

（2）如果在相关表中存在匹配的记录，则不能从主表中删除该记录。

（3）如果在相关表中存在匹配的记录，则不能在主表中更改主键值。

如果只勾选"实施参照完整性"复选框，则相关表中的记录发生变化时，主表中的主关键字不会发生相应变化，而且当删除相关表中的任何记录时，也不会更改主表中的记录。

2．级联更新相关字段

在勾选"实施参照完整性"复选框之后，如果勾选"级联更新相关字段"复选框，则不管何时更改主表中记录的主键值，系统都会自动在所有相关表的相关记录中，将与该主键相关的字段更新为新值。

3．级联删除相关记录

在勾选"实施参照完整性"复选框之后，如果勾选"级联删除相关记录"复选框，则不管何时删除主表中的记录，系统都会自动删除相关表中的相关记录。

3.4.4　修改表之间的关系

操作步骤如下。

（1）打开某个数据库。

（2）单击"数据库工具"选项卡中"关系"组的"关系"按钮，打开"关系"布局窗口（如果在打开某个表的设计视图的情况下，则可以在"表格工具—设计"选项卡的"关系"组中找到"关系"按钮；如果在打开某个表的数据表视图的情况下，则可以在"表格工具—表"选项卡的"关系"组中找到"关系"按钮）。

（3）如果已建立的关系没有全部显示出来，则可以单击"关系设计"选项卡中"关系"组的"所有关系"按钮。

（4）如果要编辑关系的表没有显示出来，则可以在"关系"布局窗口空白处右击，在弹出的快捷键菜单中选择"显示表"命令，打开"显示表"对话框，在"显示表"对话框中双击要添加的每个表，然后关闭"显示表"对话框。

（5）在"关系"布局窗口中双击要修改关系的关系连线，打开"编辑关系"对话框。

（6）在"编辑关系"对话框中，根据条件和需要设置关系选项，然后单击"确定"按钮，关闭"编辑关系"对话框。

（7）关闭"关系"布局窗口，保存对"关系"布局的修改。

3.4.5　删除表之间的关系

操作步骤如下。

（1）打开某个数据库。

（2）如果已建立的关系没有全部显示出来，则可以单击"关系设计"选项卡中"关系"组的"所有关系"按钮。

（3）在"关系"布局窗口中，选中所要删除关系的关系连线（当选中关系连线时，关系连线会变成粗黑状态），然后按 Delete 键将其删除。

（4）关闭"关系"布局窗口，保存对"关系"布局的修改。

3.4.6　子表

当两个表之间建立了一对多关系后，将"一"端的表称为主表，将"多"端的表称为"子表"或"相关表"。打开主表的"数据表视图"，单击折叠按钮（⊞按钮或⊟按钮）可以将子表展开或关闭。

例如，在"学生"表的"数据表视图"中，如果单击某条记录左侧的⊞按钮，则⊞按钮变为⊟按钮，并显示"修课成绩"子表中外键与该记录主键值相同的所有课程成绩的数据表视图，如图 3-89 所示；如果单击左侧的⊟按钮，则关闭显示的子表。

图 3-89　显示子表中外键与主键值相同的记录数据表视图

3.5　导入表、导出表与链接表

导入表是将其他 Access 数据库、文件、联机服务等外部数据导入数据库中已有的表或新建的表中。导出表是将 Access 数据库中表的数据导入其他 Access 数据库、Excel 文件、HTML、XML、文本文件等文件中。链接表是将 Access 数库中的表链接到其他应用程序（如 Excel 文件）中的数据，但不会将数据导入表中。导入表、导出表、链接表操作可以在"外部数据"选项卡中实现。

3.5.1　导入表

导入功能可以将外部数据源中的数据导入本数据库中已有的表或新建的表中。导入表是创建表的方法之一。导入的外部数据源可以是 Access 数据库、Excel 文件、HTML、XML、文本文件等。

例 3.11　将 Excel 文件"教师.xlsx"中的数据导入"教务管理系统"数据库中的"教师"表中。

操作步骤如下。

（1）打开"教务管理系统"数据库。

（2）单击"外部数据"选项卡中"导入并链接"组的"新数据源"下拉按钮，选择"从文件"级联菜单中的"Excel"选项，如图 3-90 所示，打开"获取外部数据-Excel 电子表格"对话框，如图 3-91 所示。

图 3-90　选择"Excel"选项

图 3-91　"获取外部数据-Excel 电子表格"对话框

（3）单击"浏览"按钮，指定"教师.xlsx"文件的路径。

（4）选中"向表中追加一份记录的副本"单选按钮，并在其右侧的下拉列表中选择"教师"。单击"确定"按钮，打开"导入数据表向导"对话框，如图 3-92 所示。

图 3-92　"导入数据表向导"对话框

（5）单击"下一步"按钮，勾选"第一行包含列标题"复选框（默认已勾选），如图 3-93 所示。

图 3-93　勾选"第一行包含列标题"复选框

（6）单击"下一步"按钮，在"导入到表"文本框中已默认输入表名"教师"，如图 3-94 所示，单击"完成"按钮。

（7）如果经常进行重复导入相同文件的操作，则可以勾选"保存导入步骤"复选框，如图 3-95 所示。

图 3-94 输入表名"教师"　　　　　图 3-95 勾选"保存导入步骤"复选框

上述操作步骤将一个 Excel 文件导入数据库已存在的一个表中。

将外部数据源中的数据导入数据库中并创建一个新表的操作步骤于上述实例的操作步骤非常类似。区别在于，第（4）步需要选中"将源数据导入当前数据库的新表中"单选按钮，按照"导入数据表向导"中的提示对每个字段的信息进行简单的设置，如图 3-96 所示。

还可以选择设置新表的主键，如图 3-97 所示。

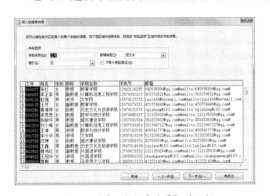

图 3-96 "导入数据表向导"对话框　　　　图 3-97 设置新表的主键

3.5.2 导出表

导出表是将 Access 2016 数据库中表的数据导入其他 Access 数据库、Excel 电子表格、HTML、XML、文本文件等文件中。

例 3.12 将"教务管理系统"数据库中"课程"表的数据导入"课程.xlsx"中。

操作步骤如下。

（1）打开"教务管理系统"数据库。

（2）选中导航窗格中的"课程"表。

（3）单击"外部数据"选项卡中"导出"组的"Excel"按钮，如图 3-98 所示，也可以在导航窗格中选中"课程"表并右键，弹出快捷菜单，选择"导出"级联菜单中的"Excel"命令，打开"导出-Excel 电子表格"对话框，如图 3-99 所示。

图 3-98　单击"Excel"按钮　　　　　　图 3-99　"导出-Excel 电子表格"对话框

（4）单击"浏览"按钮，指定导出目标文件存储的路径并显示在该对话框中的"文件名"文本框里，在路径后面给定导出目标文件名。单击"文件格式"右侧的下拉按钮，弹出下拉列表，可以在该下拉列表中选择导出文件的格式类型，如图 3-100 所示。单击"确定"按钮，勾选"保存导出步骤"复选框，如图 3-101 所示。

图 3-100　选择导出文件的格式类型　　　　图 3-101　勾选"保存导出步骤"复选框

（5）如果经常进行重复导出相同文件的操作，则可以勾选"保存导出步骤"复选框。

Access 2016 还提供了导出表为 PDF、XPS、Word RTF、XML、HTML、文本文件等文件形式，导出表的操作步骤基本相似，请按相应的导出向导提示操作。

3.5.3　链接表

链接表是创建表的方法之一。链接数据是将表链接到其他应用程序（如 Excel 文件中的数据，但不会将数据导入表中，Access 对源数据的操作将反映在链接表中）。

例 3.13　在"教务管理系统"数据库中，通过对 Excel 文件"成绩 A.xlsx"的链接表操作，创建一个"成绩 A"表。

操作步骤如下。

（1）打开"教务管理系统"数据库。

（2）单击"外部数据"选项卡中"导入并链接"组的"Excel"按钮，打开"获取外部数据

-Excel 电子表格"对话框。

（3）单击该对话框中的"浏览"按钮，指定"成绩 A.xlsx"文件的路径。选中"通过创建链接表来链接到数据源"单选按钮，如图 3-102 所示。

（4）单击"确定"按钮，打开"链接数据表向导"对话框，本实例使用默认的"成绩 A"表，如图 3-103 所示。

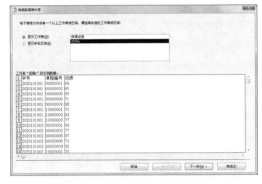

图 3-102　选中"通过创建链接表来链接到数据源"单选按钮　　　　图 3-103　"链接数据表向导"对话框

（5）单击"下一步"按钮，勾选"第一行包含列标题"复选框，如图 3-104 所示。

（6）单击"下一步"按钮，在"链接表名称"文本框中输入链接表名"成绩 A"，如图 3-105 所示。

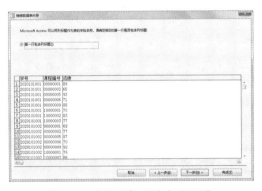

图 3-104　勾选"第一行包含列标题"　　　　图 3-105　在"链接表名称"文本框中输入链接
　　　　复选框　　　　　　　　　　　　　　　　表名"成绩 A"

（7）单击"完成"按钮，打开"链接数据表向导"对话框，如图 3-106 所示。

图 3-106　"链接数据表向导"对话框

（8）单击"确定"按钮。此时，在导航窗格中的表对象列表中添加新创建的链接表"成绩 A"，如图 3-107 所示，可以看出其图标为 Excel 文件标识 而非表标识 。

图 3-107　添加新创建的链接表"成绩 A"

习　题

一、填空题

1. _____是 Access 数据库最基本的对象，其他数据库对象，如查询、窗体、报表等都是在其基础上创建并使用的。

2. 在关系型数据库中，表是一个满足关系模型性质的二维表，它由_____、_____、3 部分组成。

3. 在 Access 数据库中，表结构则是由该表的全部字段的字段名、字段的_____和字段的_____等组成的。

4. _____是表中一列的标识，在同一个表中的字段名称不能重复。

5. 在 Access 数据库中，字段名长度为_____个字符。

6. 在 Access 数据库中，_____不能作为第一个字符。

7. 在 Access 数据库中，字段名称_____使用控制字符（值为 0～31 的 ASCII 码字符）。

8. 短文本数据类型用于存储文字字符及不需要计算的数字字符组成的数据字段，最多存储_____个字符。

9. 日期/时间数据类型用于存储日期和时间的字段。存储字段长度为_____字节。

10. 字段_____决定字段保存数据的类型。

11. 能唯一确定（标识）该记录的一个或若干个字段称为_____ 。

12. 输入数据时数据类型为_____的字段由系统自动填入，不用手动输入。

13. 直接修改数据表的数据（记录）只能在表的_____中进行。

14. 字段名可以包含_____（英文句号"."、感叹号"!"、重音符号","和方括号"[ ]"除外），不能以_____开头，不能包含_____。

15. 在确定字段数据类型时，和货币有关的，使用_____，和货币无关但需要数值计算的使用_____数据类型，无须数值计算，又不超过 255 个字符的使用_____数据类型，超过 255 个字符的使用_____数据类型，如果只有两个确定的值可供选择，可以使用_____数据类型。

16. 字段"格式"属性用来定义数据的_____和_____，不会影响数据的存储方式。

17. 要使输入的所有英文字母（不论大小写字母）显示结果均为小写字母的输入掩码字符为_____。

18. 假设某个字段为 10 位必填数字，其输入掩码应该设置为_____。

19. 字段的属性表示字段所具有的特性，控制数据的_____、_____或_____等，不同的字段类型具有不同的属性。

20. 如果不想显示数据表中的某些字段，则可以在 Access 中使用_____命令实现。

21. 字段的"输入掩码"属性用来定义数据的_____格式。

22. 字段的"标题"属性值用于在数据表视图、窗体和报表中替换该字段名，但不改变表结构中的_____。

23. 可以使用字段的"默认值"属性指定一个数值，该数值在新建记录时将_____到字段中。

24. 字段的"验证规则"属性用于指定对输入记录、字段或控件中的数据的要求。字段的"验证文本"属性用于指定当输入的数据违反了字段的验证规则属性时，向用户_____。

25. 在向数据库中输入数据时，如果要求所输入的字符必须是字母，则应该设置的输入掩码是_____。

26. 使用_____可以更加灵活地创建表，对于比较复杂的表，一般在_____下创建。

27. 通过_____属性，可以控制使用空间的大小。

28. "必需"属性可以确定字段中是否必须有值。如果将该属性设置为_____，则在输入数据时，必须在该字段或绑定到该字段的任何控件中输入数据，而且该数据____为空值。

29. 索引是一种_____机制，它可以加快查询、排序、检索和打印速度，改变记录的显示顺序。

30. 索引有两类，一类是_____的索引，另一类是有_____的索引。

31. _____，即一个字段的值可以确定表中的唯一记录。

32. _____，即一个字段组（几个字段组合）的值可以确定表中的唯一记录。

33. 删除记录时自动编号类型的字段值_____自动调整，此时字段值将会出现空缺，变成不连续的字段值。

34. 如果表为一个或多个关系的主表，取消该表的主键必须_____后方可取消主键。

35. _____是根据当前数据表中的一个或多个字段的值，对整个数据表的全部记录重新排列顺序。

36. 如果要对多个字段进行复杂排序，则要使用 Access 2016 中的_____命令。

37. 英文的文本按字符的_____顺序排列，升序按 _____排序，降序按_____ 排序。对于英文字母，升序按从_____到_____排序，降序按从_____到_____排序。

38. 中文的文本按_____的顺序排列，升序按_____排序，降序按_____排序。

39. 数字按数字的_____排列，升序按_____排序，降序按_____排序。

40. 对于日期和时间类型的字段，按_____排列，升序按从_____到_____排序，降序按从_____到_____排序。

41. 在以升序排列字段时，任何含有空字段（包含 NULL 值）的记录将排在列表中的_____条。如果字段中同时包含 NULL 值和空字符串，则包含_____的字段将显示在第 1 条记录中，紧接着是_____ 。

42. 对数据类型为_____的字段进行排序。

43. 筛选就是将符合条件的_____ 显示出来（而不是显示整个表中的所有记录）。

44. 使用_____功能可以执行较为复杂的筛选。

45. 设置表的外观是指设置表在_____ 所显示出来的二维表格的外观。

46. _____ 是将其他 Access 数据库、文件、联机服务等外部数据导入数据库中已有的表或新建的表中。

47. _____ 是将 Access 数据库中表的数据导入其他 Access 数据库、Excel 文件、HTML、XML、文本文件等文件中。

48. _____ 是将 Access 数库中的表链接到其他应用程序（如 Excel 文件）中的数据，但不会将数据导入表中。

49. 当两个表之间建立了一对多关系后，将"一"端的表称为 _____，将"多"端的表称为_____ 。

50. 在"筛选"窗口中指定筛选条件时，同一个"条件"行（或"或"行）中的条件与条件之间是_____的关系，不同"条件"行（"条件"行与"或"行）之间的条件是_____的关系。

二、单项选择题

1. Access 数据库最基础的对象是（　　　）。

A. 表　　　　　　　　B. 宏　　　　　　　　C. 报表　　　　　　　　D. 查询

2. 如果字段内容为声音文件，则该字段的数据类型应定义为（　　　）。

A. 文本　　　　　　　　B. 备注　　　　　　　　C. 超链接　　　　　　　　D. OLE 对象

3. 如果在创建的表中定义字段"性别"，并要求用汉字表示，其数据类型应该是（　　　）。

A. 是/否　　　　　　　　B. 数字　　　　　　　　C. 短文本　　　　　　　　D. 备注

4. 在 Access 中，表和数据库的关系是（　　　）。

A. 一个数据库可以包含多个表　　　　　　　　B. 一个表只能包含两个数据库

C. 一个表可以包含多个数据库　　　　　　　　D. 一个数据库只能包含一个表

5. Access 数据库的结构层次是（　　　）。

A. 数据库管理系统→应用程序→表　　　　　　　　B. 数据库→数据表→记录→字段

C. 数据表→记录→数据项→数据　　　　　　　　D. 数据表→记录→字段

6. 在 Access 数据库中，表的组成是（　　　）。

A. 字段和记录　　　　　　　　B. 查询和字段

C. 记录和窗体　　　　　　　　D. 报表和字段

7. 数据表中的"行"被称为（　　　）。

A. 字段　　　　　　　　B. 数据　　　　　　　　C. 记录　　　　　　　　D. 数据视图

8. Access 提供的数据类型中不包括（　　　）。

A. 长文本　　　　　　　　B. 文字　　　　　　　　C. 货币　　　　　　　　D. 日期/时间

9. 数据库中有 A、B 两表，均有相同字段 C，在两个表中均将 C 字段设置为主键。当通过 C 字段建立两个表之间的关系时，则该关系为（　　　）。

A. 一对一　　　　　　　　B. 一对多

C. 多对多　　　　　　　　D. 不能建立关系

10. 假设数据库中表 A 与表 B 建立了一对多关系，表 B 为"多"的一方，则下述说法正确的是（　　　）。

A. 表 A 中的一条记录能与表 B 中的多条记录匹配

B. 表 B 中的一条记录能与表 A 中的多条记录匹配

C. 表 A 中的一个字段能与表 B 中的多个字段匹配

D. 表 B 中的一个字段能与表 A 中的多个字段匹配

11. 下列关于字段属性的叙述正确的是（　　　）。

A. 可对任意类型的字段设置"默认值"属性

B. 定义字段默认值的含义是该字段值不允许为空

C. 只有"短文本"数据类型能够使用"输入掩码向导"

D. "有效性规则"属性只允许定义一个条件表达式

12. 下列关于 OLE 对象的叙述正确的是（　　）。

A. 用于输入文本数据

B. 用于处理超链接数据

C. 用于生成自动编号数据

D. 用于链接或内嵌 Windows 支持的对象

13. 可以插入图片的数据类型是（　　）。

A. 文本　　　　　　　　B. 备注　　　　　　　　C. OLE 对象　　　　　　D. 超链接

14. 可以改变"字段大小"属性的数据类型是（　　）。

A. 短文本　　　　　　　B. OLE 对象　　　　　　C. 是/否　　　　　　　　D. 日期/时间

15. 当使用表设计器定义表中的字段时，不是必须设置的内容是（　　）。

A. 字段名称　　　　　　B. 数据类型　　　　　　C. 说明　　　　　　　　D. 字段属性

16. 在 Access 数据库的表设计视图中，不能进行的操作是（　　）。

A. 修改字段类型　　　　　　　　　　　　　　　B. 设置索引

C. 增加字段　　　　　　　　　　　　　　　　　D. 删除记录

17. 下列关于输入掩码的叙述错误的是（　　）。

A. 在定义字段的输入掩码时，既可以使用输入掩码向导，也可以直接使用字符

B. 定义字段的输入掩码是为了设置密码

C. 输入掩码中的字符"0"表示可以选择输入 0～9 之间的一个数字

D. 当直接使用字符定义输入掩码时，可以根据需要将字符组合起来

18. 在定义表中的字段属性时，对要求输入相对固定格式的数据，如电话号码 010-12345678，应该定义该字段的（　　）。

A. 格式　　　　　　　　B. 默认值　　　　　　　C. 输入掩码　　　　　　D. 有效性规则

19. 如果想要在文本框中输入文本时达到密码"*"的显示效果，则应该设置的属性是（　　）。

A. 默认值　　　　　　　B. 有效性文本　　　　　C. 输入掩码　　　　　　D. 密码

20. 输入掩码字符"&"的含义是（　　）。

A. 必须输入字母或数字

B. 可以选择输入字母或数字

C. 必须输入一个任意的字符或一个空格

D. 可以选择输入任意的字符或一个空格

21. 输入掩码字符"C"的含义是（   ）。

A. 必须输入字母或数字

B. 可以选择输入字母或数字

C. 必须输入一个任意的字符或一个空格

D. 可以选择输入任意的字符或一个空格

22. 下列关于关系型数据库中数据表的描述正确的是（   ）。

A. 数据表相互之间存在联系，但用独立的文件名保存

B. 数据表相互之间存在联系，但用表名表示相互之间的联系

C. 数据表相互之间不存在联系，完全独立

D. 数据表既相对独立，又相互联系

23. 邮政编码是由 6 位数字组成的字符串，为邮政编码设置输入掩码，正确的是（   ）。

A. 000000 B. 999999

C. CCCCCC D. LLLLLL

24. 如果设置字段的输入掩码为"####-######"，则该字段正确的输入数据是（   ）。

A. 0755-123456 B. 0755-abcdef

C. abcd-123456 D. ####-######

25. 掩码"LLL000"对应的正确输入数据是（   ）。

A. 555555 B. aaa555 C. 555aaa D. aaaaaa

26. 定义字段默认值的含义是（   ）。

A. 不能使该字段为空值

B. 不允许字段的值超出某个范围

C. 在未输入数据之前系统自动提供的数值

D. 系统自动把小写字母转换为大写字母

27. 下列对数据输入无法起到约束作用的是（   ）。

A. 数据掩码 B. 有效性规则 C. 字段名称 D. 数据类型

28. 下列关于索引的叙述错误的是（   ）。

A. 可以为所有的数据类型创建索引

B. 可以提高对表中记录的查询速度

C. 可以加快对表中记录的排序速度

D. 可以基于单个字段或多个字段创建索引

29. 下列可以创建索引的数据类型是（　　）。

A. 短文本　　　　　　　　B. 超链接　　　　　C. 备注　　　　　　D. OLE 对象

30. 在 Access 中，设置主键的字段（　　）。

A. 不能设置索引　　　　　　　　　　　　B. 可以设置为"有（有重复）"索引

C. 系统自动设置索引　　　　　　　　　　D. 可以设置为"无"索引

31. 在 Access 中，通配符 "#" 的含义是（　　）。

A. 通配任意个数的字符　　　　　　　　　B. 通配任意单个字符

C. 通配任意个数的数字字符　　　　　　　D. 通配任意单个数字字符

32. 在 Access 中，通配符 "[　]" 的含义是（　　）。

A. 通配任意长度的字符　　　　　　　　　B. 通配不在括号内的任意字符

C. 通配方括号内列出的任意单个字符　　　D. 错误的使用方法

33. 在 Access 中，通配符 "!" 的含义是（　　）。

A. 通配任意长度的字符　　　　　　　　　B. 通配不在括号内的任意字符

C. 通配方括号内列出的任意单个字符　　　D. 错误的使用方法

34. 在 Access 中，通配符 "-" 的含义是（　　）。

A. 通配任意单个运算符　　　　　　　　　B. 通配任意单个字符

C. 通配任意多个减号　　　　　　　　　　D. 通配指定范围内的任意单个字符

35. 如果想在已创建的"学生"表的数据表视图中直接显示姓为"李"的记录，则应该使用 Access 提供的（　　）。

A. 筛选功能　　　　　　　　　　B. 排序功能

C. 查询功能　　　　　　　　　　D. 报表功能

36. 对数据表进行筛选操作，结果是（　　）。

A. 只显示满足条件的记录，将不满足条件的记录从数据表中删除

B. 显示满足条件的记录，并将这些记录保存在一个新数据表中

C. 只显示满足条件的记录，不满足条件的记录被隐藏

D. 将满足条件的记录和不满足条件的记录分为两个数据表进行显示

37. 在已经创建的数据表中，如果想要在显示表中内容时使某些字段不能移动显示位置，则可以使用的方法是（   ）。

A. 排序

B. 筛选

C. 隐藏

D. 冻结

38. 在 Access 中，如果不想显示数据表中的某些字段，则可以使用的方法是（   ）。

A. 隐藏

B. 删除

C. 冻结

D. 筛选

39. 下列关于数据表的格式和说法错误的是（   ）。

A. 字段在数据表中的显示顺序是由用户输入的先后顺序决定的

B. 用户可以同时改变一列或同时改变多列字段的位置

C. 在数据表中，可以为某个或多个指定字段中的数据设置字体格式

D. 在 Access 中，只可以冻结列，不可以冻结行

40. 下列关于数据编辑的说法正确的是（   ）。

A. 数据表中的数据有两种排序方式，一种是升序排列；另一种是降序排列

B. 可以单击"升序"按钮或"降序"按钮，为两个不相邻的字段分别设置升序和降序排列

C. "取消筛选"按钮的功能就是删除筛选窗口中所做的筛选条件

D. 将 Access 数据表导入 Excel 数据表中，Excel 将自动应用源表中的字体格式

41. 下列关于空值的叙述正确的是（   ）。

A. 空值是双引号中间没有空格的值

B. 空值是等于 0 的数值

C. 空值是使用 Null 或空白来表示字段的值

D. 空值是用空格表示的值

42. "教务管理系统"数据库中有"学生"表、"课程"表和"选课"表，为了有效地反映这 3 个表中数据之间的联系，在创建数据库时应该设置（   ）。

A. 默认值

B. 有效性规则

C. 索引

D. 表之间的关系

43. 下面关于 Access 数据表的叙述错误的是（   ）。

A. 在 Access 数据表中，可以对短文本型字段进行"格式"属性设置

B. 如果删除数据表中含有自动编号型字段的一条记录，则 Access 不会对数据表中自动编号型字段重新编号

C. 当创建数据表之间的关系时，应该关闭所有打开的数据表

D. 可以在 Access 数据表的设计视图"说明"列中，对字段进行具体说明

44. 在 Access 数据库中，为了保持表之间的关系，要求在主表中修改相关的记录时，子表相关的记录随之更改。为此需要定义参照完整性关系的（　　）。

A. 级联更新相关字段　　　　　　　　　B. 级联删除相关字段

C. 级联修改相关字段　　　　　　　　　D. 级联插入相关字段

45. 在 Access 数据库中，为了保持表之间的关系，要求在子表（从表）中添加记录时，如果主表中没有与之相关的记录，则不能在子表（从表）中添加记录。为此需要定义的关系是（　　）。

A. 输入掩码　　　　　　　　　　　　　B. 有效性规则

C. 默认值　　　　　　　　　　　　　　D. 参照完整性

46. 货币数据类型用于存储货币值，是特殊的数字类型。存储字段长度为（　　）字节。

A. 1　　　　　　　　B. 2　　　　　　　　C. 4　　　　　　　　D. 8

47. 当确定了某个字段的数据类型为数字型时，Access 默认该字段数据类型为（　　）字段。

A. 整型　　　　　　　B. 长整型　　　　　　C. 单精度　　　　　　D. 双精度

48. 字段名不能以（　　）开头。

A. 英文句号"."　　　B. 感叹号"！"　　　C. 重音符号","　　　D. 空格

49. （　　）数据类型用于存储文稿、注释或说明等较多内容的字段。

A. 长文本　　　　　　B. 数字　　　　　　　C. 货币　　　　　　　D. 自动编号

50. 自动编号字段不能更新，字段大小为（　　）。

A. 长文本　　　　　　B. 长整型　　　　　　C. 单精度　　　　　　D. 双精度

三、多项选择题

1. Access 2016 创建表的方法有（　　）。

A. 使用数据表视图直接插入一个表　　　　B. 使用表设计视图创建表

C. 通过创建应用程序部件创建表　　　　　D. 利用外部数据导入创建表或链接表

2. 字段属性表示字段所具有的特性，控制数据（　　）方式。

A. 存储　　　　　　　B. 输入　　　　　　　C. 显示方式　　　　　D. 字段名称

3. 字段大小属性适用于（　　）数据类型的字段。

A. 短文本　　　　　　B. 数字　　　　　　　C. 自动编号　　　　　D. 超链接

4. 设置表的外观包括（　　）等。

A. 调整字段的显示次序

B. 设置数据表格式

C. 设置字体

D. 调整字段的显示宽度和高度

5. Access 2016 常用的数据类型有（　　）等。

A. 短文本、长文本、数字

B. 日期/时间、货币、自动编号

C. 是/否、OLE 对象、超链接

D. 查阅向导、附件、计算字段

6. 字段名不能包含（　　）。

A. 英文句号"."

B. 感叹号"!"

C. 重音符号","

D. 方括号"[ ]"除外

7. 在"高级筛选/排序"功能指定"是/否"类型字段的条件时，需要在对应条件单元格中输入"True"或"False"，还可以输入（　　）表示"True"。

A. "1"

B. "–1"

C. "0"

D. "3"

8. 使用通配符搜索其他通配符，如（　　）等字符时，必须将要搜索的字符放在方括号内；如果搜索感叹号"!"或右方括号"]"，则不必将其放在方括号内。

A. 星号"*"

B. 问号"?"

C. 数字符"#"

D. 连字符"-"

9. 利用通配符 Ali[ck]e 可以找到（　　）。

A. alice

B. alike

C. alive

D. aliwe

10. 利用通配符 6#7 可以找到（　　）。

A. 607　　　　　　　B. 617　　　　　　　C. 627　　　　　　　D. 697

四、简答题

1. 简述表结构设计。

2. 字段的命名有哪些规则？

3. 简述对设置表的外观的理解。

4. 冻结数据表中的列的操作有什么功能效果？

5. 表之间的关系有哪几种类型？

6. 实施参照完整性需要满足什么条件？

7. Access 2016 的字段有哪些数据类型？

8. 简述"索引"属性。

9. "高级筛选/排序"功能支持在一个"筛选"窗口中同时给出多个筛选条件及排序要求来筛选记录，可以更加方便地执行较为复杂的筛选并对结果排序。请分情况简述在"筛选"窗口中指定筛选条件时的注意事项。

五、实验题

创建一个"学生管理"数据库，包括 3 个数据表，即"学生信息"表、"监护人信息"表、"学生通讯簿"表，其表结构如表 3-10～表 3-12 所示。

表 3-10　"学生信息"表的表结构

字段名	学号	姓名	性别	出生日期	是否是团员	班级名称	入学总分	监护人序号	照片
字段类型	短文本	短文本	短文本	日期/时间	是/否	短文本	数字	短文本	OLE 对象
字段大小	10 个字符	4 个字符	1 个字符			16 个字符	整型	16 个字符	
索引	有	有	无	无	无	无	无	无	

表 3-11　"监护人信息"表的表结构

字段名	序号	姓名	性别	与学生的关系	手机号	邮箱
字段类型	短文本	短文本	短文本	短文本	短文本	超链接
字段大小	10 个字符	4 个字符	1 个字符	10 个字符	11 个字符	
索引	有	有	无	无	无	无

表 3-12　"学生通讯簿"表的表结构

字段名	学号	手机号	监护人手机号	邮箱
字段类型	短文本	短文本	短文本	超链接
字段大小	4 个字符	11 个字符	11 个字符	
索引	有	无	无	无

1. 使用数据表视图直接插入一个"成绩"表，其表结构如表 3-13 所示。

表 3-13　"成绩"表的表结构

字段名	学号	课程编号	是否必修	成绩
字段类型	短文本	短文本	是/否	数字
字段大小	10 个字符	8 个字符		整型
小数点				
索引	有	有	无	无

2. 使用表设计视图创建一个"学生兴趣爱好信息"表，其表结构如表 3-14 所示。

表 3-14 "学生兴趣爱好信息"表的表结构

字段名	学号	文艺类	体育类	其他类
字段类型	短文本	短文本	短文本	短文本
字段大小	10 个字符	255 个字符	255 个字符	255 个字符
索引	有			

3. 在"学生兴趣爱好信息"表中添加两条记录。

（2021010101 钢琴 足球 上网）

（2021010102 吉他 足球 社交）

4. 将"学生兴趣爱好信息"表中的记录（2021010101 钢琴 足球 上网）修改为（2021010101 钢琴 篮球 上网）。

5. 对"学生信息"表按"性别"升序排列。

6. 在"学生信息"表中筛选"入学总分"大于或等于 600 分且为团员的记录。

7. 在"监护人信息"表中查找"姓名"为"张三"的记录，并将"张三"修改为"张山"。

8. 建立"学生信息"表、"监护人信息"表、"学生通讯簿"表、"成绩"表之间的关系。

9. 将"监护人信息"表导入一个 Excel 文件中，文件名为"监护人.xlsx"。

10. 删除"学生通讯簿"表。

第 4 章

查询

查询在任何数据库管理系统中都是一个最基本的工具。借助 Access 查询对象提供的可视化工具，可以很方便地进行 Access 查询对象的创建、修改和运行。

本章重点：

◎ 了解查询的定义和功能，以及查询类型
◎ 熟悉查询向导和查询设计视图的使用方法
◎ 掌握各类查询的创建和使用方法

4.1 查询概述

查询是 Access 数据库中的一个重要对象。使用查询可以按照多种方式来查看、更改及分析数据；查询结果还可以作为查询、窗体、报表的数据源；可以根据表或查询来建立新的查询。

4.1.1 查询的定义和功能

查询就是以数据库中的数据作为数据源，根据给定条件从指定数据库中的表或查询中检索出符合用户要求的记录数据，形成一个新的数据集合。

查询的运行结果是一个数据集合，又被称为动态集。它很像一个表，但并没有被存储在数据库中。创建查询后，保存的只是查询的结构，而不保存返回的记录，只有在运行查询时，Access 才会从查询数据源的数据中抽取出来并创建它；只要关闭查询，查询的动态集就会自动消失。

在 Access 中，利用查询可以实现多种功能。

（1）选择字段。可以选择一个或多个表中的不同字段生成所需的数据集。

（2）选择记录。可以根据指定的条件查找所需的记录，并显示找到的记录。

（3）编辑记录。可以利用查询添加、修改和删除表中的记录。

（4）实现计算。查询不仅可以找到满足条件的记录，而且还可以在建立查询的过程中进行各种统计计算。另外，还可以建立一个计算字段，利用计算字段得到所需的计算结果。

（5）创建新表。利用查询得到的结果可以创建一个新表。

（6）为其他数据库对象提供数据源。

4.1.2 查询的类型

在 Access 2016 中有 5 种查询，分别是选择查询、参数查询、交叉表查询、操作查询和 SQL 语句查询。

1．选择查询

选择查询是最常见的查询类型，它从一个或多个表中检索数据，并显示结果。也可以使用选择查询对记录进行分组，并使用聚合函数对记录进行总计、计数、平均值及其他计算。

2．参数查询

参数查询在执行时显示"输入参数值"对话框以提示用户输入信息，当用户输入信息之后，系统会根据用户输入的信息执行查询操作，找出符合条件的记录。

3．交叉表查询

交叉表查询就是将来源于某个表中的字段进行分组，一组列在数据表的左侧，另一组列在数据表的上面，然后在数据表的行与列的交叉处显示表中某个字段的各种计算值，如求和、计数值、平均值等，这样用户可以更加方便地分析数据。

4．操作查询

操作查询是只需进行一次操作就可对许多条记录进行更改和移动。有以下 4 种操作查询。

（1）生成表查询，可以根据一个或多个表中的全部或部分数据新建表。

（2）追加查询，将一个或多个表中的一组记录添加到一个或多个表的末尾。

（3）更新查询，对一个或多个表中的一组记录进行全局的更改。使用更新查询，可以更改已有表中的数据。

（4）删除查询，从一个或多个表中删除一组记录。使用删除查询，通常会删除整个记录，而不只是记录中所选择的字段。

5．SQL 语句查询

SQL 语句查询是用户使用 SQL 语句创建的查询。可以使用结构化查询语言 （Structured Query Language）来查询、更新和管理 Access 数据库。

在查询"设计视图"中创建查询时，Access 将在后台构造等效的 SQL 语句。实际上，在查询"设计视图"的属性表中，大多数查询属性在 SQL 视图中都有等效的可用子句和选项。如果需要，则可以在 SQL 视图中查看和编辑 SQL 语句。

4.1.3　查询视图

Access 2016 的每一种查询有 3 种视图方式，即数据表视图、设计视图和 SQL 视图。

- 数据表视图：用来显示查询的结果数据，如图 4-1 所示。
- 设计视图：用来创建各种类型的查询，也可以对已有的查询进行修改，如图 4-2 所示。
- SQL 视图：用来显示与设计视图等效的 SQL 语句，如图 4-3 所示。

这 3 种视图可以通过单击"查询工具—设计"选项卡中"结果"组的"视图"下拉按钮或者通过单击 Access 工作界面状态栏右下角的 按钮进行相互转换，也可以在查询的"设计视图"中，右击标题选项卡，在弹出的快捷菜单中选择相应的命令进行切换，如图 4-4 所示。

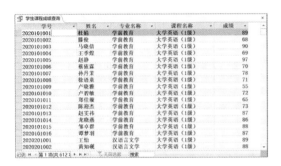

图 4-1　数据表视图

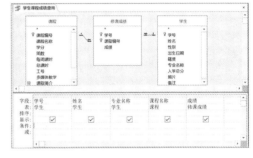

图 4-2　设计视图

图 4-3　SQL 视图

图 4-4　选择视图切换命令

4.2　选择查询

使用选择查询可以从一个或多个表或查询中检索数据，可以对记录组或全部记录进行求总计、计数等汇总操作。创建选择查询有两种方法，即查询向导和设计视图。查询向导能够有效地指导用户顺利地创建查询，但不能创建复杂查询。而在设计视图中，用户不仅可以完成新建查询的设计，也可以修改已有的查询。尽管这两种方法彼此稍有不同，但基本操作步骤本质上是相同的。

（1）选择要用作数据源的表或查询。

（2）指定要从数据源中包括的字段。

（3）（可选）指定条件，限制查询返回的记录。

4.2.1　查询向导

使用查询向导创建查询，用户可以在向导的指示下选择数据源和数据源中的字段。

例 4.1　在"教务管理系统"数据库中，创建"学生专业查询"，该查询显示学生的"学号"字段、"姓名"字段和"专业名称"字段，如图 4-5 所示。

图 4-5　"学生专业查询"的结果

操作步骤如下。

（1）在 Access 工作界面的功能区上选择"创建"选项卡，然后在"查询"组中单击"查询向导"按钮，打开"新建查询"对话框，如图 4-6 所示。选择"简单查询向导"选项，单击"确定"按钮。

（2）在"简单查询向导"对话框中（见图 4-7），单击"表/查询"右侧的下拉按钮，从下拉列表中选择"表:学生"选项，然后在"可用字段"列表框中分别双击"学号"字段、"姓名"字段、"专业名称"字段，或选定字段后，单击 > 按钮，将它们添加到"选定字段"列表框中。

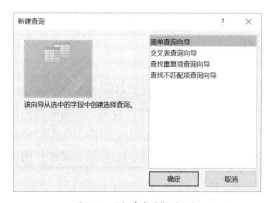

图 4-6　"新建查询"对话框

图 4-7　"简单查询向导"对话框

（3）在选择了全部所需字段后，单击"下一步"按钮，如果选定的字段中有数字型字段，则要进行查询方式的选择，如图4-8所示。如果选中"明细（显示每个记录的每个字段）"单选按钮，则查看详细信息；如果选中"汇总"单选按钮，则对记录进行各种统计。如果选定的字段中没有数字型字段，则打开如图4-9所示对话框。这里打开如图4-9所示对话框。

图4-8 查询方式的选择

图4-9 输入查询名称

（4）在"请为查询指定标题"文本框中输入查询的名称"学生专业查询"，选中"打开查询查看信息"单选按钮，单击"完成"按钮完成查询的创建，同时以"数据表视图"方式显示查询结果（见图4-5）。

注意：在"数据表视图"显示查询结果时，字段的排列顺序与在"简单查询向导"对话框中选定字段的顺序相同。因此在选定字段时，应该考虑按照字段的显示顺序来选定字段。

所建查询数据源既可以来自一个表或查询中的数据，也可以来自多个表或查询中的数据（可以最多添加来自 32 个表或查询的 255 个字段）。

例 4.2 在"教务管理系统"数据库中，创建"学生平均成绩查询"，该查询显示"学号""姓名""成绩的平均值" 3 个字段，如图4-10所示。

学生平均成绩查询		
学号	姓名	成绩 的 平均值
2020101001	杜娟	79.5
2020101002	滕俊	78.5
2020101003	马晓倩	82.75
2020101004	王季煌	78.5
2020101005	赵静	85
2020101006	蔡依霖	82
2020101007	孙丹荣	78.75
2020101008	徐语童	83
2020101009	卢晓雅	73.25
2020101010	卢碧敏	81.5
2020101011	郑佳馨	75.375
2020101012	陈迎杰	81.125
2020101013	赵雯炜	81.125
2020101014	龙晓燕	80.875
2020101015	邹卓群	81.375
2020101016	谭梦羽	85.625
2020201001	王怡	76
2020201002	卢知砚	84.75
2020201003	卢玉莲	80.25
2020201004	刘思雨	84
2020201005	陈锦锐	79.625
2020201006	刘祥慧	76.25
2020201007	景玉玲	72.25
2020201008	何巧婷	84.625
2020201009	邹雨琪	77.125

记录：第1项（共78项）无筛选器 搜索

图4-10 "学生平均成绩查询"的结果

在该查询中，查询所用字段信息分别来自"学生"和"修课成绩"两个表，属于多表查询，因此应建立基于这两个表的查询。操作步骤如下。

（1）打开"教务管理系统"数据库，单击"创建"选项卡中"查询"组的"查询向导"按钮，打开"新建查询"对话框，选择"简单查询向导"选项，然后单击"确定"按钮。

（2）在"简单查询向导"对话框中，单击"表/查询"右侧的下拉按钮，从下拉列表中选择"表:学生"选项，然后在"可用字段"列表框中分别双击"学号"字段、"姓名"字段，将它们添加到"选定字段"列表框中。

（3）继续单击"表/查询"右侧的下拉按钮，从下拉列表中选择"表:修课成绩"选项，然后在"可用字段"列表框中双击"成绩"字段，将其添加到"选定字段"列表框中，如图 4-11 所示，单击"下一步"按钮。

（4）在"简单查询向导"对话框中提示"请确定采用明细查询还是汇总查询"，选中"汇总"单选按钮，如图 4-12 所示，然后单击"汇总选项"按钮。

图 4-11　字段选定结果

图 4-12　选中"汇总"单选按钮

（5）在"汇总选项"对话框中，勾选"平均"复选框，如图 4-13 所示，然后单击"确定"按钮返回"简单查询向导"对话框（见图 4-12）。

（6）单击"下一步"按钮，在"请为查询指定标题"文本框中输入查询的名称"学生平均成绩查询"，选中"打开查询查看信息"单选按钮，如图 4-14 所示。

（7）单击"完成"按钮，以"数据表视图"方式显示查询结果（见图 4-10）。

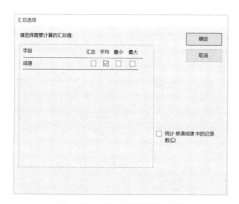

图 4-13　勾选"平均"复选框

图 4-14　选中"打开查询查看信息"单选按钮

4.2.2　运行查询

创建查询后，用户可以通过运行查询，查看查询结果。运行查询有以下几种方法。

（1）在导航窗格的查询对象列表中，直接双击要运行的查询。

（2）在导航窗格的查询对象列表中，选定要运行的查询，然后按 Enter 键。

（3）在导航窗格的查询对象列表中，右击要运行的查询，在弹出的快捷菜单中选择"打开"命令。

（4）在查询的"设计视图"中，单击"查询工具—设计"选项卡中"结果"组的"运行"按钮。

4.2.3　编辑查询

（1）删除查询：当已创建的查询不再发生作用时，可以将其删除。操作步骤如下。

在导航窗格的查询对象列表中，右击要删除的查询，在弹出的快捷菜单中选择"删除"命令。或者选定要删除的查询，直接按 Delete 键将其删除。

（2）重命名查询：修改查询的名称。操作步骤如下。

在导航窗格的查询对象列表中，右击要重命名的查询，在弹出的快捷菜单中选择"重命名"命令。或者选定要重命名的查询，直接按 F2 键。

（3）导出查询：可以将已创建的查询结果重新保存为其他类型的对象，如 Excel 文件、PDF 文件等。操作步骤如下。

在导航窗格的查询对象列表中，右击要导出的查询，在弹出的快捷菜单中选择"导出"命令，在弹出的子菜单中选择要导出的文件类型。

4.2.4　使用查询设计视图

对于简单查询的创建，使用查询向导比较方便，但对于复杂查询，就需要在设计视图中创建。查询设计视图是创建、编辑和修改查询的基本工具。

在功能区上选择"创建"选项卡，然后在"查询"组中单击"查询设计"按钮，打开查询设计器，如图 4-15 所示。

悬浮在窗口上方的是"显示表"对话框，如图 4-16 所示。"显示表"对话框显示数据库中的表和查询。双击要添加的表或查询，可以将其添加到查询设计器中，也可以通过在列表中选定要显示的表或查询，单击"添加"按钮进行添加。在添加完相关表或查询之后，单击"关闭"按钮，关闭"显示表"对话框。

图 4-17 所示为添加了"学生"表的查询设计视图。查询设计器由以下两部分组成。

- 上半部分为表/查询显示区，显示所选定的数据源表或查询及其对应的字段列表。
- 下半部分为设计网格区，用来保存查询中包含的字段名及用于选择记录的条件。窗格中的每一个非空白列对应着查询结果中的一个字段，而行标题表明了字段在查询中的属性或要求。每行的作用如表 4.1 所示。

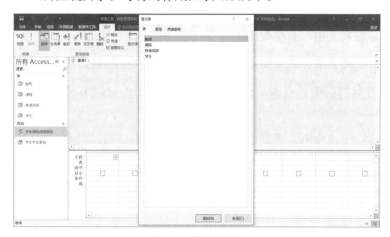 

图 4-15　查询设计器　　　　　　　　　　　　图 4-16　"显示表"对话框

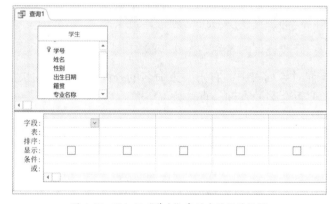

图 4-17　添加了"学生"表的查询设计视图

表 4-1　设计网格区中行的作用

行的名称	作　　用
字段	显示查询所用到的字段名或计算字段表达式
表	设置字段的数据来源
排序	指定相关字段用来对查询结果进行排序，是升序排列还是降序排列
显示	确定字段是否出现在查询结果中
条件	指定查询条件，限制在查询结果中的记录
或	指定逻辑"或"关系的多个条件

　　例 4.3　在"教务管理系统"数据库中，使用设计视图创建"学生入学总分查询"。要求显示学生的"学号"字段、"姓名"字段、"专业名称"字段和"入学总分"字段，并按"入学总分"字段降序排列。"学生入学总分查询"的结果如图 4-18 所示。

图 4-18 "学生入学总分查询"的结果

操作步骤如下。

（1）在 Access 工作界面的功能区上选择"创建"选项卡，然后在"查询"组中单击"查询设计"按钮，打开查询设计器。

（2）选择数据源。在"显示表"对话框中，单击"学生"表，再单击"添加"按钮，或者直接双击"学生"表，这时"学生"表的字段列表就添加到查询设计视图的表/查询显示区中，如图 4-17 所示。单击"关闭"按钮，关闭"显示表"对话框。

将鼠标指针指向字段列表的标题栏（表名所在位置），按住鼠标左键拖曳可以移动字段列表。

如果需要在查询中添加更多的表，则可以单击"查询工具—设计"选项卡中"查询设置"组的"显示表"按钮打开"显示表"对话框。

当需要从查询中删除某些表时，可以在表/查询显示区选中要删除的表/查询的字段列表，然后按 Delete 键；也可以在要删除的表/查询的字段列表中右击，从弹出的快捷菜单中选择"删除表"命令。

注意：从查询设计视图中删除某个表，并不会将该表从数据库中删除。

（3）选择字段。选择字段有 3 种方法，第一种，直接双击选中的字段；第二种，单击所需字段，然后按住鼠标左键不放，将其拖曳到"设计网格"区中的"字段"行上；第三种，单击"设计网格"区中"字段"行上要放置字段的列，然后单击下拉按钮，从下拉列表中选择所需的字段。

如果要选择一个表中的多个不相邻字段，则可以在按住 Ctrl 键的同时，分别单击所需字段，选定后拖曳到"字段"行；如果要选择一个表中的多个相邻字段，则先单击第一个字段，按住 Shift 键的同时，单击最后一个字段，选定后拖曳到"字段"行；如果要选择一个表中的所有字段，可以直接双击字段列表的标题栏，选定后拖曳到"字段"行，或者单击字段列表中的"*"并拖曳到"字段"行，也可以直接在"字段"行中选择"*"。

这里分别双击"学生"字段列表中的"学号"字段、"姓名"字段、"专业名称"字段和"入学总分"字段，将它们分别添加到"字段"行的对应列上。"表"行会自动显示对应字段所在的表名。

（4）将光标放在"入学总分"列的"排序"行单元格中，单击显示的下拉按钮，在下拉列表中选择排序方式为"降序"，如图 4-19 所示。

注意： 如果设定了多个排序字段，则按从左到右的优先次序排序。

（5）单击快速访问工具栏中的"保存"按钮，或者按 Ctrl+S 组合键，打开"另存为"对话框，如图 4-20 所示。在"查询名称"文本框中输入"学生入学总分查询"，然后单击"确定"按钮。

图 4-19　选择排序方式为"降序"

图 4-20　"另存为"对话框

（6）切换到查询的"数据表视图"，可以查看查询结果，如图 4-18 所示。

（7）关闭查询。

4.2.5　查询条件

"设计网格"区中的"条件"行和"或"行是用来设置查询条件的，这样 Access 2016 在运行查询时，就会从指定表中筛选出符合条件的记录进行显示。

查询条件表达式是运算符、常量、字段值、函数、字段名和属性等的任意组合，能够计算出一个结果。

运算符是构成查询条件的基本元素，在 Access 2016 的条件表达式中，可以使用加（＋）、减（－）、乘（＊）、除（／）等算术运算符，等于（＝）、不等于（＜＞）、小于（＜）、小于或等于（＜＝）、大于（＞）、大于或等于（＞＝）等比较运算符（基于比较运算符生成的表达式结果为 True 或 False），也可以使用逻辑运算符和特殊运算符，这两种运算符及其含义如表 4-2、表 4-3 所示。与比较运算符类似，逻辑运算符的结果也是返回 True 或 False。

表 4-2　逻辑运算符及其含义

逻辑运算符	含　义
Not	条件的逻辑否
And	必须同时满足两个条件
Or	满足一个条件即可

表 4-3　特殊运算符及其含义

特殊运算符	含　　义
In	用于指定一个字段值的列表，列表中任意一个值都可与查询字段相匹配
Between	用于指定一个字段值的范围，指定的范围之间使用 And 连接
Is Null	用于确定一个字段的值是否为空值。如果字段值为 Null，则返回 True；如果字段包含任何值，则返回 False
Is Not Null	用于确定一个字段的值是否不为空值。如果字段包含任何值，则返回 True；如果字段值为 Null，则返回 False
Like	用于指定查找文本字段的字符模式。在所定义的字符模式中，可以使用通配符表示。"?"表示该位置可与任何一个字符相匹配；"*"表示该位置可与任意多个字符相匹配；"#"表示该位置可与任何一个数字相匹配；"[]"表示该位置可与方括号中的任意单个字符匹配；"[!]"表示该位置不与方括号中的任何字符匹配

Access 2016 提供了大量函数，使用函数可以更加方便地构造查询条件。表 4-4 列出了一些常用函数的使用说明。

表 4-4　一些常用函数的使用说明

函　　数	说　　明
Left(字符串表达式,n)	返回字符串左侧的 n 个字符
Right(字符串表达式,n)	返回字符串右侧的 n 个字符
Mid(字符串表达式,m,[n])	返回从字符串第 m 位开始的 n 个字符（当省略 n 时，截取到字符串末尾）
Day(date)	返回 1～31 范围内的值，表示给定日期是一个月中的哪一天
Month(date)	返回 1～12 范围内的值，表示给定日期是一年中的哪个月
Year(date)	返回 100～9999 范围内的值，表示给定日期是哪一年
Now ( )	返回系统当前的日期和时间
Date( )	返回系统当前日期
Time( )	返回系统当前时间

在输入查询条件表达式时，要注意以下几点。

（1）表达式中的文本值应使用半角的双引号（""）括起来，日期时间值应使用半角的井号（#）括起来。

（2）表达式中的字段名必须使用方括号（[ ]）括起来。

（3）表达式中使用的数据类型应与对应的字段类型相符合，否则会出现数据类型不匹配的错误。

（4）如果表达式中不输入运算符，则查询设计视图会自动插入等号（＝）运算符。

（5）在同一行（"条件"行或"或"行）的不同列输入的多个查询条件彼此之间是逻辑"与"（And）关系；在不同行输入多个查询条件彼此之间是逻辑"或"（Or）关系。如果行与列同时存在，行与列的优先级为行>列。

（6）除了可以在"条件"行或"或"行中直接输入查询条件表达式，还可以启动"表达式生成器"对话框来进行输入。在"查询工具—设计"选项卡中，单击"查询设置"组中的"生成器"按钮，打开"表达式生成器"对话框，如图 4-21 所示。

图 4-21　"表达式生成器"对话框

表 4-5 列出了一些常用查询条件表达式的实例。

表 4-5　一些常用查询条件表达式的实例

字段名	条件表达式的实例	功　　能
性别	="女"	查询性别为女的学生记录
籍贯	In("江西","湖南")	查询籍贯是江西或湖南的学生记录
成绩	Between 85 And 100	查询成绩为 85 分～100 分（包含 85 分和 100 分）的学生记录
出生日期	>=#2002-9-1#	查询 2002 年 9 月 1 日及以后出生的学生记录
课程名称	Not Like "计算机*"	查询课程名称不是"计算机"开头的学生记录
出生日期	Month([出生日期])=5	查询 5 月出生的学生记录
姓名	Like "[!张李]*"	查询不姓张和不姓李的学生记录
学分	=4 or =5	查询学分为 4 分或 5 分的学生记录
教学简介	Is Null	查询教学简介为空的学生记录
学号	Mid([学号],5,2)="40"	查询学号字段第 5 位、第 6 位是 40 的学生记录

例 4.4　在"教务管理系统"数据库中，创建"思想道德修养与法律基础成绩查询"，查询"思想道德修养与法律基础"课程的考试成绩在 90 分以上（包含 90 分）的学生信息，显示学生的"学号""姓名""成绩"等字段，并按"成绩"字段降序排列，如图 4-22 所示。

图 4-22 "思想道德修养与法律基础成绩查询"的结果

在该查询中，涉及"学生""修课成绩""课程"3 个表，因此该查询是多表查询，在查询之前应该先建立 3 个表之间的关系。

操作步骤如下。

（1）在 Access 工作界面的功能区上选择"创建"选项卡，然后在"查询"组中单击"查询设计"按钮，打开查询设计器。在"显示表"对话框中将"学生"表、"修课成绩"表和"课程"表添加到设计视图中，关闭"显示表"对话框，如图 4-23 所示。

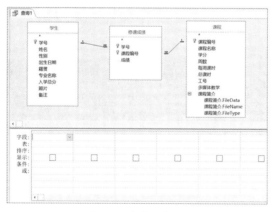

图 4-23 查询设计视图

（2）将所需的"学号"字段、"姓名"字段、"课程名称"字段、"成绩"字段添加到"字段"行中。

注意： 虽然在查询结果中不显示"课程名称"字段，但是要对"课程名称"字段设置条件，所以要选择"课程名称"字段。

在"课程名称"字段对应的"条件"行单元格中输入条件表达式"="思想道德修养与法律基础""，取消勾选"课程名称"字段对应的"显示"行的复选框；在"成绩"字段对应的"条件"行单元格中输入条件表达式">=90"，在"成绩"字段对应的"排序"行单元格中选择"降序"选项，如图 4-24 所示。

图 4-24 设置查询条件

（3）按 Ctrl+S 组合键，打开"另存为"对话框，在"查询名称"文本框中输入"思想道德修养与法律基础成绩查询"，然后单击"确定"按钮，保存查询，如图 4-25 所示。

图 4-25 保存查询

（4）切换到查询的"数据表视图"，可以查看查询结果，如图 4-22 所示。

（5）关闭查询。

例 4.5 在"教务管理系统"数据库中，创建一个名为"教师授课信息查询"的查询，查询所有职称为讲师的教师授课信息，以及未使用多媒体教学的教师授课信息。显示教师的"工号""姓名""职称""课程名称""学分""多媒体教学"等字段，并按"学分"字段降序排列，如图 4-26 所示。

图 4-26 "教师授课信息查询"的结果

操作步骤如下。

（1）在 Access 工作界面的功能区上选择"创建"选项卡，然后在"查询"组中单击"查询设计"按钮，打开查询设计器。在"显示表"对话框中将"教师"表和"课程"表添加到设计视图中。关闭"显示表"对话框。

（2）将"教师"表中的"工号"字段、"姓名"字段、"职称"字段，"课程"中表的"课程名称"字段、"学分"字段、"多媒体教学"字段依次添加到"字段"行中。

在"职称"字段对应的"条件"行单元格中输入条件表达式""讲师""；在"多媒体教学"字段对应的"或"行单元格中输入条件表达式"False"，在"学分"字段对应的"排序"行单元格中选择"降序"选项，如图 4-27 所示。

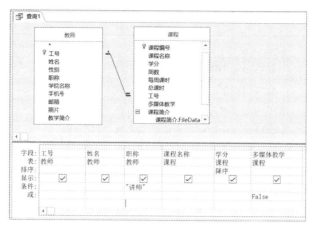

图 4-27 设置查询条件

（3）按 Ctrl+S 组合键，打开"另存为"对话框，在"查询名称"文本框中输入"教师授课信息查询"，然后单击"确定"按钮，保存查询。

（4）切换到查询的"数据表视图"，可以查看查询结果，如图 4-26 所示。

（5）关闭查询。

4.2.6 在查询中进行计算

在实际应用中，创建查询不仅是为了获取符合条件的记录，还需要对数据进行分组和汇总，如求和、计数、求平均值等。在 Access 2016 查询中，用户可以利用"设计网格"区中的"总计"行进行各种统计计算，还可以通过创建自定义的计算字段来进行计算。

1. 总计查询

总计查询是 Access 通过聚合函数对查询中的记录组或全部记录进行总计计算，包括合计、平均值、计数、最大值、最小值等。

在 Access 工作界面的功能区"查询工具—设计"选项卡中，单击"显示/隐藏"组中的"汇总"按钮，将在"设计网格"区中显示出"总计"行。"总计"行会指示 Access 在对指定字段执行聚合操作时使用什么聚合函数。"总计"行中的任意一个单元格的下拉列表中共有 12 个总计项，其名称和功能如表 4-6 所示。

表 4-6 总计项的名称和功能

名 称	功 能
Group By	指定进行数值汇总的分组字段
合计	计算指定字段或分组中所有记录的合计值
平均值	计算指定字段或分组中所有记录的平均值
最小值	计算指定字段或分组中的最小值
最大值	计算指定字段或分组中的最大值
计数	对指定字段或分组中的记录进行计数

名　　称	功　　能
StDev	计算指定字段或分组中所有记录的标准偏差
变量	计算指定字段或分组中所有记录的方差
First	返回指定字段或分组中第 1 条记录的值
Last	返回指定字段或分组中最后一条记录的值
Expression	用来在"字段"行中创建计算字段
Where	指定不用于分组的字段条件

例 4.6 在"教务管理系统"数据库中，创建"学生人数查询"，查询学生人数，如图 4-28 所示。

图 4-28 "学生人数查询"的结果

在"学生"表中记录了学生的信息，因此把"学生"表作为查询的数据源。一个学生对应一条记录，所以统计学生人数就是统计"学生"表中的全部记录个数。

操作步骤如下。

（1）在 Access 工作界面的功能区上选择"创建"选项卡，然后在"查询"组中单击"查询设计"按钮，打开查询设计器。在"显示表"对话框中将"学生"表添加到设计视图中。关闭"显示表"对话框。

（2）将"学生"表的"学号"字段添加到"字段"行中。

（3）在 Access 工作界面的功能区"查询工具—设计"选项卡中，单击"显示/隐藏"组中的"汇总"按钮，将在"设计网格"区中显示"总计"行，如图 4-29 所示。

（4）将光标定位到"设计网格"区"学号"字段的"总计"行单元格，单击单元格右侧的下拉按钮，从下拉列表中选择"计数"选项，如图 4-30 所示。

图 4-29 显示"总计"行

图 4-30 选择"计数"选项

（5）切换到查询的"数据表视图"，可以查看查询结果，如图 4-31 所示。此时查询结果中的标题名称为默认的"学号之计数",不符合日常习惯,可以修改标题名称。单击"开始"选项卡中"视图"组的"视图"按钮,返回该查询的"设计视图"。

（6）将光标定位到"设计网格"区的"学号"字段,单击"查询工具—设计"选项卡中"显示/隐藏"组的"属性表"按钮,打开"学号"字段的"属性表"窗格。在"标题"右侧的单元格中输入"学生人数",然后关闭"属性表"窗格,如图 4-32 所示。

（7）切换到查询的"数据表视图",此时查询结果如图 4-33 所示,标题名称已经更改为"学生人数"。

图 4-31　查询结果

图 4-32　"属性表"窗格

图 4-33　查询结果

（8）按 Ctrl+S 组合键,打开"另存为"对话框,在"查询名称"文本框中输入"学生人数查询",然后单击"确定"按钮,保存查询。

（9）关闭查询。

在实际应用中,用户除了要对某个字段进行统计计算,还需要把记录分组,然后对每一组的记录进行统计。

例 4.7 在"教务管理系统"数据库中,创建"课程平均成绩查询",查询每门课程的平均成绩（结果显示两位小数）,如图 4-34 所示。

图 4-34　"课程平均成绩查询"的结果

在本查询中,应按照"课程名称"分成不同组,再对每一组中的成绩求平均值。因为要查询"课程名称"字段和"成绩"字段,所以数据源为"课程"表和"修课成绩"表。

操作步骤如下。

（1）在 Access 工作界面的功能区上选择"创建"选项卡,然后在"查询"组中单击"查询设计"按钮,打开查询设计器。在"显示表"对话框中将"课程"表和"修课成绩"表添加到设计视图中。关闭"显示表"对话框。

（2）将"课程"表中的"课程名称"字段，"修课成绩"表中的"成绩"字段添加到"字段"行中。

（3）在 Access 工作界面的功能区"查询工具—设计"选项卡中，单击"显示/隐藏"组中的"汇总"按钮，将在"设计网格"区中显示出"总计"行。此时"课程名称"字段和"成绩"字段的"总计"行单元格默认选项为"Group By"。

（4）单击"设计网格"区的"成绩"字段的"总计"行单元格右侧的下拉按钮，从下拉列表中选择"平均值"选项，如图 4-35 所示。

（5）切换到查询的"数据表视图"，可以查看查询结果，如图 4-36 所示。此时，查询结果的第 2 列数据中，每个数据显示的小数位数不一致，可以通过 Access 的相关设置，使得每个数据显示相同的小数位数。单击"开始"选项卡中"视图"组的"视图"按钮，返回该查询的"设计视图"。

图 4-35　选择"平均值"选项

图 4-36　查看查询结果

（6）将光标定位到"设计网格"区的"成绩"字段，单击"查询工具—设计"选项卡中"显示/隐藏"组的"属性表"按钮，打开"成绩"字段的"属性表"窗格。在"格式"右侧的单元格下拉列表中选择"固定"选项或"标准"选项，在"小数位数"右侧的单元格下拉列表中选择"2"选项，然后关闭"属性表"窗格，如图 4-37 所示。

（7）切换到查询的"数据表视图"，此时查询结果如图 4-38 所示，第 2 列数据显示两位小数。

图 4-37　设置"属性表"窗格

图 4-38　修改后的查询结果

（8）按 Ctrl+S 组合键，打开“另存为”对话框，在“查询名称”文本框中输入“课程平均成绩查询”，然后单击“确定”按钮，保存查询。

（9）关闭查询。

例 4.8　在“教务管理系统”数据库中，创建“统计学生已修课程的总学分”查询，查询每个学生所有课程的总学分，要求所修课程的成绩大于或等于 60 分时，才能计算该门课程的学分。查询结果按总学分进行升序排列，结果如图 4-39 所示。

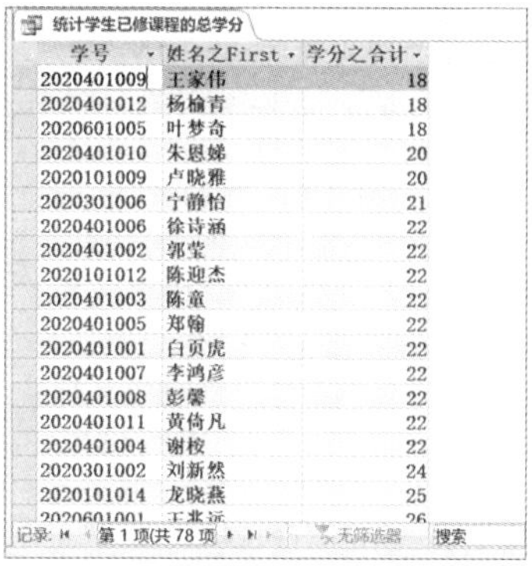
统计学生已修课程的总学分

学号	姓名之First	学分之合计
2020401009	王家伟	18
2020401012	杨榆青	18
2020601005	叶梦奇	18
2020401010	朱恩娣	20
2020101009	卢晓雅	20
2020301006	宁静怡	21
2020401006	徐诗涵	22
2020401002	郭莹	22
2020101012	陈迎杰	22
2020401003	陈童	22
2020401005	郑翰	22
2020401001	白贡虎	22
2020401007	李鸿彦	22
2020401008	彭馨	22
2020401011	黄倚凡	22
2020401004	谢桉	22
2020301002	刘新然	24
2020101014	龙晓燕	25
2020601001	[illegible]	26

记录：第 1 项(共 78 项　无筛选器　搜索

图 4-39　“统计学生已修课程的总学分”的查询结果

在本查询中，应按照学生的“学号”分成不同组，再对每一组中大于或等于 60 分的成绩进行合计计算。因为要查询“学号”“姓名”“学分”“成绩”字段，所以数据源为“学生”表、“修课成绩”表和“课程”表。

操作步骤如下。

（1）在 Access 工作界面的功能区上选择“创建”选项卡，然后在“查询”组中单击“查询设计”按钮，打开查询设计器。在“显示表”对话框中将“学生”表、“修课成绩”表和“课程”表添加到设计视图中。关闭“显示表”对话框。

（2）将“学生”表中的“学号”字段、“姓名”字段，“课程”表中的“学分”字段，“修课成绩”表中的“成绩”字段添加到“字段”行中。

（3）在 Access 工作界面的功能区“查询工具—设计”选项卡中，单击“显示/隐藏”组中的“汇总”按钮，将在“设计网格”区中显示“总计”行。此时所有字段的“总计”行单元格默认选项为“Group By”。

（4）单击“设计网格”区的“姓名”字段的“总计”行单元格右侧的下拉按钮，从下拉列表中选择“First”选项。单击“设计网格”区的“学分”字段的“总计”行单元格右侧的下拉按钮，从下拉列表中选择“合计”选项，单击“学分”字段的“排序”行单元格右侧的下拉按钮，从下拉列表中选择“升序”选项。单击“设计网格”区的“成绩”字段的“总计”行单元格右侧的下拉按钮，从下拉列表中选择“Where”选项，取消勾选“成绩”字段的“显示”行的复选框，在“成绩”字段的“条件”行单元格中输入“>=60”，如图 4-40 所示。

图 4-40 查询设计视图

（5）按 Ctrl+S 组合键，打开"另存为"对话框，在"查询名称"文本框中输入"统计学生已修课程的总学分"，然后单击"确定"按钮，保存查询。

（6）切换到查询的"数据表视图"，查看查询结果，如图 4-39 所示。

（7）关闭查询。

2. 添加计算字段

在统计计算时，统计结果中显示的字段名都不够直观，如图 4-34 所示的"成绩之平均值"，除在"属性表"窗格中进行"标题"属性设置外，在大多数情况下用户还可以在查询时增加一个新字段，用于显示"成绩之平均值"的值。

另外，在有些统计中，需要统计的数据在表或查询中没有对应的字段，或者用于计算的数据来自多个字段时，可以在"设计网格"区中添加一个新的字段。新字段的值是根据已有字段使用表达式计算得到的，又被称为计算字段。

例 4.9 在"教务管理系统"数据库中，创建"学生年龄查询"，查询每个学生的年龄，显示"学号"字段、"姓名"字段、"年龄"字段，如图 4-41 所示。

学号	姓名	年龄
2020101001	杜娟	20
2020101002	藤俊	20
2020101003	马晓倩	20
2020101004	王季煜	20
2020101005	赵静	20
2020101006	蔡依霖	20
2020101007	孙丹茉	20
2020101008	徐语童	19
2020101009	卢晓雅	19
2020101010	卢碧敏	19
2020101011	郑佳璇	19
2020101012	陈迎杰	19
2020101013	赵雯祯	19
2020101014	龙晓燕	19
2020101015	邹卓群	19
2020101016	谭梦羽	19
2020201001	王怡	19
2020201002	黄知砚	19

记录: ⑴ 第 1 项(共 78 项) ▶ ▶▶   无筛选器   搜索

图 4-41 "学生年龄查询"的结果

查询结果中显示的"学号"字段、"姓名"字段来自"学生"表，所有表中都没有"年龄"字段，因此需要添加一个新的计算字段"年龄"。

操作步骤如下。

（1）在 Access 工作界面的功能区上选择"创建"选项卡，然后在"查询"组中单击"查询设计"按钮,打开查询设计器。在"显示表"对话框中将"学生"表添加到设计视图中。关闭"显示表"对话框。

（2）将"学号"字段、"姓名"字段添加到"字段"行中。在第一个空白列中输入得到新字段的表达式"年龄: Year(Date())-Year([出生日期])",由该表达式得到新的计算字段的值,如图 4-42 所示。

图 4-42　计算字段的设计

注意:在"年龄: Year(Date())-Year([出生日期])"中,"年龄"表示要添加的计算字段的名称,冒号后面是一个表达式,该表达式的值就是在添加的计算字段"年龄"中显示的数据。表达式可以是常量,也可以是由值、运算符或函数组成的式子。

（3）按 Ctrl+S 组合键,打开"另存为"对话框,在"查询名称"文本框中输入"学生年龄查询",然后单击"确定"按钮,保存查询。

（4）切换到查询的"数据表视图",查看查询结果,如图 4-41 所示。

（5）关闭查询。

4.3　参数查询

当用户需要多次执行同一种类型的查询,但每次要搜索的值却不同时,可以使用 Access 中的参数查询。

参数查询是一种交互式查询,在查询运行之前,利用"输入参数值"对话框输入参数,再检索符合输入参数的记录并显示查询结果。想要创建参数查询,只需要将具体的条件替换为已经包括在方括号"[]"中的文本。

例 4.10　在"教务管理系统"数据库中,创建"学生学号查询",根据输入的学生学号查询该学生的相关信息。

操作步骤如下。

（1）在 Access 工作界面的功能区上选择"创建"选项卡,然后在"查询"组中单击"查询设计"按钮,打开查询设计器。在"显示表"对话框中将"学生"表添加到设计视图中。关闭"显示表"对话框。

（2）将所需字段依次添加到"字段"行。在"学号"字段的"条件"行单元格中输入查询条件表达式"=[请输入学生学号]"。其中，"请输入学生学号"为参数名，必须将参数名放在方括号"[]"中，如图 4-43 所示。

注意： 不要使用某个字段的名称作为参数。

图 4-43　参数查询设计

（3）单击"查询工具—设计"选项卡中"结果"组的"运行"按钮，打开"输入参数值"对话框，如图 4-44 所示，此时，在"设计视图"的"条件"行方括号中的文本显示在该对话框中，输入查询参数"2020101001"。单击"确定"按钮，参数查询结果如图 4-45 所示。

图 4-44　"输入参数值"对话框

图 4-45　参数查询结果

（4）按 Ctrl+S 组合键，打开"另存为"对话框，在"查询名称"文本框中输入"学生学号查询"，然后单击"确定"按钮，保存查询。

（5）关闭查询。

注意： 每次运行参数查询，都会打开"输入参数值"对话框，可以根据需要，输入不同的数据，得到不同的查询结果。

在 Access 中，用户不但可以创建一个参数的参数查询，还可以创建包含多个参数的参数查询，也可以将参数与运算符结合使用。

例 4.11　在"教务管理系统"数据库中，创建"课程成绩查询"，查询不同课程不同成绩的学生信息，显示"学生"表中的"学号"字段、"姓名"字段，"课程"表中的"课程名称"字段、"修课成绩"表中的"成绩"字段，并按"成绩"字段降序排列。

操作步骤如下。

（1）在 Access 工作界面的功能区上选择"创建"选项卡，然后在"查询"组中单击"查询设计"按钮，打开查询设计器。在"显示表"对话框中将"学生"表、"课程"表和"修课成绩"表添加到设计视图中。关闭"显示表"对话框。

（2）将所需字段依次添加到"字段"行。在"课程名称"字段的"条件"行单元格中输入查询条件表达式"=[请输入课程名称]"。在"成绩"字段的"条件"行单元格中输入查询条件表达式"Between　[请输入低分]　And　[请输入高分]"，在"成绩"字段的"排序"行单元格中选择"降序"选项，如图 4-46 所示。

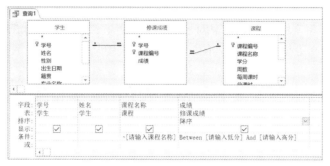

图 4-46　参数查询设计

（3）单击"查询工具—设计"选项卡中"结果"组的"运行"按钮，打开第一个"输入参数值"对话框，输入查询参数"旅游文化学"，如图 4-47 所示。单击"确定"按钮，打开第二个"输入参数值"对话框，输入查询参数"90"，如图 4-48 所示。单击"确定"按钮，打开第三个"输入参数值"对话框，输入查询参数"100"，如图 4-49 所示。

图 4-47　第一个"输入参数值"对话框

图 4-48　第二个"输入参数值"对话框

图 4-49　第三个"输入参数值"对话框

（4）单击"确定"按钮，在查询的"数据表视图"中，显示"旅游文化学"课程成绩为 90分～100 分的学生信息，如图 4-50 所示。

图 4-50　"课程成绩查询"结果

（5）按 Ctrl+S 组合键，打开"另存为"对话框，在"查询名称"文本框中输入"课程成绩查询"，然后单击"确定"按钮，保存查询。

（6）关闭查询。

4.4 交叉表查询

交叉表查询就是将来源于某个表中的字段进行分组，一组列在数据表的左侧，另一组列在数据表的上部，然后在数据表的行与列的交叉处显示表中某个字段的各种计算值，如总计、计数、平均值等。

创建交叉表查询需要指定 3 个字段：第一个是行标题，把某个字段的相关数据放入指定的一行中；第二个是列标题，把某个字段的相关数据放入指定的一列中；第三个是值，即行与列的交叉处显示的字段值的总计项，如总计、计数、平均值等。

可以利用交叉表查询向导和查询设计视图两种方法创建交叉表查询。

例 4.12 在"教务管理系统"数据库中，创建"教师人数查询"，统计每个院系不同职称的教师人数。

操作步骤如下。

（1）在 Access 工作界面的功能区上选择"创建"选项卡，然后在"查询"组中单击"查询向导"按钮，打开"新建查询"对话框，选择"交叉表查询向导"选项，如图 4-51 所示。

图 4-51 选择"交叉表查询向导"选项

（2）单击"确定"按钮，打开"交叉表查询向导"第一个对话框，在此对话框中选择查询的数据源"教师"表，如图 4-52 所示。

注意：使用向导创建交叉表查询，查询的数据源必须来自一个表或查询。如果交叉表查询中要包含多个表中的字段，用户应该先创建一个含有所需全部字段的查询，然后利用该查询创建交叉表查询。

（3）单击"下一步"按钮，打开"交叉表查询向导"第二个对话框，在此对话框中确定交叉表查询的行标题，如图 4-53 所示。这里选择"学院名称"作为行标题，双击"可用字段"列表框中的"学院名称"即可。

注意：此处最多可以选择 3 个字段作为行标题。

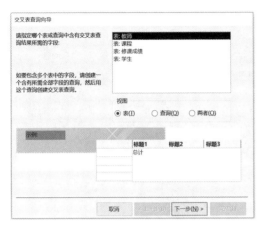

图 4-52　选择数据源

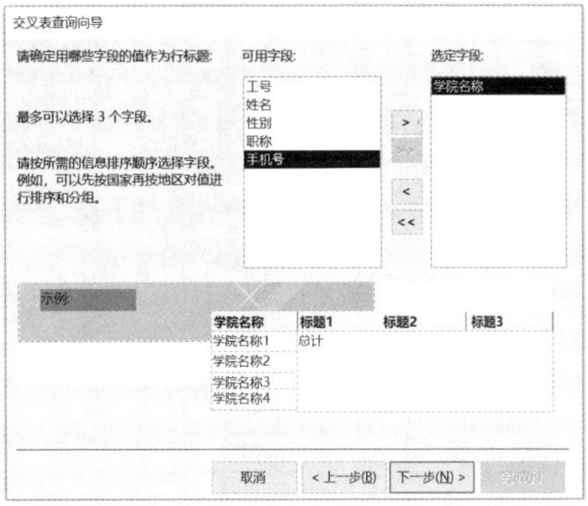

图 4-53　确定交叉表查询的行标题

（4）单击"下一步"按钮，打开"交叉表查询向导"第三个对话框，在此对话框中确定交叉表查询的列标题，如图 4-54 所示。选择"职称"字段作为列标题，双击"可用字段"列表框中的"职称"即可。

注意：交叉表查询只能有一个列标题。

（5）单击"下一步"按钮，打开"交叉表查询向导"第四个对话框，在此对话框中确定交叉表查询的值，即行和列交叉处的值，如图 4-55 所示。利用不同的函数可以对字段进行不同的统计操作。这里要计算教师的总人数，因此在"字段"列表框中选择"工号"，在"函数"列表框中选择"计数"。如果需要计算每个院系的总人数，则勾选"是，包括各行小计"复选框，否则取消勾选该复选框。

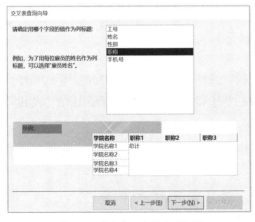

图 4-54　确定交叉查询的列标题

图 4-55　确定行和列交叉处的值

（6）单击"下一步"按钮，打开"交叉表查询向导"第五个对话框，在此对话框中确定交叉表查询的名称，如图 4-56 所示。在"请指定查询的名称"文本框中输入"教师人数查询"，选中"查看查询"单选按钮，最后单击"完成"按钮，查看查询结果，如图 4-57 所示。

图 4-56　确定交叉表查询的名称

学院名称	副教授	讲师	教授	助教
城市建设学院			1	1
计算机信息工程学院	3			
教育学院	1		1	
历史文化与旅游学院	1			1
马克思主义学院			1	
数学与统计学院		1	1	
外国语学院	1	1		1
文学院		2		

图 4-57　查看查询结果

　　尽管利用"交叉表查询向导"能够轻松地创建交叉表，但只能选择一个数据源，也无法使用条件对交叉表查询进行筛选或限制，而且只能使用 3 个行标题，在查询的"设计视图"中创建交叉表查询，就可以解决这些问题。

　　例 4.13　在"教务管理系统"数据库中，创建"各专业各课程人数查询"，统计每个专业不同课程的学生人数。

　　操作步骤如下。

　　（1）在 Access 工作界面的功能区上选择"创建"选项卡，然后在"查询"组中单击"查询设计"按钮，打开查询设计器。在"显示表"对话框中将"学生"表、"修课成绩"表和"课程"表添加到设计视图中。关闭"显示表"对话框。

　　（2）单击"查询工具—设计"选项卡中"查询类型"组的"交叉表"按钮，此时交叉表查询设计视图如图 4-58 所示。

　　（3）将"课程名称"字段、"专业名称"字段、"学号"字段添加到"字段"行。在"课程名称"字段对应的"交叉表"行单元格中选择"行标题"，在"专业名称"字段对应的"交叉表"行单元格中选择"列标题"，在"学号"字段对应的"交叉表"行单元格中选择"值"，同时在该字段对应的"总计"行单元格中选择"计数"，如图 4-59 所示。

　　（4）切换到查询的"数据表视图"，查看查询结果，如图 4-60 所示。

　　（5）按 Ctrl+S 组合键，打开"另存为"对话框，在"查询名称"文本框中输入"各专业各课程人数查询"，然后单击"确定"按钮，保存查询。

（6）关闭查询。

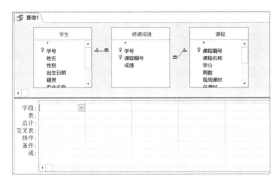
图 4-58　交叉表查询设计视图

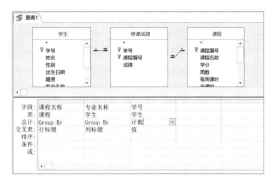
图 4-59　设置交叉表查询中的字段

图 4-60　查看查询结果

注意： 在查询设计视图中创建交叉表查询时，必须指定一个或多个"行标题"选项、一个"列标题"选项和一个"值"选项。

4.5　操作查询

操作查询是只需进行一次操作就可对多条记录进行更改的查询，它会对表中的原始记录进行相应的修改，包括生成表查询、追加查询、更新查询和删除查询。

与选择查询一样，操作查询也是根据传递到查询的定义和条件，从数据源中提取数据集。差别在于，操作查询在返回结果时不会显示数据集，而是对这些结果执行特定的操作。

4.5.1　生成表查询

生成表查询是利用一个或多个表中的全部或部分数据创建一个新表，创建的表由满足生成表查询的定义和条件的记录组成。

例 4.14　在"教务管理系统"数据库中，创建一个生成表查询，将选修了"教育学原理"

课程的学生信息存储到一个新表中，表名为"学生选课成绩表"，表中包含学生的"学号""姓名""专业名称""课程名称""成绩"等字段，如图 4-61 所示。

图 4-61　生成"学生选课成绩表"

操作步骤如下。

（1）在 Access 工作界面的功能区上选择"创建"选项卡，然后在"查询"组中单击"查询设计"按钮，打开查询设计器。在"显示表"对话框中将"学生"表、"修课成绩"表和"课程"表添加到设计视图中。关闭"显示表"对话框。

（2）单击"查询工具—设计"选项卡中"查询类型"组的"生成表"按钮，打开"生成表"对话框，在"表名称"文本框中输入新表的名称"学生选课成绩表"，选中"当前数据库"单选按钮，如图 4-62 所示。

（3）单击"确定"按钮，打开查询设计视图。将所需字段添加到相应的字段行，在"课程名称"字段对应的"条件"行单元格中输入查询条件表达式""教育学原理""，如图 4-63 所示。

图 4-62　选择"当前数据库"单选按钮

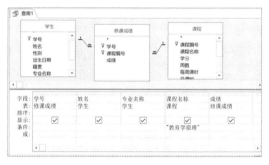

图 4-63　输入查询条件表达式

（4）单击"查询工具—设计"选项卡中"结果"组的"运行"按钮，打开"Microsoft Access"提示对话框，如图 4-64 所示。

图 4-64　"Microsoft Access"提示对话框

（5）单击"是"按钮，Access 开始生成新表"学生选课成绩表"，单击"否"按钮，则不生成新表。这里单击"是"按钮，此时 Access 工作界面左侧"导航窗格"的"表"对象中增加了"学生选课成绩表"，双击打开该表，显示表的内容如图 4-61 所示。

（6）按 Ctrl+S 组合键，打开"另存为"对话框，在"查询名称"文本框中输入"学生选课成绩表"，然后单击"确定"按钮，保存查询。

（7）关闭查询。

注意：当利用生成表查询创建新表时，如果为新表提供的名称与某个现有表的名称相同，将覆盖现有的同名表。

4.5.2　追加查询

追加查询是将一个或多个表中的全部记录或部分记录添加到另一个表的末尾。创建追加查询的前提是要有两个表，而且这两个表具有相同属性的字段。

例 4.15　在"教务管理系统"数据库中，创建一个追加查询，将选修了"文学概论"课程的学生信息（学生的"学号""姓名""专业名称""课程名称""成绩"等字段）追加到"学生选课成绩表"中。

操作步骤如下。

（1）在 Access 工作界面的功能区上选择"创建"选项卡，然后在"查询"组中单击"查询设计"按钮，打开查询设计器。在"显示表"对话框中将"学生"表、"修课成绩"表和"课程"表添加到设计视图中。关闭"显示表"对话框。

（2）单击"查询工具—设计"选项卡中"查询类型"组的"追加"按钮，打开"追加"对话框，如图 4-65 所示，在"表名称"对应的下拉列表中选择"学生选课成绩表"，选中"当前数据库"单选按钮。

（3）单击"确定"按钮，打开查询设计视图。将所需字段添加到相应的字段行中，在"课程名称"字段对应的"条件"行单元格中输入条件表达式""文学概论""，如图 4-66 所示。

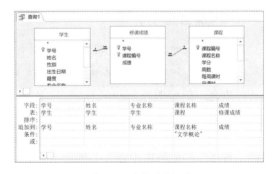

图 4-65　"追加"对话框　　　　　　　图 4-66　查询设计视图

（4）单击"查询工具—设计"选项卡中"结果"组的"运行"按钮，打开"Microsoft Access"提示对话框，如图 4-67 所示。

（5）单击"是"按钮，Access 开始将符合条件的一组记录追加到"学生选课成绩表"中，一旦追加将无法恢复所做更改。单击"否"按钮，不会追加任何记录。这里单击"是"按钮，完成追加。此时打开"学生选课成绩表"，如图 4-68 所示。

图 4-67 "Microsoft Access"提示对话框   图 4-68 执行追加查询后的"学生选课成绩表"

（6）按 Ctrl+S 组合键，打开"另存为"对话框，在"查询名称"文本框中输入"学生选课成绩表"，然后单击"确定"按钮，保存查询。

（7）关闭查询。

4.5.3 更新查询

更新查询就是利用查询对一个或多个表中的一组记录进行全部更新。在实际应用中，用户常常需要修改大批量的数据，或者进行有规律的数据输入，此时最简单有效的方法就是利用更新查询进行操作。

例 4.16 在"教务管理系统"数据库中，创建一个更新查询，将上课"周数"为"12"的课程的"每周课时"都增加 1 课时。

操作步骤如下。

（1）在 Access 工作界面的功能区上选择"创建"选项卡，然后在"查询"组中单击"查询设计"按钮，打开查询设计器。在"显示表"对话框中将"课程"表添加到设计视图中。关闭"显示表"对话框。

（2）单击"查询工具—设计"选项卡中"查询类型"组的"更新"按钮。将用于设置条件的"周数"字段、用于更新数据的"每周课时"字段添加到"字段"行中，在"周数"字段对应的"条件"行单元格中输入条件表达式"=12"，在"每周课时"字段对应的"更新到"行单元格输入改变字段值的表达式"[每周课时]+1"，如图 4-69 所示。

（3）单击"查询工具—设计"选项卡中"结果"组的"运行"按钮，打开"Microsoft Access"提示对话框，如图 4-70 所示。

图 4-69　设置更新查询　　　　　　　　　图 4-70　"Microsoft Access"提示对话框

（4）单击"是"按钮，Access 开始更新符合条件的一组记录，一旦更新将无法恢复。单击"否"按钮，不会更新任何记录。这里单击"是"按钮，完成更新，此时"课程"表的记录由图 4-71 更新为图 4-72。

图 4-71　执行更新查询前的"课程"表

图 4-72　执行更新查询后的"课程"表

（5）按 Ctrl+S 组合，打开"另存为"对话框，在"查询名称"文本框中输入"课程"，然后单击"确定"按钮，保存查询。

（6）关闭查询。

4.5.4　删除查询

删除查询是根据查询中指定的条件从表中删除相应的记录，删除后的记录无法被恢复。

例 4.17　在"教务管理系统"数据库中，创建一个删除查询，删除"学生选课成绩表"中"文学概论"课程的相关记录。

操作步骤如下。

（1）在 Access 工作界面的功能区上选择"创建"选项卡，然后在"查询"组中单击"查询设计"按钮，打开查询设计器。在"显示表"对话框中将"学生选课成绩表"添加到设计视图中。关闭"显示表"对话框。

（2）单击"查询工具—设计"选项卡中"查询类型"组的"删除"按钮，将用于设置删除条件的"课程名称"字段添加到"字段"行中，在"课程名称"字段对应的"条件"行单元格中输入条件表达式"="文学概论""，如图 4-73 所示。

（3）单击"查询工具—设计"选项卡中"结果"组的"运行"按钮，打开"Microsoft Access"提示对话框，如图 4-74 所示。

图 4-73　删除查询设计视图　　　　　　　　图 4-74　"Microsoft Access"提示对话框

（4）单击"是"按钮，会永久删除指定表中符合条件的所有记录，并且无法恢复。单击"否"按钮，不会删除任何记录。这里单击"是"按钮，完成删除。此时"学生选课成绩表"的记录由图 4-75 更新为图 4-76。

（5）按 Ctrl+S 组合键，打开"另存为"对话框，在"查询名称"文本框中输入"学生选课成绩表"，然后单击"确定"按钮，保存查询。

（6）关闭查询。

图 4-75　执行删除查询前的"学生选课成绩表"　　　图 4-76　执行删除查询后的"学生选课成绩表"

注意：使用删除查询，将删除满足条件的整条记录，而不是只删除记录中所选的字段。

4.6　SQL 语句查询

SQL 全称是 Structured Query Language（结构化查询语言）。SQL 语言的主要功能就是同各种数据库建立联系，进行沟通。按照 ANSI（美国国家标准协会）的规定，SQL 被作为关系型数据库管理系统的标准语言。SQL 语言结构简捷、功能强大、易学易用。

4.6.1　SELECT 语句

SELECT 语句是 SQL 语言的基础，通过该语句，可以从指定数据源中返回满足条件的记录。其语句的语法格式如下：

```
SELECT [ALL | DISTINCT|TOP n [PERCENT]] <表达式 1> [AS <别名 1>][,<表达式 2> [AS <别名 2>]……]
FROM <表名 1>[,<表名 2>……]
[WHERE <条件表达式>]
[GROUP BY <分组字段名 1>[,<分组字段名 2>……]  [HAVING <条件表达式>]]
[ORDER BY <排序字段名 1> [ASC | DESC] [,<排序字段名 2> [ASC | DESC]]……]
```

其中：

- ALL：查询结果是数据源全部数据的记录集。
- DISTINCT：查询结果是不包含重复行的记录集。
- TOP n [PERCENT]：查询结果是满足条件的记录集的前 n 条，PERCENT 参数表示返回满足条件的记录集的前百分之 n 条。
- AS <别名 1>：在查询结果中，使用别名作为该列的列标题。
- WHERE <条件表达式>：说明查询条件。
- GROUP BY <分组字段名>：用于对查询结果进行分组，可以利用它进行分类汇总。
- HAVING <条件表达式>：必须和 GROUP BY 一起使用，用来限定分组必须满足的条件。
- ORDER BY <排序字段名>：用来对查询结果进行排序。ASC 表示查询结果按<排序字段名>升序排列；DESC 表示查询结果按<排序字段名>降序排列。如果字段名后面省略了 ASC 和 DESC，则默认为升序排列。

例 4.18　在"教务管理系统"数据库中，使用 SQL 语句创建"学生出生日期查询"，查询"学生"表中的"学号""姓名""出生日期"等字段。

操作步骤如下。

（1）在 Access 工作界面的功能区上选择"创建"选项卡，然后在"查询"组中单击"查询设计"按钮，打开"显示表"对话框，直接关闭"显示表"对话框，打开查询设计视图。

（2）单击"查询工具—设计"选项卡中"结果"组的"视图"按钮，或者单击 Access 工作界面状态栏右侧的"SQL 视图"按钮，打开查询的"SQL 视图"，如图 4-77 所示。

（3）在该窗口中，输入 SELECT 语句为：

```
SELECT　学号,姓名, 出生日期　FROM　学生;
```

如图 4-78 所示。

图 4-77　查询的"SQL 视图"

图 4-78　输入 SELECT 语句

注意： 在 SQL 语句中，各部分之间至少要有一个空格。出现的所有符号，都应该是英文符号。不区分字母大小写。

（4）单击"查询工具—设计"选项卡中"结果"组的"运行"按钮，查看查询结果，如图 4-79 所示。

学号	姓名	出生日期
2020101001	杜娟	2001/1/10
2020101002	滕俊	2001/1/11
2020101003	马晓倩	2001/3/12
2020101004	王季煜	2001/3/13
2020101005	赵静	2001/3/14
2020101006	蔡依霖	2001/3/15
2020101007	孙丹茉	2001/1/16
2020101008	徐语童	2002/6/13
2020101009	卢晓雅	2002/6/14
2020101010	卢碧敏	2002/6/15
2020101011	郑佳璎	2002/6/16
2020101012	陈逸杰	2002/6/17
2020101013	赵芏祎	2002/6/18
2020101014	龙晓燕	2002/6/19
2020101015	邹卓群	2002/6/20
2020101016	谭梦羽	2002/6/21
2020201001	王怡	2002/6/22
2020201002	黄知硕	2002/6/23
2020201003	卢玉莲	2002/6/24
2020201004	刘思雨	2002/6/25
2020201005	陈锦锐	2002/6/26
2020201006	刘祥慧	2002/6/16
2020201007	晏玉玲	2002/6/17
2020201008	何巧婷	2002/6/18
2020201009	邹雨琪	2002/6/19

图 4-79　查看查询结果

（5）按 Ctrl+S 组合键，打开"另存为"对话框，在"查询名称"文本框中输入"学生出生日期查询"，然后单击"确定"按钮，保存查询。

（6）关闭查询。

例 4.19　在"教务管理系统"数据库中，使用 SQL 语句创建"女生信息查询"，查询所有女生的信息，如图 4-80 所示。

学号	姓名	性别	出生日期	籍贯	专业名称	入学总分	照片	备注
2020101001	杜娟	女	2001/1/10	江西	学前教育	698		特招
2020101003	马晓倩	女	2001/3/12	上海	学前教育	700		
2020101005	赵静	女	2001/3/14	江西	学前教育	702		
2020101006	蔡依霖	女	2001/3/15	河南	学前教育	703		
2020101007	孙丹茉	女	2001/1/16	福建	学前教育	704		
2020101008	徐语童	女	2002/6/13	江西	学前教育	705		
2020101009	卢晓雅	女	2002/6/14	福建	学前教育	706		
2020101010	卢碧敏	女	2002/6/15	广东	学前教育	707		
2020101011	郑佳璎	女	2002/6/16	浙江	学前教育	708		
2020101012	陈逸杰	女	2002/6/17	江西	学前教育	759		
2020101013	赵芏祎	女	2002/6/18	广东	学前教育	710		
2020101014	龙晓燕	女	2002/6/19	福建	学前教育	711		
2020101015	邹卓群	女	2002/6/20	江西	学前教育	712		
2020101016	谭梦羽	女	2002/6/21	广东	学前教育	713		
2020201001	王怡	女	2002/6/22	浙江	汉语言文学	714		
2020201002	黄知硕	女	2002/6/23	福建	汉语言文学	715		
2020201003	卢玉莲	女	2002/6/24	河南	汉语言文学	751		
2020201004	刘思雨	女	2002/6/25	江苏	汉语言文学	717		
2020201006	刘祥慧	女	2002/6/16	广东	汉语言文学	762		
2020201007	晏玉玲	女	2002/6/17	广东	汉语言文学	703		
2020201008	何巧婷	女	2002/6/18	浙江	汉语言文学	704		
2020201009	邹雨琪	女	2002/6/19	江苏	汉语言文学	705		
2020201010	郑可	女	2002/6/20	福建	汉语言文学	706		
2020201011	曾熙雅	女	2002/6/21	福建	汉语言文学	707		
2020301003	凤思思	女	2002/6/24	浙江	历史学	710		
2020301004	陶晴晴	女	2002/6/25	江西	历史学	711		

图 4-80　查询所有女生的信息

例 4.19 的操作步骤与例 4.18 的操作步骤相同。在查询的"SQL 视图"中输入的 SELECT 语句为：

```
SELECT  *  FROM  学生  WHERE  性别="女";
```

或者输入：

```
SELECT  ALL  *  FROM  学生  WHERE  性别="女";
```

其中，“*”表示全部字段。

例 4.20　在“教务管理系统”数据库中，使用 SQL 语句创建“教师职称查询”，查询职称为副教授的计算机信息工程学院教师，如图 4-81 所示。

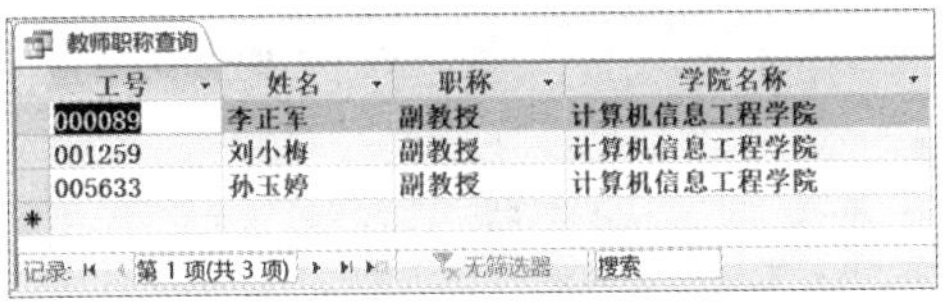

教师职称查询

工号	姓名	职称	学院名称
000089	李正军	副教授	计算机信息工程学院
001259	刘小梅	副教授	计算机信息工程学院
005633	孙玉婷	副教授	计算机信息工程学院

记录：第 1 项(共 3 项)　无筛选器　搜索

图 4-81　查询职称为副教授的计算机信息工程学院教师

在查询的“SQL 视图”中输入的 SELECT 语句为：

```
SELECT  工号,姓名,职称,学院名称  FROM  教师
WHERE  职称="副教授"  AND  学院名称="计算机信息工程学院";
```

注意： 当要查询满足多个条件的记录时，WHERE 子句中的多个条件表达式之间使用 AND 或 OR 进行连接。

例 4.21　在“教务管理系统”数据库中，使用 SQL 语句创建“教师开课情况查询”，查询职称为教授的教师的开课情况，包括教师的“工号”“姓名”“课程名称”“学分”等字段，并按“学分”字段降序排列，如图 4-82 所示。

这是一个多表选择查询，要求多个数据表之间要有相互关联的字段。这里使用“WHERE 教师.工号=课程.工号”表示两个表的连接。

为了区分不同表中的不同字段，应该在字段名前面添加所在表的名称，如“教师.工号”表示“教师”表中的“工号”字段。

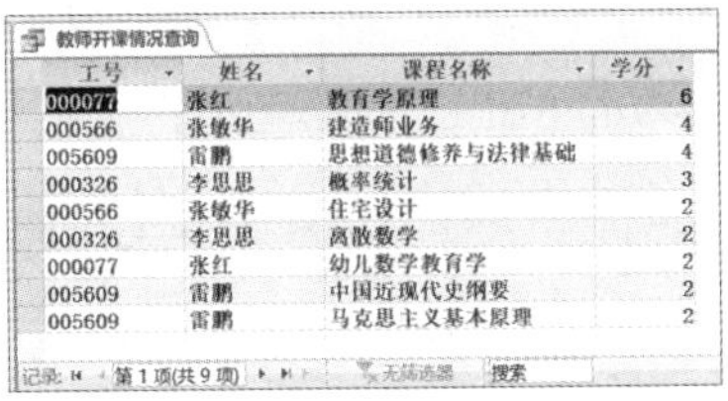

教师开课情况查询

工号	姓名	课程名称	学分
000077	张红	教育学原理	6
000566	张敏华	建造师业务	4
005609	雷鹏	思想道德修养与法律基础	4
000326	李思思	概率统计	3
000566	张敏华	住宅设计	2
000326	李思思	离散数学	2
000077	张红	幼儿数学教育学	2
005609	雷鹏	中国近现代史纲要	2
005609	雷鹏	马克思主义基本原理	2

记录：第 1 项(共 9 项)　无筛选器　搜索

图 4-82　“教师开课情况查询”的结果

在查询的“SQL 视图”中输入的 SELECT 语句为：

```
SELECT  教师.工号,教师.姓名,课程.课程名称,课程.学分  FROM 教师,课程
WHERE 教师.工号=课程.工号  AND  教师.职称="教授"
ORDER  BY  课程.学分  DESC;
```

例 4.22　在“教务管理系统”数据库中，使用 SQL 语句创建“成绩前 5 名的学生信息查询”，查询“马克思主义基本原理”课程成绩前 5 名的学生情况，包括学生的“学号”“姓名”

"专业名称""成绩"等字段，如图 4-83 所示。

图 4-83 "成绩前 5 名的学生信息查询"的结果

在查询的"SQL 视图"中输入的 SELECT 语句为：

SELECT TOP 5 学生.学号, 学生.姓名, 学生.专业名称, 课程.课程名称,修课成绩.成绩
FROM 学生,课程,修课成绩
WHERE 学生.学号 = 修课成绩.学号 AND 课程.课程编号 = 修课成绩.课程编号
AND 课程.课程名称="马克思主义基本原理"
ORDER BY 修课成绩.成绩 DESC;

注意：如果希望每次运行查询时，可以查询不同课程的成绩前 5 名的学生信息，也就是生成一个参数查询，只需要把 WHERE 子句中的"课程.课程名称="马克思主义基本原理""改为"课程.课程名称=[请输入课程名称]"，那么每次运行该查询，都会打开"输入参数值"对话框，如图 4-84 所示，输入需要查询的课程名称即可。

例 4.23 在"教务管理系统"数据库中，使用 SQL 语句创建"各职称教师人数查询"，查询各类职称的教师人数，如图 4-85 所示。

在 SELECT 语句中可以使用聚合函数计算各类统计信息。聚合函数包括计数函数 COUNT()、求和函数 SUM()、平均值函数 AVG()、最大值函数 MAX()、最小值函数 MIN()等。

图 4-84 "输入参数值"对话框   图 4-85 "各职称教师人数查询"的结果

在查询的"SQL 视图"中输入的 SELECT 语句为：

SELECT 职称,COUNT(工号) AS 教师人数 FROM 教师 GROUP BY 职称;

例 4.24 在"教务管理系统"数据库中，使用 SQL 语句创建"成绩优秀的课程数查询"，查询有 4 门及以上课程的成绩大于或等于 90 分的学生学号，如图 4-86 所示。

图 4-86 "成绩优秀的课程数查询"的结果

在查询的"SQL 视图"中输入的 SELECT 语句为：

```
SELECT 学号, COUNT(*) AS 成绩优秀的课程数
FROM 修课成绩
WHERE 成绩>=90
GROUP BY 学号 HAVING COUNT(*)>=4;
```

注意：使用 WHERE 子句确定要选择的记录。同样，在使用 GROUP BY 对记录分组之后，利用 HAVING 确定要显示的分组记录。

例 4.25 在“教务管理系统”数据库中，使用 SQL 语句创建“成绩高于平均成绩的学生查询”，查询所有选修了“思想道德修养与法律基础”课程的学生中，成绩高于该课程平均成绩的学生信息，如图 4-87 所示。

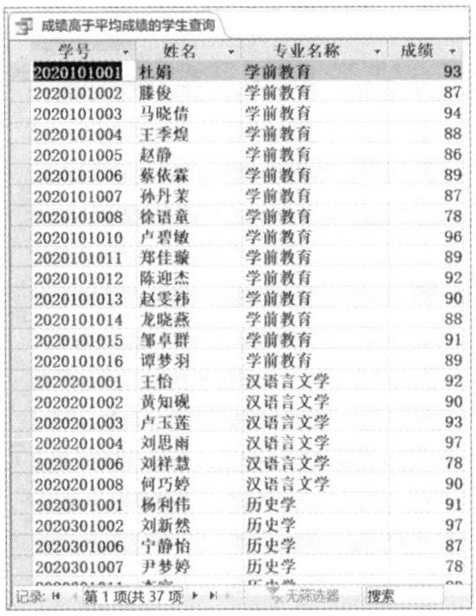
成绩高于平均成绩的学生查询

学号	姓名	专业名称	成绩
2020101001	杜娟	学前教育	93
2020101002	滕俊	学前教育	87
2020101003	马晓倩	学前教育	94
2020101004	王季煌	学前教育	88
2020101005	赵静	学前教育	86
2020101006	蔡依霖	学前教育	89
2020101007	孙丹茉	学前教育	87
2020101008	徐语童	学前教育	78
2020101010	卢碧敏	学前教育	96
2020101011	郑佳臻	学前教育	89
2020101012	陈迎杰	学前教育	92
2020101013	赵雯祎	学前教育	90
2020101014	龙晓燕	学前教育	88
2020101015	邹卓群	学前教育	91
2020101016	谭梦羽	学前教育	89
2020201001	王怡	汉语言文学	92
2020201002	黄知砚	汉语言文学	90
2020201003	卢玉莲	汉语言文学	93
2020201004	刘思雨	汉语言文学	97
2020201006	刘祥慧	汉语言文学	78
2020201008	何巧婷	汉语言文学	90
2020301001	杨利伟	历史学	91
2020301002	刘新然	历史学	97
2020301006	宁静怡	历史学	87
2020301007	尹梦婷	历史学	78

记录：第 1 项(共 37 项 无筛选器 搜索

图 4-87 “成绩高于平均成绩的学生查询”的结果

这是一个包含子查询的查询。子查询是嵌套在其他查询中的选择查询。子查询的主要作用是允许在执行某个查询的过程中使用另一个查询的结果。

首先执行子查询，然后在外部查询（在其中嵌套子查询的查询）使用子查询的结果作为条件、表达式等。

在该实例中，利用子查询（SELECT AVG(成绩) FROM 课程,修课成绩 WHERE 课程.课程编号 = 修课成绩.课程编号 AND 课程名称="思想道德修养与法律基础" GROUP BY 课程名称）得到“思想道德修养与法律基础”课程的平均成绩，再在外部查询中查询选修“思想道德修养与法律基础”课程中成绩小于平均成绩的学生信息。

在查询的“SQL 视图”中输入的 SELECT 语句为：

```
SELECT 学生.学号,姓名, 专业名称, 成绩
FROM 学生, 修课成绩, 课程
WHERE 课程.课程编号 = 修课成绩.课程编号 AND 学生.学号 = 修课成绩.学号
AND 课程名称="思想道德修养与法律基础"
AND 成绩>(SELECT AVG(成绩) FROM 课程,修课成绩
WHERE 课程.课程编号 = 修课成绩.课程编号 AND 课程名称="思想道德修养与法律基础"
GROUP BY 课程名称)
```

4.6.2 通过 SQL 语句执行操作查询

在查询"设计视图"创建操作查询时，实际上是构建特定于该操作的 SQL 语句，这些 SQL 语句可以在选择记录之外执行其他操作。

1. SELECT...INTO 语句

生成表查询使用 SELECT...INTO 语句生成一个包含查询结果的新表。

例 4.26　在"教务管理系统"数据库中，使用 SQL 语句生成一个名为"学生专业表"的新表，该表中包含从"学生"表中选择的"学号""姓名""专业名称"这些字段的值。

在查询的"SQL 视图"中输入的 SELECT 语句为：

> SELECT 学号,姓名,专业名称 INTO 学生专业表 FROM 学生

2. INSERT 语句

追加查询使用 INSERT 语句向某个指定表中插入新行。

INSERT 语句的语法格式如下：

> INSERT INTO <表名>[(字段名 1[,字段名 2……])] VALUSE(表达式 1[,表达式 2……])

注意：当插入的不是完整记录时，可以使用[(字段名 1[,字段名 2……])]指定字段，否则可以不指定，系统会自动将值依次赋给表中的字段。同时，表达式的数据类型应该和对应的字段类型一致。

例 4.27　在"教务管理系统"数据库中，使用 SQL 语句在"学生"表中添加一条记录，如图 4-88 所示。

学号	姓名	性别	出生日期	籍贯	专业名称	入学总分	照片	备注
⊞ 0001	王芬		2002/3/9			688		

图 4-88　在"学生"表中添加一条记录

在查询的"SQL 视图"中输入的 SQL 语句为：

> INSERT INTO 学生 (学号,姓名,出生日期,入学总分)
> VALUES ("0001","王芬",#2002-4-9#,688)

注意：文本数据类型要使用双引号（""）括起来，日期/时间数据类型要使用（#）括起来。

3. UPDATE 语句

更新查询使用 UPDATE 语句实现数据的更新功能。

在 SQL 语句中，UPDATE 语句的语法格式如下：

> UPDATE　<表名>　SET　<字段名 1>=<表达式 1>[,<字段名 2>=<表达式 2>……]
> [WHERE<条件>]

其中，使用 WHERE<条件>子句指定被更新的记录的字段值所满足的条件。如果不使用WHERE<条件>子句，则更新全部记录。

例 4.28　在"教务管理系统"数据库中，使用 SQL 语句将"课程"表中"周数"为 12 的课程的"每周课时"都增加 1 课时。

在查询的"SQL 视图"中输入的 SQL 语句为：

```
UPDATE 课程 SET 每周课时=每周课时+1 WHERE 周数=12
```

4．DELETE 语句

删除查询使用 DELETE 语句来实现数据的删除。

在 SQL 语句中，DELETE 语句的语法格式如下：

```
DELETE  *  FROM  <表名>  WHERE  <条件>
```

其中，FROM 子句指定从哪个表中删除数据，WHERE<条件>子句指定被删除的记录所满足的条件。如果不使用 WHERE<条件>子句，则删除表中的全部记录。

例 4.29　在"教务管理系统"数据库中，使用 SQL 语句将"学生"表中学号为"0001"的记录删除。

在查询的"SQL 视图"中输入的 SQL 语句为：

```
DELETE  *  FROM  学生  WHERE  学号="0001"
```

4.6.3　使用 CREATE TABLE 语句创建表

CREATE TABLE 语句用于创建表对象，其语法格式如下：

```
CREATE TABLE <表名> (<字段名 1>  数据类型  [(字段大小)][, <字段名 2>  数据类型 [ (字段大小)]……])
```

其中，字段类型可以使用 TEXT（短文本型）、INTEGER（整型）、NUMERIC（长整型）、MONEY（货币型）、DATE（日期/时间型）、LOGICAL（是/否型）、MEMO（长文本型）等类型符定义。

例 4.30　在"教务管理系统"中，使用 CREATE TABLE 语句创建一个"图书"表，包含图书编号（长整型）、图书名称（文本型，字段大小为 20 个字符）、借阅日期（日期/时间型）、归还否（是/否型）等字段。

在查询的"SQL 视图"中输入的 SQL 语句为：

```
CREATE  TABLE 图书 (图书编号  INTEGER, 图书名称  TEXT  (20), 借阅日期 DATE, 归还否 LOGICAL)
```

注意：如果省略字段大小，则 Access 会使用为数据库指定的默认字段大小。

4.6.4　使用 ALTER TABLE 语句修改字段

ALTER TABLE 语句与以下几个子句结合使用，可以更改表的结构。

1. 使用 ADD 子句添加字段

语法格式如下：

ALTER TABLE <表名> ADD <字段名 1> 数据类型 [(字段大小)][, <字段名 2> 数据类型 [(字段大小)]……]

例 4.31 在"教务管理系统"中，使用 ADD 子句为新建的"图书"表增加应还日期（日期/时间型）字段。

在查询的"SQL 视图"中输入的 SQL 语句为：

ALTER TABLE 图书 ADD 应还日期 DATE

2. 使用 ALTER COLUMN 子句更改字段

修改字段语句的语法格式如下：

ALTER TABLE <表名> ALTER COLUMN <字段名> 数据类型 (字段大小)

例 4.32 在"教务管理系统"中，使用 ALTER COLUMN 子句将"图书"表中"图书名称"的字段大小改为 40。

在查询的"SQL 视图"中输入的 SQL 语句为：

ALTER TABLE 图书 ALTER COLUMN 图书名称 TEXT (40)

3. 使用 DROP COLUMN 子句删除字段

删除字段语句的语法格式如下：

ALTER TABLE <表名> DROP COLUMN [<字段名 1>][, [<字段名 2>]……]

例 4.33 在"教务管理系统"中，使用 DROP COLUMN 子句将"图书"表中的"借阅日期"字段、"应还日期"字段删除。

在查询的"SQL 视图"中输入的 SQL 语句为：

ALTER TABLE 图书 DROP COLUMN 借阅日期,应还日期

4.7 查询重复项与不匹配项

在实际应用中，用户有时要在表中查找某些字段内容相同的记录，有时又要在表中查找与指定内容不相同的记录，这就要用到查找重复项与不匹配项的查询。

例 4.34 在"教务管理系统"中，利用"课程"表，创建"任多门课程的教师查询"，如图 4-89 所示。

图 4-89　"任多门课程的教师查询"的结果

如果想要查询任多门课程的教师信息，则可以查询"课程"表中"工号"字段出现重复值的记录。操作步骤如下。

（1）在 Access 工作界面的功能区上选择"创建"选项卡，然后在"查询"组中单击"查询向导"按钮，打开"新建查询"对话框，选择"查找重复项查询向导"选项，如图 4-90所示。

（2）单击"确定"按钮，确定用于查找重复字段值的表，在列表框中选择"表:课程"，如图 4-91 所示。

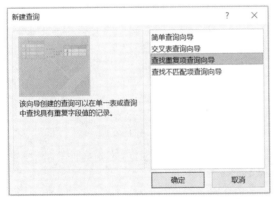

图 4-90　选择"查找重复项查询向导"选项

图 4-91　在列表框中选择"表:课程"

（3）单击"下一步"按钮，确定包含重复值的字段，在"可用字段"列表框中双击"工号"，将其移动到"重复值字段"列表框中，如图 4-92 所示。

（4）单击"下一步"按钮，确定查询结果中要显示的其他字段，在"可用字段"列表框中分别双击"课程名称""学分"，分别将其移动到"另外的查询字段"列表框中，如图 4-93 所示。

图 4-92 确定包含重复值的字段

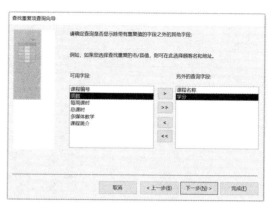

图 4-93 确定查询结果中要显示的其他字段

（5）单击"下一步"按钮，在"请指定查询的名称"文本框中输入"任多门课程的教师查询"，同时选中"查看结果"单选按钮，如图 4-94 所示。

（6）单击"完成"按钮，查看查询结果，如图 4-89 所示。

注意：如果查询中要用到多个表中的字段，则先创建一个包含所需全部字段的查询，再以该查询为数据源，创建查找重复项查询。

例 4.35 在"教务管理系统"数据库中，利用"教师"表和"课程"表，创建"无课教师查询"，如图 4-95 所示。

图 4-94 选中"查看结果"单选按钮

图 4-95 "无课教师查询"的结果

查找不匹配项是在两个表或查询中查找某一个相同字段的不相匹配的记录。查询无课教师就是在"教师"表中查找那些在"课程"表中没有相关记录的记录。操作步骤如下。

（1）在 Access 工作界面的功能区上选择"创建"选项卡，然后在"查询"组中单击"查询向导"按钮，打开"新建查询"对话框，选择"查找不匹配项查询向导"选项，如图 4-96 所示。

（2）单击"确定"按钮，确定用于包含查询结果的表，在列表框中选择"表:教师"，如图 4-97 所示。

（3）单击"下一步"按钮，确定包含与"教师"表不匹配记录的相关表。在列表框中选择"表:课程"，如图 4-98 所示。

（4）单击"下一步"按钮，确定两个表中的相同字段，分别选中两个列表框中的"工号"字段，然后单击 ⟨⟩ 按钮，如图 4-99 所示。

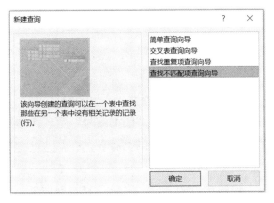

图 4-96　选择"查找不匹配项查询向导"选项

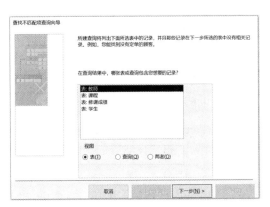

图 4-97　在列表框中选择"表:教师"

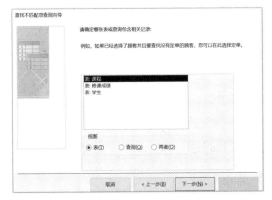

图 4-98　在列表框中选择"表:课程"

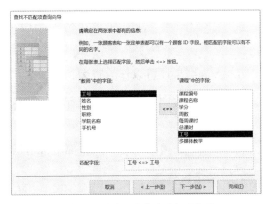

图 4-99　确定两个表中的相同字段

（5）单击"下一步"按钮，确定查询结果中要显示的字段，直接单击 ⟨⟨ 按钮，将"可用字段"列表框中的所有字段移动到"选定字段"列表框中，如图 4-100 所示。

（6）单击"下一步"按钮，在"请指定查询名称"文本框中输入"无课教师查询"，同时选中"查看结果"单选按钮，如图 4-101 所示。

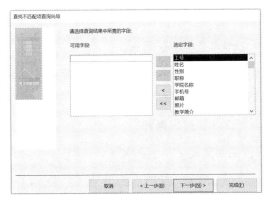

图 4-100　确定查询结果中要显示字段

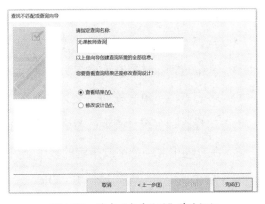

图 4-101　选中"查看结果"单选按钮

（7）单击"完成"按钮，查看查询结果，如图 4-95 所示。

习　题

一、填空题

1. 查询的视图方式有设计视图、_____和_____。

2. 在 Access 2016 的数据库中创建了"图书"表，若查找表中"图书编号"字段（数字型）是"1166"和"1488"的记录，则应该在查询设计视图的字段行中输入_____或_____。

3. 在查询设计器中不想显示选定的字段内容，将该字段的_____复选框取消。

4. 操作查询包括追加查询、_____、_____和删除查询。

5. 在"学生"表中有"姓名"字段，若要查询姓李的学生，则查询条件应该设置为_____。

6. 查询结果还可以作为查询、_____和_____的数据源。

7. 如果使用向导创建交叉表查询的数据源来自多个表，可以先建立一个_____，然后将其作为数据源。

8. 利用一个或多个表中的全部或部分数据创建新表的是_____查询。

二、单项选择题

1. 以下关于查询的叙述正确的是（　　　）。

A. 只能根据数据表创建查询

B. 只能根据已建查询创建查询

C. 可以根据数据表和已建查询创建查询

D. 不能根据已建查询创建查询

2. Access 2016 支持的查询类型有（　　　）。

A. 选择查询、交叉表查询、参数查询、SQL 语句查询和操作查询

B. 基本查询、选择查询、参数查询、SQL 语句查询和操作查询

C. 多表查询、单表查询、交叉表查询、参数查询和操作查询

D. 选择查询、统计查询、参数查询、SQL 语句查询和操作查询

3. 在查询中对一个字段指定的多个条件的取值之间满足（　　　）关系。

A. AND　　　　　　　　B. OR　　　　　　　　C. NOT　　　　　　　　D. LIKE

4. Access 2016 提供的参数查询可以在执行时显示一个对话框以提示用户输入信息。如果

要检索任意两个分数之间的分数，则正确的 SQL 语句是（   ）。

A. Between "大于多少分?" And "小于多少分?"

B. >? 分 And <? 分

C. Between [大于多少分?] And [小于多少分?]

D. [大于多少分?]—[小于多少分?]

5. 假设某数据库的表中有一个姓名字段，则查找姓名为两个字的记录的查询条件是（   ）。

A. Like "**"   B. Like "##"   C. Like "??"   D. "??"

6. 如果表中已经有"借阅日期"字段和"归还日期"字段，在查询设计视图的字段行中要添加一个计算字段"借阅天数"，则应在字段行填写的表达式是（   ）。

A. 借阅天数=[归还日期]-[借阅日期]

B. 借阅天数:[归还日期]-[借阅日期]

C. =[归还日期]-[借阅日期]

D. 借阅天数: "归还日期"-"借阅日期"

7. 查询设计视图中，在某字段的"总计"行选择了"计数"选项，但没有设置任何条件，则含义是（   ）。

A. 统计符合条件的记录个数，包括 Null（空）值

B. 统计符合条件的记录个数，不包括 Null（空）值

C. 统计全部记录的个数，包括 Null（空）值

D. 统计全部记录的个数，不包括 Null（空）值

8. 在 Access 2016 中，利用（   ）可以从一个或多个表中删除一组记录。

A. 选择查询

B. 删除查询

C. 交叉表查询

D. 更新查询

9. 在"学生信息表"中有"学号"字段、"姓名"字段、"性别"字段和"专业"字段。如果想要将全部记录的"专业"字段清空，使用的查询是（   ）。

A. 更新查询

B. 追加查询

C. 删除查询

D. 生成表查询

10. 如果想要查询"学生"表（学号、姓名、性别、班级）中男、女学生的人数，则要分组和计数的字段分别是（   ）。

A. 学号、系列　　　　　B. 性别、学号　　　　C. 学号、性别　　D. 学号、班级

11. 在 SQL 语句查询中，使用 WHERE 子句指出的是（   ）。

A. 查询目标　　　　　B. 查询结果　　　　　C. 查询视图　　　D. 查询条件

12. 下列 SELECT 语句语法正确的是（   ）。

A. SELECT　*　FROM　"教师表"　　WHERE　性别="男"

B. SELECT　*　FROM　"教师表"　　WHERE　性别=男

C. SELECT　*　FROM　教师表　　WHERE　性别=男

D. SELECT　*　FROM　教师表　　WHERE　性别="男"

13. "学生"表中有"学号""姓名""性别""成绩"等字段，执行如下 SQL 语句后的结果是（   ）。

SELECT　性别,Avg([成绩])　FROM 学生 GROUP　BY 性别

A. 计算并显示所有学生的平均成绩

B. 计算并显示所有学生的性别和平均成绩

C. 按性别顺序计算并显示所有学生的平均成绩

D. 按性别分组计算并显示不同性别学生的平均成绩

14. 在 Access 2016 数据库中创建一个新表，应该使用的 SQL 语句是（   ）。

A. CREATE TABLE　　　　　　　　　B. CREATE INDEX

C. ALTER TABLE　　　　　　　　　　D. CREATE DATABASE

15. 从"图书"表中查找出类别为"计算机"的图书定价最低的前 5 条记录，正确的 SQL 语句是（   ）。

A. SELECT　TOP　5　*　FROM 图书 WHERE 类别="计算机"　GROUP BY 定价

B. SELECT　TOP　5　*　FROM 图书 WHERE 类别="计算机" GROUP BY 定价 DESC

C. SELECT　TOP　5　*　FROM 图书 WHERE 类别="计算机"　ORDER BY 定价

D. SELECT　TOP　5　*　FROM 图书 WHERE 类别="计算机" ORDER BY 定价 DESC

三、多项选择题

1. 下列对 Access 2016 查询叙述正确的是（   ）。

A. 查询的数据源来自表或已有的查询

B. 查询的结果可以作为其他数据库对象的数据源

C. Access 2016 的查询可以分析数据、追加数据、更改数据、删除数据

D. 查询不能生成新的数据表

2. 下列关于查询设计视图"设计网格"各行作用的叙述正确的是（　　　）。

A. "总计"行用于对查询的字段进行求和

B. "表"行设置字段所在的表或查询的名称

C. "字段"行表示可以在此输入或添加字段的名称

D. "条件"行用于输入一个条件来限定记录的选择

3. 下列条件表达式的说法错误的是（　　　）。

A. 在条件表达式中，文本数据类型需要在两端加上双引号（""）

B. 在条件表达式中，数字数据类型需要在两端加上双引号（""）

C. 在条件表达式中，日期/时间数据类型需要在两端加上（#）

D. 同行之间为逻辑"或"关系，不同行之间为逻辑"与"关系

4. 下列关于交叉表查询的叙述错误的是（　　　）。

A. 交叉表查询可以在行与列的交叉处对数据进行统计

B. 创建交叉表查询时要指定行标题、列标题和值

C. 在交叉表查询中只能指定一个行标题、一个列标题和一个总计类型的字段

D. 交叉表查询的运行结果是根据统计条件生成一个新表

5. 下列关于 SQL 语句的说法正确的是（　　　）。

A. DESC 关键字必须与 ORDER BY 一起使用

B. 使用 UPDATE 语句可以更新表中已存在的记录

C. HAVING 子句可以单独使用

D. SELECT 命令不能与 GROUP BY 一起使用

四、简答题

1. 什么是查询？利用查询可以实现哪些功能？

2. 在 Access 2016 中有几种查询？每种查询的特点是什么？

3. 创建查询后，运行查询有几种方法？

4. 简述查询条件表达式中的常用运算符及其含义。

五、实验题

在"教务管理系统"数据库中，完成以下操作。

1. 创建一个名为"通过工号查询教师授课信息"的参数查询，通过输入要查询的教师工

号，查询教师的“工号”“姓名”“职称”“课程名称”等字段。“输入参数值”对话框如图 4-102 所示。当输入“003933”时，查询结果如图 4-103 所示。

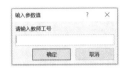

图 4-102 “输入参数值”对话框

通过工号查询教师授课信息

工号	姓名	职称	课程名称
003933	曾伟红	副教授	大学英语（1）
003933	曾伟红	副教授	大学英语（2）

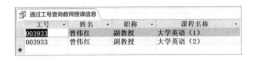

图 4-103 查询结果（1）

2. 分别利用查询设计视图和 SQL 视图，创建一个名为“成绩查询”的查询，查询“学前教育”专业学生的成绩为 85 分～90 分的学生信息，按成绩降序排列，查询结果如图 4-104 所示。

3. 利用总计查询创建一个名为“汉语言文学平均成绩查询”的查询，计算“汉语言文学”专业每门课程的平均成绩，平均成绩显示两位小数，查询结果如图 4-105 所示。

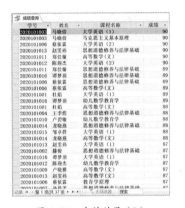

成绩查询

学号	姓名	课程名称	成绩
2020101003	马晓倩	大学英语（1）	90
2020101003	马晓倩	马克思主义基本原理	90
2020101006	蔡依霖	大学英语（2）	90
2020101013	赵雯祎	思想道德修养与法律基础	90
2020101011	郑佳璇	高等数学(文)	90
2020101012	陈迎杰	大学英语（2）	90
2020101011	郑佳璇	思想道德修养与法律基础	89
2020101016	谭梦羽	思想道德修养与法律基础	89
2020101006	蔡依霖	思想道德修养与法律基础	89
2020101006	蔡依霖	高等数学(文)	89
2020101001	杜娟	大学英语（1）	89
2020101016	谭梦羽	幼儿数学教育学	89
2020101001	杜娟	高等数学(文)	88
2020101004	王季煜	思想道德修养与法律基础	88
2020101010	卢碧敏	幼儿数学教育学	88
2020101014	龙晓燕	思想道德修养与法律基础	88
2020101015	邹卓群	大学英语（1）	88
2020101014	龙晓燕	高等数学(文)	88
2020101013	赵雯祎	大学英语（1）	87
2020101002	滕俊	思想道德修养与法律基础	87
2020101016	谭梦羽	大学英语（1）	87
2020101012	陈迎杰	幼儿数学教育学	87
2020101009	卢晓雅	高等数学(文)	87
2020101013	赵雯祎	高等数学(文)	87
2020101006	蔡依霖	教育学原理	87

记录：第 1 项(共 37 项) 无筛选器 搜索

图 4-104 查询结果（2）

汉语言文学平均成绩查询

专业名称	课程名称	平均成绩
汉语言文学	大学英语（1）	87.36
汉语言文学	大学英语（2）	74.55
汉语言文学	高等数学(文)	82.55
汉语言文学	马克思主义基本原理	75.55
汉语言文学	思想道德修养与法律基础	78.18
汉语言文学	文学概论	78.45
汉语言文学	语言学概论	78.91
汉语言文学	中国现代文学史	79.64

记录：第 1 项(共 8 项) 无筛选器 搜索

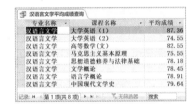

图 4-105 查询结果（3）

4. 创建一个名为“各专业各课程平均成绩”的交叉表查询，查询结果如图 4-106 所示（平均成绩显示 1 位小数）。

各专业各课程平均成绩

课程名称	汉语言文学	计算机科学	建筑学	历史学	数学与应用	学前教育
Python程序设计		78.0				
大学英语（1）	87.4	81.1	78.1	85.9	81.2	77.8
大学英语（2）	74.5	79.5	77.2	80.6	74.0	77.6
导游语言概论				78.2		
概率统计					82.6	
高等数学(理)		77.1	76.1		85.0	
高等数学(文)	82.5			79.0		86.9
计算机视觉		86.5				
建造师业务			86.6			
建筑设计原理			85.5			
教育学原理						74.9
课程与教学论						80.3
离散数学					80.4	
旅游文化学				84.8		
马克思主义基本原理	75.5	84.1	88.3	84.2	80.8	79.1
人工智能基础		80.9				
思想道德修养与法律基础	78.2	75.4	76.0	75.2	70.3	87.0
文学概论	78.5					
虚拟现实交互设计		87.4				
幼儿数学教育学						80.4
语言学概论	78.9					
中国现代文学史	79.6					
住宅设计			79.2			

记录：第 1 项(共 23 项) 无筛选器 搜索

图 4-106 查询结果（4）

5. 将“学生”表中的“计算机科学与技术”专业修改为“计算机软件”专业。

第 5 章

窗体

当一个数据库开发完成后，对数据库的所有操作都是在窗体界面中进行的。本章主要介绍设计和创建窗体的方法，重点介绍如何使用窗体中的控件和如何使用窗体操作数据。

本章重点：

◎ 掌握创建和设计窗体的方法
◎ 掌握常用控件的功能
◎ 掌握使用控件设计窗体的方法
◎ 掌握使用窗体操作数据的方法
◎ 掌握主–子窗体的设计方法

5.1 窗体概述

窗体是 Access 2016 中一个重要的数据库对象，是用户和数据库之间进行交流的平台。窗体为用户提供使用数据库的界面。既可以更加方便地输入、编辑和显示数据，还可以接收用户输入并根据输入执行操作和控制应用程序流程。同时，窗体可以把整个数据库对象组织起来，以便更好地管理和使用数据库。

窗体本身并不存储数据，但应用窗体可以使数据库中数据的输入、修改和查看变得十分直观、容易，数据的格式更加灵活、方便。窗体中可以包含各种控件，通过这些控件可以打开报表或其他窗体、执行宏或 VBA 编写的代码程序。在一个数据库应用系统开发完成后，对数据库的所有操作都可以通过窗体这个界面来实现。因此窗体也是一个系统的组织者。

5.1.1 窗体的概念和作用

窗体是应用程序和用户之间的接口，是创建数据库应用系统最基本的对象。用户通过窗体来实现数据维护、控制应用程序流程等人机交互的功能，具体包括以下几个方面。

（1）显示与编辑数据。窗体最基本的功能是显示与编辑数据，它可以同时显示来自多个数据表中的数据，还可以对数据表中的数据进行添加、删除和修改。但窗体中数据显示的格式相对于数据表来说更加自由、灵活。

（2）接收数据输入。用户可以为数据库中的每一个数据表都设计相应的窗体作为数据输入的界面，适当地运用控件来显示字段内容，可以加快数据输入的速度，提高数据输入的准确率。

（3）显示信息和打印数据。在窗体中可以显示一些警告或解释的信息。此外，窗体也可以用来执行打印数据库中的数据。

（4）控制应用程序流程。Access 的窗体与 Visual Basic 的窗体一样，可以与函数、过程相结合，编写宏或 VBA 代码，完成各种复杂的功能。

5.1.2　窗体的类型

一般来说，Access 提供了 5 种类型的窗体，分别是纵栏表窗体、表格式窗体、数据表窗体、分割窗体和主/子窗体，各种窗体呈现数据的方式不同。

1．纵栏表窗体

在纵栏表窗体中，一次只显示一条记录，每个字段都显示在一个独立的行上，并且左侧带有一个该字段名标签。纵栏表窗体如图 5-1 所示。

2．表格式窗体

在表格式窗体中，每条记录的所有字段显示在一行上，每个窗体只有一个标签，显示在窗体的顶端。表格式窗体如图 5-2 所示。

图 5-1　纵栏表窗体

图 5-2　表格式窗体

3．数据表窗体

在数据表窗体中，每条记录的字段以行与列的格式显示，即每条记录显示为一行，每个字段显示为一列，字段的名称显示在每一列的顶端。数据表窗体如图 5-3 所示。

图 5-3　数据表窗体

4．分割窗体

分割窗体由上下两部分组成，上面是纵栏表窗体，下面是数据表窗体，这两部分来自同一个数据源，并且数据更新保持同步。分割窗体同时拥有两种窗体的优势，可以在数据表部分快速定位，然后在纵栏表部分充分展示记录和编辑数据。分割窗体如图 5-4 所示。

图 5-4　分割窗体

5．主/子窗体

子窗体是插入另一窗体中的窗体。原始窗体称为主窗体，窗体中的窗体称为子窗体。当显示具有一对多关系的表或查询中的数据时，子窗体特别有效。

如果将每个子窗体都放在主窗体上，则主窗体可以包含任意数量的子窗体，还可以嵌套多层的子窗体。也就是说，主窗体内可以包含子窗体，而子窗体内可以再有子窗体。例如，可以使用一个主窗体来显示教师数据，使用一个子窗体来显示课程数据。主/子窗体如图 5-5 所示。

图 5-5　主/子窗体

5.2　快速创建窗体

Access 2016 提供了各种创建窗体的方法，用户可以根据自己的习惯或需求，快速创建窗体或者自行精心规划窗体版面的设计。打开某个 Access 数据库，在"创建"选项卡的"窗体"组中提供了多种创建窗体的按钮，如图 5-6 所示。单击"窗体"组中的"导航"下拉按钮或"其他窗体"下拉按钮，弹出下拉列表，显示更多创建特定窗体的选项，如图 5-7 所示。

图 5-6　"创建"选项卡上的"窗体"组　　　图 5-7　"导航"和"其他窗体"的下拉列表

本节介绍几种非常便捷的一键式生成或者使用向导创建窗体的方法。

5.2.1 使用"窗体"按钮创建窗体

使用"窗体"按钮创建窗体是基于单个表或查询，创建出纵栏表窗体。在纵栏表窗体中，数据源的所有字段都会显示在窗体上，每个字段占一行，一次只显示一条记录。

例 5.1 在"教务管理系统"数据库中，使用"窗体"按钮创建一个名为"教师（窗体）"的纵栏表窗体，如图 5-8 所示。该窗体的记录源是"教师"表。

图 5-8　教师（窗体）

操作步骤如下。

（1）打开"教务管理系统"数据库，单击"导航窗格"中的"表"对象。

（2）在展开的"表"对象列表中单击"教师"表，即选定"教师"表为窗体的数据源，再单击"创建"选项卡中"窗体"组的"窗体"按钮，Access 自动创建窗体，显示该窗体的"布局视图"，如图 5-8 所示。

（3）保存该窗体，窗体名为"教师（窗体）"。

（4）关闭该窗体的"布局视图"。

注意：布局视图下方自动添加了记录导航条，用于前后移动记录和添加记录。

5.2.2 使用"空白窗体"按钮创建窗体

使用"空白窗体"按钮创建窗体，先打开一个不带任何控件的窗体"布局视图"，通过拖曳数据源表中的字段或双击字段在"布局视图"上添加需要显示字段的对应控件。

例 5.2 在"教务管理系统"数据库中，使用"空白窗体"按钮创建一个名为"课程（空白窗体）"的窗体。该窗体的记录源是"课程"表，该窗体的"布局视图"如图 5-9 所示。

图 5-9　"课程（空白窗体）"的"布局视图"

操作步骤如下。

（1）打开"教务管理系统"数据库，单击"创建" 选项卡中"窗体"组的"空白窗体"按钮，打开新建窗体的布局视图，并显示"字段列表"窗格，如图 5-10 所示。

图 5-10　使用"空白窗体"按钮创建窗体的"布局视图"

（2）在"字段列表"窗格中，单击"课程"表前面的⊞按钮，展开"课程"表的所有字段。如果没有打开字段列表，则单击"窗体设计工具—设计"选项卡中"工具"组的"添加现有字段"按钮。

（3）将光标移动到"课程编号"字段，按住鼠标左键拖曳到布局视图的适当位置上再释放鼠标左键。此时，添加"课程编号"字段后窗体的"布局视图"如图 5-11 所示。"可用于此视图的字段"窗格中列出已添加在窗体上的字段所在表的所有字段，"相关表中的可用字段"窗格中列出与已添加字段所在表相关联的表的所有字段。

图 5-11　添加"课程编号"字段后的窗体"布局视图"

（4）重复步骤（3）的操作，添加"课程名称"字段、"学分"字段及"总课时"字段。

（5）单击"保存"按钮，保存该窗体，窗体名为"课程（空白窗体）"。

使用"空白窗体"按钮可以方便快捷地创建显示若干个字段的窗体，并且在创建过程中用户可以直接看到数据，还可以即时调整窗体的布局。

5.2.3 使用"多个项目"选项创建窗体

使用"多个项目"选项创建表格式窗体，在一个窗体上显示多条记录，每一行为一条记录，数据源可以是表或查询。

例 5.3 在"教务管理系统"数据库中，使用"多个项目"选项创建一个名为"课程（多个项目）"的表格式窗体，如图 5-12 所示。该窗体的记录源是"课程"表。

图 5-12 "课程（多个项目）"的表格式窗体

操作步骤如下。

（1）打开"教务管理系统"数据库，单击"导航窗格"中的"表"对象。

（2）在展开的"表"对象列表中单击"课程"表，即选定"课程"表作为窗体的数据源，再单击"创建"选项卡中"窗体"组的"其他窗体"下拉按钮，在弹出的下拉列表中选择"多个项目"选项，Access 自动创建窗体，显示该窗体的"布局视图"，如图 5-12 所示。

（3）保存该窗体，窗体名为"课程（多个项目）"。关闭该窗体的"布局视图"。

5.2.4 使用"数据表"选项创建数据表窗体

例 5.4 在"教务管理系统"数据库中，使用"数据表"选项创建一个名为"修课成绩（数据表窗体）"的数据表窗体，如图 5-13 所示。该窗体记录源是"修课成绩"表。

图 5-13 修课成绩（数据表窗体）

操作步骤如下。

（1）打开"教务管理系统"数据库，单击"导航窗格"中的"表"对象。

（2）在展开的"表"对象列表中单击"修课成绩"表，即选定"修课成绩"表作为窗体的数据源，再单击"创建"选项卡中"窗体"组的"其他窗体"下拉按钮，在弹出的下拉列表中选择"数据表"选项，Access 自动创建窗体，显示该窗体的"数据表视图"，如图 5-13 所示。

（3）保存该窗体，窗体名为"修课成绩（数据表窗体）"。

（4）关闭该窗体的"数据表视图"。

注意：数据表视图下方自动添加了记录导航条，用于前后移动记录和添加记录。

5.2.5　使用"窗体向导"按钮创建基于一个表（或查询）的窗体

使用 Access 提供的"窗体向导"按钮，用户既可以方便、快捷地创建基于一个表（或查询）的窗体，也可以快速地创建基于多个表（或查询）的窗体。

例 5.5　在"教务管理系统"数据库中，使用"窗体向导"按钮创建一个名为"教师（向导）"的窗体，如图 5-14 所示。该窗体的记录源是"教师"表。

图 5-14　"教师（向导）"窗体

操作步骤如下。

（1）打开"教务管理系统"数据库，单击"创建"选项卡中"窗体"组的"窗体向导"按钮，打开"窗体向导"对话框。

（2）在该对话框的"表/查询"下拉列表框中选择"表:教师"选项，如图 5-15 所示。

（3）选定"工号"字段，单击 > 按钮，把"可用字段"列表框中的"工号"字段移动到"选定字段"列表框中，如图 5-16 所示。

图 5-15　选择"表:教师"选项

图 5-16　移动字段

（4）重复步骤（3）的操作，把"可用字段"列表框中的"姓名"字段、"性别"字段、"职称"字段、"学院名称"字段、"照片"字段移动到"选定字段"列表框中。

（5）单击"下一步"按钮，在"窗体向导"对话框中提示"请确定窗体使用的布局"，选中"纵栏表"单选按钮，如图 5-17 所示。

（6）单击"下一步"按钮，在"请为窗体指定标题"文本框中输入窗体标题"教师（向导）"，选中"打开窗体查看或输入信息"单选按钮，如图 5-18 所示。

（7）单击该"窗体向导"对话框的"完成"按钮，结果如图 5-14 所示。

图 5-17　选中"纵横表"单选按钮　　　　图 5-18　选中"打开窗体查看或输入信息"单选按钮

（8）单击"教师（向导）"窗体的"窗体视图"右上角的"关闭"按钮。

注意：打开例 5.5"教师（向导）"窗体的"窗体视图"，如图 5-14 所示，可以看到窗体的下方自动添加了导航条用于前后移动记录、移动到最前或最后记录。利用窗体还可以添加新记录，只要单击导航条中的"添加新记录"按钮▶，便可在窗体中输入新记录的内容，当记录内容输入完毕，可以单击 Access 工作界面快速访问工具栏中的"保存"按钮保存输入的记录，也可以单击导航栏中的任意一个移动记录按钮保存输入的记录。如果需要连续输入新的记录，则在输入一条记录完毕单击"添加新记录"按钮▶，这样可以保存刚才输入的记录，同时准备输入新记录。

5.2.6　使用"窗体向导"按钮创建基于两个表的主/子窗体

使用 Access 提供的"窗体向导"按钮，用户可以方便、快捷地创建基于多个表（或查询）的窗体。本节通过实例介绍使用"窗体向导"按钮创建基于两个表的主/子窗体的步骤。

例 5.6　在"教务管理系统"数据库中，使用"窗体向导"按钮创建"教师主窗体"，在该主窗体中包含一个"课程子窗体"，如图 5-19 所示。该主/子窗体的记录源分别是"教师"表和"课程"表。

图 5-19　教师主窗体（包含课程子窗体）

操作步骤如下。

（1）打开"教务管理系统"数据库，单击"创建"选项卡中"窗体"组的"窗体向导"按钮，打开"窗体向导"对话框。

（2）在该对话框的"表/查询"下拉列表框中选择"表:教师"选项，如图 5-20 所示。

（3）选定"工号"字段，单击 按钮，把"可用字段"列表框中的"工号"字段移动到"选定字段"列表框中，如图 5-21 所示。

图 5-20　选择"表:教师"选项

图 5-21　移动字段（1）

（4）重复步骤（3）的操作，把"可用字段"列表框中的"姓名"字段、"性别"字段、"职称"字段、"学院名称"字段移动到"选定字段"列表框中。

（5）在"窗体向导"对话框的"表/查询"下拉列表框中选择"表:课程"选项，如图 5-22 所示。

（6）选定"课程编号"字段，单击 按钮，把"可用字段"列表框中的"课程编号"字段移动到"选定字段"列表框中。

（7）重复步骤（6）的操作，把"可用字段"列表框中的"课程名称"字段、"学分"字段、"多媒体教学"字段移动到"选定字段"列表框中，如图 5-23 所示。

图 5-22　选择"表:课程"选项

图 5-23　移动字段（2）

（8）单击"下一步"按钮，提示"请确定查看数据的方式"，选中"带有子窗体的窗体"单选按钮，如图 5-24 所示。

（9）单击"下一步"按钮，提示"请确定子窗体使用的布局"，选中"数据表"单选钮，如图 5-25 所示。

图 5-24 选中"带有子窗的窗体"单选按钮

图 5-25 选中"数据表"单选按钮

（10）单击"下一步"按钮，提示"请为窗体指定标题"。

（11）在"窗体"文本框中输入窗体标题"教师主窗体"，在"子窗体"文本框中输入子窗体标题"课程子窗体"，选中"打开窗体查看或输入信息"单选按钮，如图 5-26 所示。

图 5-26 选中"打开窗体查看或输入信息"单选按钮

（12）单击"窗体向导"对话框中的"完成"按钮。

（13）单击"窗体视图"右上角的"关闭"按钮。

5.3 窗体的"设计视图"

在创建窗体的各种方法中，更多的时候是使用窗体设计视图来创建窗体，这种方法更直观、更灵活。创建何种窗体依赖用户的实际需求。在设计视图下创建窗体时，用户可以完全控制窗体的布局和外观，准确地把控件放在合适的位置，设置它们的格式直至达到满意的效果。

5.3.1 窗体的视图

Access 的窗体主要有 3 种视图，分别是设计视图、窗体视图、布局视图。

1. 设计视图

如果要创建或修改一个窗体的布局设计，则可以在窗体"设计视图"中进行。

在"设计视图"中，可以使用"窗体设计工具—设计"选项卡上的按钮添加控件，如标签、文本框、按钮等，可以设置窗体或各个控件的属性。可以使用"窗体设计工具—格式"选项卡上的按钮更改字体或字号、对齐文本、边框或线条宽度、应用颜色或特殊效果。可以使用"窗体设计工具—排列"选项卡上的相应按钮对齐控件等。

在"设计视图"中，单击"窗体设计工具—设计"选项卡上"视图"组中的"视图"按钮，可以切换到另一个视图。

2. 窗体视图

在"设计视图"中创建窗体后，即可在"窗体视图"中进行查看。在"窗体视图"中，显示来自记录源的记录数据，并且可以使用记录导航按钮在记录之间进行快速切换。

3. 布局视图

从 Access 2010 开始新增了布局视图，它比设计视图更加直观，在设计的同时可以查看数据。在布局视图中，窗体中的每个控件都显示了记录源中的数据，因此用户可以更加方便地根据实际数据调整控件的大小、位置等。

5.3.2　窗体的组成

窗体由窗体页眉、页面页眉、主体、页面页脚和窗体页脚 5 部分组成，每部分称为一个"节"。窗体中的信息可以分布在多个节中。每个节都有特定的用途，并且按窗体中预置的顺序打印。

在窗体的"设计视图"中，节表现为区段形式，如图 5-27 所示，并且窗体包含的每个节最多出现一次。在打印窗体中，页面页眉和页面页脚可以每页重复一次。通过在某个节中放置控件（如标签和文本框等），可以确定该节中信息的显示位置。

图 5-27　窗体的"设计视图"

在默认情况下，窗体"设计视图"只显示主体节，如果要添加其他节，则可以右击节中空白的地方，在弹出的快捷菜单中选择"页面页眉/页脚"命令，可以显示或隐藏页面页眉节和页面页脚节；选择"窗体页眉/页脚"命令，可以显示或隐藏窗体页眉节和窗体页脚节。

1. 窗体页眉节

窗体页眉节显示对每条记录都一样的信息，如窗体的标题。窗体页眉出现在"窗体视图"中屏幕的顶部，以及打印时首页的顶部。

2. 页面页眉节

页面页眉节在每个打印页的顶部显示标题或列标题等信息。页面页眉只出现在打印预览中或打印页纸上。

3. 主体节

主体节显示明细记录。可以在屏幕或页上显示一条记录，也可以显示尽可能多的记录。

4. 页面页脚节

页面页脚节在每个打印页的底部显示日期或页码等信息。页面页脚只出现在打印预览中或打印页纸上。

5. 窗体页脚节

窗体页脚节显示对每条记录都一样的信息，如命令按钮或有关使用窗体的指导。打印时，窗体页脚出现在最后一个打印页的最后一个主体节之后，最后一个打印页的页面页脚之前。

5.3.3 控件

控件是允许用户控制程序的图形工作界面对象，如文本框、复选框、滚动条或按钮等。使用控件可显示数据或选项、执行操作或使工作界面更易阅读，窗体中的所有信息都包含在控件中。例如，可以在窗体上使用文本框显示数据，使用按钮打开另一个窗体、查询或报表等；或者使用直线或矩形来隔离和分组控件，以增强它们的可读性等。

窗体的控件包括标签、文本框、命令按钮、选项卡控件、超链接、Web 浏览器控件、导航控件、选项组、插入分页符、组合框、图表、直线、切换按钮、列表框、矩形、复选框、未绑定对象、附件、选项按钮、子窗体/子报表、绑定对象框、图像及 ActiveX 控件等。

1. 控件的类型

在窗体中，控件可以分为 3 种类型，即绑定控件、未绑定控件及计算控件。

（1）绑定控件。

绑定控件与记录源基础表或查询中的字段捆缚在一起。使用绑定控件可以显示、输入或更新数据库中的字段值。

（2）未绑定控件。

未绑定控件没有数据源。使用未绑定控件可以显示信息、线条、矩形和图片等。

（3）计算控件。

计算控件使用表达式作为其控件来源。表达式是运算符、常数、函数和字段名称、控件和属性的任意组合。表达式的计算结果为单个值，必须在表达式前面输入一个"="。表达式可以使用窗体记录源基础表或查询中的字段数据，也可以使用窗体上其他控件的数据。例如，想要在文本框中显示当前日期，需要将该文本框的"控件来源"属性指定为"=Date()"。

2．创建控件的方法

（1）在基于记录源的窗体中，可以通过从字段列表中拖曳字段来创建控件，其中的字段列表是列出了基础记录源或数据库对象中的全部字段的窗口。

（2）单击"窗体设计工具—设计"选项卡中"控件"组的某一个控件，然后在窗体的适当位置单击，即可直接创建控件。

（3）单击"窗体设计工具—设计"选项卡中"控件"组的下拉按钮，在弹出的下拉列表中选择"使用控件向导"选项，再单击"控件"组的某一个控件，然后单击窗体中的适当位置，当 Access 对该控件有提供控件向导时，系统将打开相应的向导对话框，用户可以按照该向导对话框的提示创建控件。

5.3.4　控件组

在窗体设计时可用的控件被放置在"窗体设计工具—设计"选项卡的"控件"组中，如图 5-28 所示。单击"控件"组右侧的下拉按钮，可以显示"控件"组中的全部控件，如图 5-29 所示。

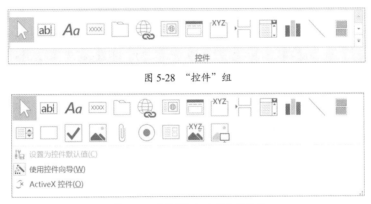

图 5-28　"控件"组

图 5-29　"控件"组中的全部控件

控件组中的部分控件名称及其功能如表 5-1 所示。

表 5-1　控件组中的部分控件名称及其功能

控　件	名　称	功　能
	选择对象	将鼠标指针改变为对象选择工具。取消对以前所选工具的选定，将鼠标指针返回到正常的选择功能。选择对象是打开工具箱时的默认工具控件
	使用控件向导	关闭或打开控件向导。使用控件向导可以帮助设计复杂的控件
Aa	标签	创建一个包含固定的描述性或指导性文本框
abl	文本框	创建一个可以显示和编辑文本数据的文本框
XYZ	选项组	创建一个大小可调的框，在这个框中可以放入切换按钮、选项按钮或复选框。在选项组框中只能选一个对象，当选中选项组中的某个对象之后，前面所选定的对象将被取消

控　件	名　　称	功　　能
	切换按钮	创建一个在单击时可以在开和关两种状态之间切换的按钮。开的状态对应 Yes（1），而关的状态对应 No（0）
	选项按钮	创建一个圆形的按钮。选项按钮是选项组中最常用的一种按钮，可以在一组相互排斥的值中进行选择
	复选框	复选框在 On 和 Off 之间切换。在选项组之外可以使用多个复选框，以便每次可以做出多个选择
	组合框	创建一个带有可编辑文本框的组合框，可以在文本框中输入一个值，或者从一组选择中选择一个值
	列表框	创建一个下拉列表，可以从下拉列表中选择一个值。列表框与组合框的列表部分极为相似
	命令按钮	创建一个命令按钮，当单击这个命令按钮时，将触发一个事件，执行一个 Access VBA 事件处理过程
	图像	在窗体或者报表上显示一幅静态的图形。这不是一幅 OLE 图像，将它放置到窗体上后，便无法对它进行编辑
	未绑定对象	向窗体或报表添加一个由 OLE 服务器应用程序（例如，Microsoft chart 或 Paint）创建的 OLE 对象
	绑定对象	如果在字段中包含有一个图形对象，则显示记录中 OLE 字段的内容；如果在字段中没有包含图形对象，则表示该对象的图标将被显示
	插入分页符	使打印机在窗体或报表上分页符所在的位置开始新页。在窗体或报表的运行模式下，分页符是不显示的
	选项卡控件	插入一个选项卡控件，创建带选项卡的窗体。（选项卡控件看上去就像在属性窗口或对话框中看到的标签页）。在一个选项卡控件的页上还可以包含其他绑定或未绑定控件，包括窗体/子窗体控件
	子窗体/子报表	分别用于向主窗体或报表添加子窗体或子报表。在使用该控件之前，要添加的子窗体或子报表必须已经存在
	直线	创建一条直线，可以重新定位和改变直线的长短。使用格式工具栏按钮或属性对话框还可以改变直线的颜色和粗细
	矩形	创建一个矩形，可以改变其大小和位置。其边框颜色、宽度和矩形的填充色都可以使用调色板来改变
	Activex 控件	打开一个可以在窗体或报表中使用的 ActiveX 控件的列表。在其他控件列表中的 ActiveX 控件不是 Access 的组成部分。在 Office、Visual Basic 和各种第三方工具库中提供的 ActiveX 控件都采用的是 OCX 的形式

5.3.5　窗体和控件的属性

在 Access 中，属性用于决定对象（如表、查询、窗体、报表等）的特性。窗体或报表中的每一个控件和节也具有各自的属性，窗体属性用于设置窗体的结构、外观和行为，控件属性用于设置控件的结构、外观、行为及其中所含文本或数据的特性。

使用某一个对象的"属性表"窗格可以设置其属性。在选定了窗体、节或控件后，单击"窗格设计工具—设计"选项卡中"工具"组的"属性表"按钮，可以打开"属性表"窗格。"属性表"窗格中包含"格式""数据""事件""其他""全部"5 个选项卡。其中,"格式""数据""事件""其他"4 个选项卡用于将属性分类显示出来,以方便查看和设置;而"全部"选项卡则包含前面 4 个选项卡的所有属性。

一般来说,Access 对各个属性都提供了相应的默认值或空字符串,用户在打开某个对象的"属性表"窗格后,可以重新设置该对象的任意一个属性值。

此外,在运行窗体时,也可以重新设置对象的属性值。例如,在运行某个窗体时,在"工号"文本框中输入某一个工号后,实际上是重新设置该"工号"文本框的属性值。

1．窗体的基本属性

窗体的"属性表"窗格如图 5-30 所示。

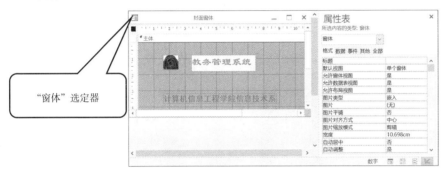

图 5-30　窗体的"属性表"窗格

窗体的基本属性名称及其说明如表 5-2 所示。

表 5-2　窗体的基本属性名称及其说明

属性名称	说　明
记录源	指定窗体的数据来源,可以是表或查询的名称。如果指定了记录源,则字段列表可用,根据系统定义的字段映射规则,可以使用鼠标把字段列表上的字段拖放到窗体上,创建相应的控件
标题	整个窗体的标题,显示在窗体的标题栏上
默认视图	指定窗体打开后的视图方式,有"单个窗体""连续窗体""数据表""分割窗体"。其中,"单个窗体"一次只显示一条记录,而"连续窗体"一次可以显示多条记录
记录选择器	显示/隐藏记录选择器
导航按钮	显示/隐藏导航按钮
分隔线	窗体各节之间的分隔线条,可以设置是否显示分隔线
弹出方式	弹出方式为"是",该窗体不管是否为当前窗体,都会置于其他窗体之上
自动居中	决定窗体显示时是否自动居于桌面中间
最大最小化按钮	决定是否使用 Windows 标准的最大化按钮和最小化按钮

如果将窗体的"记录选择器""导航按钮""分隔线"的属性值都设置为"是",则窗体视图下的显示效果如图 5-31 所示。

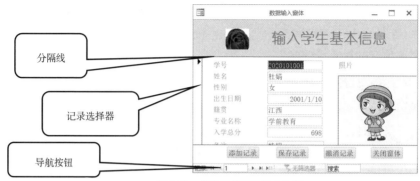

图 5-31　窗体视图下的显示效果

2. 常用控件的基本属性

控件（以标签控件为例）的"属性表"窗格如图 5-32 所示。

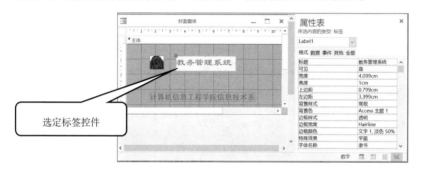

图 5-32　控件（以标签控件为例）的"属性表"窗格

常用控件的基本属性及其说明如表 5-3 所示。

表 5-3　常用控件的基本属性及其说明

属性类型	属性名称	说　　明
格 式 属 性	标题	属性值将成为控件中显示的文字信息
	特殊效果	用于设置控件的显示效果，如"平面""凸起""凹陷""蚀刻""阴影""凿痕"等，用户可以从提供的特殊效果值中选取其中一种
	字体名称	用于设置字段的字体名称
	字号	用于设置字号
	字体粗细	用于设置字体的粗细
	倾斜字体	用于设置字体是否倾斜，选择"是"表示字体倾斜，选择"否"表示字体不倾斜
	背景色	用于设置标签显示时的底色
	前景色	用于设置显示内容的颜色

属性类型	属性名称	说　　明
数据属性	控件来源	告诉系统如何检索或保存在窗体中要显示的数据，如果控件来源中包含一个字段名，那么在控件中显示的是数据表中该字段值，对窗体中的数据所进行的任何修改都将被写入字段中；如果将该属性值设置为空，除非编写一个程序，否则在窗体控件中显示的数据不会被写入数据表的字段中。如果该属性含有一个计算表达式，那么这个控件将会显示计算的结果
	输入掩码	用于设置控件的输入格式，仅对文本型或日期型数据有效
	默认值	用于设置一个计算型控件或非结合型控件的初始值，可以使用表达式生成器向导来确定默认值
	验证规则	用于设置在控件中输入数据的合法性检查表达式，可以使用表达式生成器向导来建立合法性检查表达式
	验证文本	用于指定违背了验证规则时，将显示给用户的提示信息
	是否锁定	用于指定该控件是否允许在"窗体"运行视图中接收编辑控件中显示数据的操作
	可用	用于决定鼠标是否能够单击该控件。如果将该属性设置为"否"，这个控件虽然一直在"窗体视图"中显示，但不能使用 Tab 键选中它或者使用鼠标左键单击它，同时在窗体中控件显示为灰色
其他属性	名称	用于标识控件名，控件名称必须唯一
	状态栏文字	用于设置状态栏上的显示文字
	允许自动更正	用于更正控件中的拼写错误，选择"是"表示允许自动更新，选择"否"表示不允许自动更正
	自动 Tab 键	用于设置该控件是否自动设置 Tab 键的顺序
	控件提示文本	用于设置当用户将鼠标指针放在一个对象上后是否显示提示文本，以及显示的提示文本信息内容

5.3.6　窗体和控件的事件与事件过程

事件是一种特定的操作在某个对象上发生或对某个对象发生。Access 可以响应多种类型的事件，如键盘事件、鼠标事件、对象事件、窗口事件及操作事件等。事件的发生通常是用户操作的结果。例如，打开某个窗体显示第一个记录之前发生的"打开"窗口事件，单击时发生"单击"鼠标事件，双击时发生"双击"鼠标事件等。

事件过程是为响应由用户或程序代码引发的事件或由系统触发的事件而运行的过程。过程是包含一系列的 Visual Basic 语句，用于执行操作或计算值。通过使用事件过程，可以为窗体或控件上发生的事件添加自定义的事件响应。

5.3.7　使用"设计视图"创建窗体的基本步骤

在"设计视图"中创建窗体可以方便用户按照自己的意愿对窗体的布局进行设计。在"设计视图"中创建窗体的基本步骤如下（以"教务管理系统"数据库为例）。

（1）打开"教务管理系统"数据库，单击"创建"选项卡中"窗体"组的"窗体设计"按钮，显示窗体的"设计视图"，默认只显示"主体"节，此时，在该"窗体"选定器方框中显示"黑色实心方块"，表示已默认选定了"窗体"选定器，双击"窗体"选定器，显示该窗体的"属性表"窗格，如图 5-33 所示。

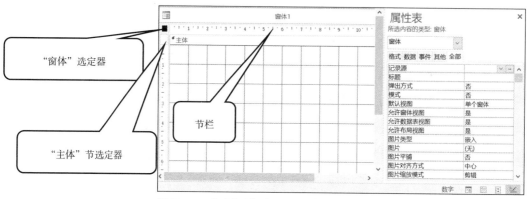

图 5-33　双击"窗体"选定器后的窗体"设计视图"

（2）在默认情况下，"设计视图"只显示"主体"节，右击"主体"节的空白处，在弹出的快捷菜单中分别选择"窗体页眉/页脚"命令和"页面页眉/页脚"命令，则在该窗体"设计视图"中显示"窗体页眉"节、"窗体页脚"节、"页面页眉"节和"页面页脚"节。单击"主体"节选定器，此时该窗体"设计视图"如图 5-34 所示。

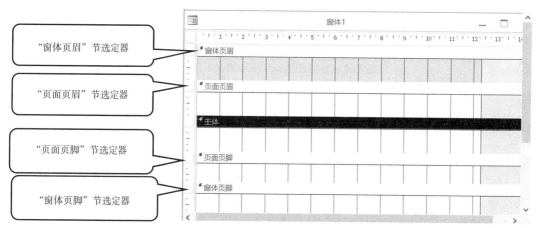

图 5-34　选定了"主体"节的窗体"设计视图"

（3）单击"窗体"选定器选定该窗体，在设计视图右侧的"属性表"窗格中切换显示"窗体"的"属性表"。在窗体"属性表"窗格的"数据"选项卡中的"记录源"右侧的下拉列表中指定某一个记录源。例如，指定"学生"表为记录源，如图 5-35 所示。单击"窗体设计工具—设计"选项卡中"工具"组的"添加现有字段"按钮，打开来自记录源的"字段列表"窗格，如图 5-36 所示，显示"学生"表的"字段列表"。此时，再次单击"窗体设计工具—设计"选项卡中"工具"组的"添加现有字段"按钮，可以隐藏"学生"表的"字段列表"窗格。

图 5-35　指定记录源

图 5-36　"学生"表的"字段列表"窗格

（4）在窗体中添加需要的控件。

在窗体中添加控件主要有以下两种方法。

① 直接从记录源的"字段列表"窗格中依次把窗体需要的有关字段拖放到窗体某节（如"主体"节）中的适当位置。

② 在"窗体设计工具—设计"选项卡的"控件"组（见图 5-37）中单击某个控件按钮，然后单击该窗体的某节中的适当位置。对于和字段内容相关的绑定控件，需要在该绑定控件的"属性表"窗格中设置其"控件来源"属性值为记录源中的相应字段。例如，将文本框"Text0"的"控件来源"属性值设置为"学号"字段，如图 5-38 所示。

图 5-38　控件的"属性表"窗格

图 5-37　"控件"组

（5）根据需要，可以调整控件的位置、大小等。先选定某个需要调整位置的控件，如选定"特长"文本框，显示出该控件的移动控点和尺寸控点，如图 5-39 所示。

当光标放在控件的四周时（除左上角之外的其他地方），鼠标指针呈一个十字四向箭头形状，这时按住鼠标左键并拖曳，可同时移动两个相关控件，如图 5-40 所示，可以同时移动"特长"文本框和"特长:"标签两个相关控件。

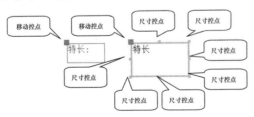

图 5-39　控件的移动控点和尺寸控点

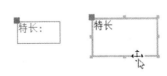

图 5-40　同时移动两个相关控件

当移动鼠标指针指向某个控件左上角的黑色方块，即移动控点时，鼠标指针呈一个十字四向箭头形状，这时按住鼠标左键并拖曳仅可移动指定的一个控件。

如图 5-41 所示，按住鼠标左键拖曳仅可移动"特长："标签控件位置。

如图 5-42 所示，按住鼠标左键拖曳仅可移动"特长"文本框控件位置。

图 5-41　移动"特长："标签控件位置　　图 5-42　移动"特长"文本框控件位置

（6）根据需要，对窗体的属性、节的属性或控件的属性进行设置。

（7）保存该窗体的设计并指定窗体的名称，关闭该窗体的"设计视图"。

5.4　实用窗体设计

本节介绍几种常见的实用窗体的设计方法。

5.4.1　设计系统封面窗体

系统封面窗体是一个用以显示"说明"信息的窗口，通常用于数据库应用系统的"首页""系统功能介绍""帮助系统说明"等窗体。

例 5.7　设计一个系统封面窗体，如图 5-43 所示。

图 5-43　系统封面窗体

操作步骤如下。

（1）打开"教务管理系统"数据库，单击"创建"选项卡中"窗体"组的"窗体设计"按钮，显示窗体的"设计视图"，默认只显示"主体"节。

（2）单击"窗体"选定器选定窗体，单击"窗体设计工具—设计"选项卡中"工具"组的"属性表"按钮，打开窗体的"属性表"窗格，选择"格式"选项卡。对于该主窗体，设置"记录选择器"属性值为"否"，设置"导航按钮"属性值为"否"，设置"分隔线"属性值为"否"，设置"滚动条"属性值为"两者均无"，如图 5-44 所示。

（3）单击"主体"节选定器选定主体节，单击"窗体设计工具—设计"选项卡中"工具"组的"属性表"按钮，打开主体节的"属性表"窗格，选择"全部"选项卡。对于该主体节，设置"高度"属性值为"5.501cm"，设置"背景色"属性值为"Access 主题 5"，如图 5-45 所示。

图 5-44　设置窗体的属性　　　　　　　　图 5-45　设置主体节的属性

（4）单击"窗格设计工具—设计"选项卡上"控件"组中的下拉按钮，在弹出的下拉列表中选择"使用控件向导"选项。单击"控件"组中的"图像"按钮，再单击窗体的"主体"节中适当的位置，显示"图像"控件框，同时打开"插入图片"对话框，如图 5-46 所示。

（5）在该对话框中选择要插入的图片"玫瑰花.jpg"，单击"确定"按钮，选定该"图像"控件框，单击"窗体设计工具—设计"选项卡中"工具"组的"属性表"按钮，打开该图像控件的"属性表"窗格，选择"全部"选项卡，设置"名称"属性值为"Image1"，设置"缩放模式"属性值为"拉伸"，设置"左边距"属性值为"0.998cm"；设置"上边距"属性值为"0.698cm"；设置"宽度"属性值为"1.093cm"，设置"高度"属性值为"0.899cm"，如图 5-47 所示。

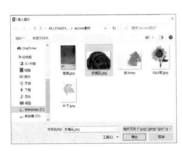

图 5-46　"插入图片"对话框　　　　　　图 5-47　设置图像控件的属性

（6）单击"窗体设计工具—设计"选项卡中"控件"组的"标签"按钮，将鼠标指针移动（此时鼠标指针为+A 形状）到"主体"节范围的适当位置上，单击鼠标左键显示一个标签控件的方框，在该标签控件的方框中直接输入"教务管理系统"。

（7）选定该标签控件，单击"窗体设计工具—设计"选项卡中"工具"组的"属性表"按钮，打开该标签控件的"属性表"窗格。选择"属性表"窗格的"全部"选项卡，显示"全部"属性。

（8）对于该标签控件，设置"名称"属性值为" Label1"；设置"左边距"属性值为"3.298cm"；设置"上边距"属性值为" 0.698cm"；设置"字体名称"属性值为"隶书"；设置"字号"属性值为"18"；设置"字体粗细"属性值为"正常"，如图 5-48 所示。

（9）重复步骤（6）～步骤（8）的操作，在主体节中，再添加一个"Label2"标签控件，其属性设置如图 5-49 所示。

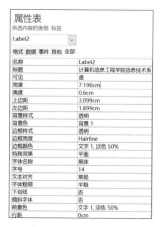

图 5-48 设置 Label1 的属性   图 5-49 设置 Label2 的属性

（10）设置完所有控件的"设计视图"窗口如图 5-50 所示。

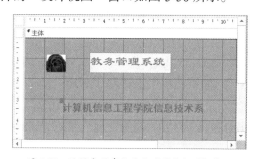

图 5-50 设置完所有控件的"设计视图"窗口

（11）保存窗体，窗体名为"系统封面窗体"。关闭该窗体的"设计视图"。

5.4.2 设计数据输入窗体

例 5.8 在"教务管理系统"数据库中，使用"设计视图"创建"数据输入窗体"，其"窗体视图"如图 5-51 所示。该窗体的记录源是"学生"表。当运行该窗体时，使用"添加记录"按钮可以添加学生的新记录，添加新记录的界面如图 5-52 所示；使用"保存记录"按钮可以保存新记录，使用"撤销记录"按钮可以删除当前记录。

图 5-51 "数据输入窗体"的窗体视图   图 5-52 添加新记录的界面

操作步骤如下。

（1）打开"教务管理系统"数据库，单击"创建"选项卡中"窗体"组的"窗体设计"按钮，打开窗体的"设计视图"，默认只显示"主体"节。

（2）右击"主体"节的空白处，在弹出的快捷菜单中选择"窗体页眉/页脚"命令，在窗体"设计视图"中显示"窗体页眉"节和"窗体页脚"节。

（3）单击"窗体"选定器选定窗体，单击"窗体设计工具—设计"选项卡中"工具"组的"属性表"按钮，打开窗体的"属性表"窗格。

（4）在窗体"属性表"窗格的"数据"选项卡中，单击"记录源"右侧的下拉按钮，弹出列有表名和查询名的下拉列表。选择该下拉列表中的"学生"选项，指定"学生"表为该窗体的记录源，如图 5-53 所示。

图 5-53　指定"学生"表为该窗体的记录源

（5）单击"窗体设计工具—设计"选项卡中"工具"组的"添加现有字段"按钮，打开"学生"表的"字段列表"窗格，选定"学生"表中"字段列表"窗格的全部字段，并将其拖放到"主体"节中的适当位置上，如图 5-54 所示。

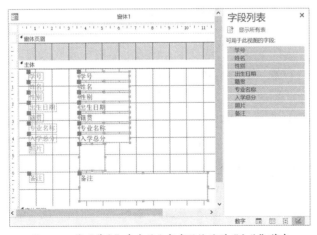

图 5-54　将"学生"表中的全部字段拖放到"主体"节中

（6）单击"备注"文本框，把鼠标指针移动到控件右下角的"尺寸控点"上，当鼠标指针变成斜上下箭头形状，按住鼠标左键并拖曳鼠标到适当位置，调整"备注"文本框的大小。

（7）单击"照片"标签控件右侧的"照片"控件，把鼠标指针移动到照片控件框边上时，鼠标指针变成一个十字四向箭头形状，此时按住鼠标左键并拖曳鼠标，把"照片"控件和"照片"标签控件一起拖到"主体"节区域右上角的适当位置。把鼠标指针移动到"照片"标签控件的"移动控点"（左上角的黑色方块）上时，鼠标指针的形状立即变成一个十字四向箭头形状，此时按住鼠标左键并拖曳鼠标，把"照片"标签控件拖到该"照片"控件框上方适当的位置。把鼠标指针移动到"照片"控件框右下角的"尺寸控点"上，按住鼠标左键并拖曳鼠标到适当位置，调整"照片"控件框的大小，如图 5-55 所示。设置"照片"控件的"缩放模式"属性值为"拉伸"。

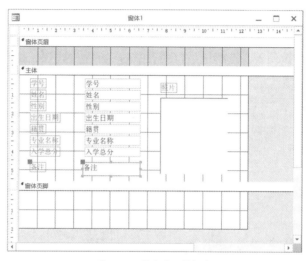

图 5-55　移动并调整控件

（8）单击"窗体设计工具—设计"选项卡上"控件"组中的下拉按钮，在弹出的下拉列表中选择"使用控件向导"选项，单击"控件"组中的"图像"按钮，再单击窗体的"窗体页眉"节中适当的位置，显示"图像"控件框，同时打开"插入图片"对话框。

（9）在该对话框中选择要插入的图片"玫瑰花.jpg"，单击"确定"按钮，选定该"图像"控件框，单击"窗体设计工具—设计"选项卡中"工具"组的"属性表"按钮，打开该图像控件的"属性表"窗格，选择"全部"选项卡，设置"名称"属性值为"Image1"，设置"缩放模式"属性值为"拉伸"，设置"左边距"属性值为"0.799cm"；设置"上边距"属性值为"0.399cm"；设置"宽度"属性值为"1.199cm"，设置"高度"属性值为"1cm"，如图 5-56 所示。

（10）单击"窗体设计工具—设计"选项卡中"控件"组的"标签"按钮，将鼠标指针（此时鼠标指针为⁺A 形状）移动到"窗体页眉"节范围的适当位置上并单击，显示一个标签控件的方框，在该标签控件的方框中直接输入"输入学生基本信息"。

（11）单击该标签控件，单击"窗体设计工具—设计"选项卡中"工具"组的"属性表"按钮，打开该标签控件的"属性表"窗格。选择"属性表"窗格中的"全部"选项卡，显示"全部"属性。

（12）对于该标签控件，设置"名称"属性值为"Label9"；设置"左边距"属性值为"3.799cm"；设置"上边距"属性值为"0.499cm"；设置"字体名称"属性值为"幼圆"；设置"字号"属性值为"22"；设置"字体粗细"属性值为"特粗"，如图 5-57 所示。

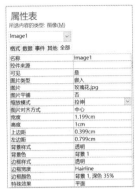

图 5-56 设置 Image1 的属性   图 5-57 设置 Label9 的属性

（13）单击"窗体设计工具—设计"选项卡上"控件"组中的下拉按钮，在弹出的下拉列表中选择"使用控件向导"选项，单击"控件"组中的"命令按钮"按钮，再单击主窗体的"窗体页脚"节中适当的位置，显示"命令按钮"控件框，打开"命令按钮向导"对话框，提示"请选择按下按钮时执行的操作"。

（14）在"命令按钮向导"对话框中的"类别"列表框中选择"记录操作"选项，此时在右侧"操作"列表框中立即显示出与"记录操作"对应的所有操作项。在"操作"列表框中选择"添加新记录"选项，如图 5 -58 所示。

（15）单击"下一步"按钮，提示"请确定在按钮上显示文本还是显示图片"。在本实例中，选择"文本"单选按钮，并在其右侧的文本框中输入"添加记录"，如图 5-59 所示。

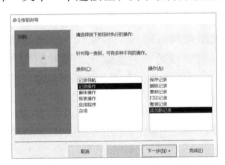

图 5-58 设置"类别"列表框和"操作"列表框   图 5-59 设置在按钮上显示文本

（16）单击"下一步"按钮，提示"请指定按钮的名称"，在按钮的名称文本框中输入"Command1"，如图 5-60 所示。

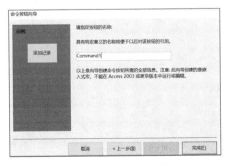

图 5-60 指定按钮的名称

（17）单击"命令按钮向导"对话框中的"完成"按钮，返回窗体的"设计视图"。

（18）参照本实例步骤（11）~步骤（15）的操作，再创建"保存记录"与"撤销记录"两个"记录操作"类别的操作按钮和一个"窗体操作"类别的"关闭窗体"按钮，这 3 个按钮的名称依次为 Command2、Command3 和 Command4。

（19）如图 5-61 所示，虽然这 4 个按钮大小一致，但没有上下对齐，很不美观，因此需要进行调整。先按住 Shift 键，分别单击"添加记录"按钮、"保存记录"按钮、"撤销记录"按钮和"关闭窗体"按钮，此时松开 Shift 键即可把这 4 个按钮全部选定。单击"窗体工具设计—排列"选项卡中"调整大小和排序"组的"对齐"下拉按钮，在弹出的下拉列表中选择"靠上"选项，如图 5-62 所示，此时这 4 个按钮自动靠上对齐，效果如图 5-63 所示。单击"调整大小和排序"组中的"大小/空格"下拉按钮，在弹出的下拉列表中选择"水平相等"选项，此时这 4 个按钮中的每两个相邻按钮之间的间距都相同，效果如图 5-64 所示。

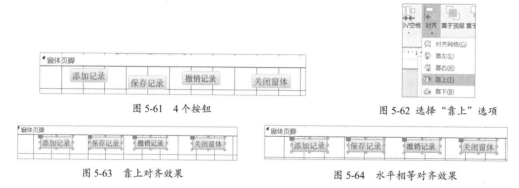

图 5-61　4 个按钮

图 5-62　选择"靠上"选项

图 5-63　靠上对齐效果

图 5-64　水平相等对齐效果

（20）单击窗体中的"窗体"选定器，则在设计视图窗口右侧的"属性表"窗格中切换窗体的"属性表"窗格，选择"全部"选项卡。对于该窗体，设置"数据输入"属性值为"是"，设置"记录选择器"属性值为"否"，设置"导航按钮"属性值为"否"，设置"分隔线"属性值为"否"，设置"滚动条"属性值为"两者均无"，如图 5-65 所示。

（21）保存窗体，窗体名为"数据输入窗体"，该窗体的"设计视图"如图 5-66 所示。关闭该窗体的"设计视图"。

图 5-65　设置窗体的"属性表"窗格

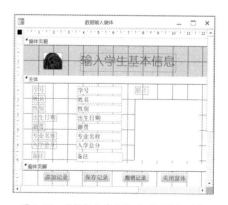

图 5-66　"数据输窗体"的"设计视图"

5.4.3　设计带子窗体的数据浏览窗体

例 5.9 在"教务管理系统"数据库中，使用"设计视图"创建"数据浏览窗体"，其窗体视图如图 5-67 所示。要求创建一个主/子窗体类型，主窗体的记录源是"学生"表，子窗体的数据来源是已经创建好的例 5.4"修课成绩（数据表窗体）"窗体。当运行该窗体时，用户只能浏览信息，不允许对"学生"表和"修课成绩"表进行任何"修改""删除""添加"记录的操作。对主窗体不设置导航条，但要创建 4 个"记录导航"操作按钮和一个"窗体操作"的"关闭窗体"按钮，还要在窗体页眉中显示装饰图片、"浏览学生基本信息"文字和当前日期。

图 5-67　"数据浏览窗体"的窗体视图

操作步骤如下。

（1）～（12）本实例的步骤（1）～步骤（12）的操作方法与例 5.8 的步骤（1）～步骤（12）的操作方法相同，只是在步骤（10）的标签控件上输入的文字改为"浏览学生基本信息"。

（13）单击"窗体设计工具—设计"选项卡上"控件"组中的下拉按钮，在弹出的下拉列表中选择"使用控件向导"选项。单击"控件" 组中的"子窗体/子报表"按钮，再单击"主体"节下半部分空白位置的左上角适当处，并按住鼠标左键往右下对角方向拖曳鼠标到适当位置，显示未绑定控件的矩形框，如图 5-68 所示。打开"子窗体向导"对话框，提示"请选择将用于子窗体或子报表的数据来源"。

（14）选中"使用现有的窗体"单选按钮，选择窗体列表框中的"修课成绩（数据表窗体）"选项，如图 5-69 所示。

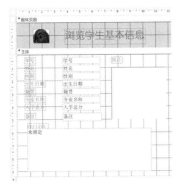

图 5-68　显示未绑定控件的矩形框

图 5-69　选择"修课成绩（数据表窗体）"选项

（15）单击"下一步"按钮，提示"请确定是自行定义将主窗体链接到该子窗体的字段，还是从下面的列表中进行选择"。选中"从列表中选择"单选按钮，从列表框中选择"对学生中的每个记录用学号显示修课成绩"选项，如图 5-70 所示。

（16）单击"下一步"按钮，提示"请指定子窗体或子报表的名称"，在文本框中输入"修课成绩"，即指定子窗体的名称，如图 5-71 所示。

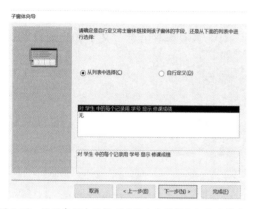

图 5-70　从列表框中选择"对学生中的每个记录用学号显示修课成绩"选项

图 5-71　指定子窗体的名称

（17）单击"子窗体向导"对话框中的"完成"按钮，此时子窗体的"设计视图"如图 5-72 所示。

（18）单击子窗体的"标签"控件，显示该"标签"控件的"移动控点"和"尺寸控点"（见图 5-73），按 Delete 键删除该子窗体的"标签"控件。

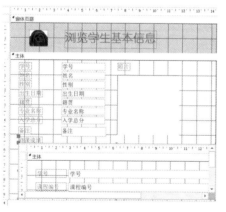

图 5-72　子窗体的"设计视图"

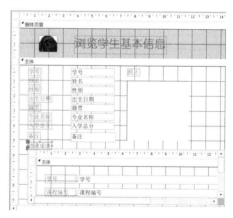

图 5-73　单击子窗体的"标签"控件

（19）单击"子窗体"控件，把鼠标指针移到动该子窗体右下角的"尺寸控点"上，当鼠标指针变成斜双箭头形状时，按住鼠标左键拖曳鼠标到适当位置，调整该子窗体的水平宽度和高度，如图 5-74 所示。

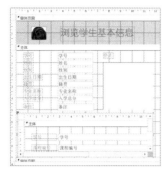

图 5-74　调整子窗体的水平宽度和高度

（20）单击"子窗体"控件中的"子窗体"选定器，单击"窗体设计工具—设计"选项卡中"工具"组的"属性表"按钮，打开该子窗体的"属性表"窗格，选择"全部"选项卡。对于该子窗体控件，设置"允许编辑"属性值为"否"，设置"允许删除"属性值为"否"，设置"允许添加"属性值为"否"，如图 5-75 所示。

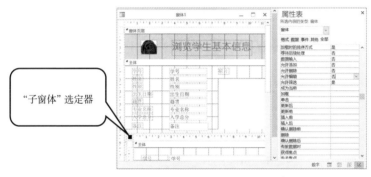

图 5-75　子窗体的"属性表"窗格

（21）单击主窗体中的"窗体"选定器，子窗体的"属性表"窗格立即切换成主窗体的"属性表"窗格，选择"全部"选项卡。对于该主窗体，设置"允许编辑"属性值为"否"，设置"允许删除"属性值为"否"，设置"允许添加"属性值为"否"，设置"记录选择器"属性值为"否"，设置"导航按钮"属性值为"否"，设置"分隔线"属性值为"否"，如图 5-76 所示。

（22）单击"窗体设计工具—设计"选项卡中"控件"组的"矩形"按钮，将鼠标指针（此时鼠标指针是"+口"形状）移动到主窗体的"窗体页脚"节范围的适当位置单击，按住鼠标左键并拖动鼠标（从左上往右下方向）到适当位置，释放鼠标左键，显示一个矩形，如图 5-77 所示。

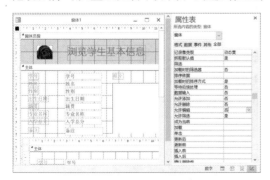

图 5-76　主窗体的"属性表"窗格

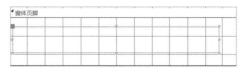

图 5-77　主窗体的"窗体页脚"节中的矩形控件

（23）单击"窗体设计工具—设计"选项卡上"控件"组中的下拉按钮，在弹出的下拉列表中选择"使用控件向导"选项。单击"控件"组中的"命令按钮"按钮，单击主窗体的"窗体页脚"节中的矩形（控件）框内的适当位置，显示"命令按钮"控件框，并同时打开"命令按钮向导"对话框，提示"请选择按下按钮时执行的操作"。

（24）在该"命令按钮向导"对话框中的"类别"列表框中选择"记录导航"选项，此时在右侧的"操作"列表框中立即显示出与"记录导航"对应的所有操作项。在"操作"列表框中选择"转至第一项记录"选项，如图 5-78 所示。

（25）单击"下一步"按钮，提示"请确定在按钮上显示文本还是显示图片"。在本实例中，选中"文本"单选按钮，并在其右侧的文本框中输入"第一条"，如图 5-79 所示。

图 5-78　选择"转至第一项记录"选项

图 5-79　设置在按钮上显示文本

（26）单击"下一步"按钮，提示"请指定按钮的名称"。在按钮的名称文本框中输入"Command1"，即指定按钮的名称，如图 5-80 所示。

图 5-80　指定按钮的名称

（27）单击"命令按钮向导"对话框中的"完成"按钮，返回窗体的"设计视图"。

（28）参照本实例步骤（23）～步骤（27）的操作方法，再创建"上一条""下一条""末一条"3 个"记录导航"类别的操作按钮和 1 个"窗体操作"类别的"退出"按钮，如图 5-81 所示。这 4 个按钮名称依次为 Command2、Command3、Command4 和 Command5。

图 5-81　创建五个按钮

（29）参照例 5.8 中对控件的对齐、大小及间距的调整方法，对这 5 个按钮进行"对齐"

"大小""水平间距"等方面的适当调整。先把这 5 个按钮全部选定,单击"窗体设计工具—排列"选项卡中"调整大小和排序"组的"对齐"下拉按钮,选择"靠上"选项。单击"调整大小和排序"组中的"大小/空格"下拉按钮,在弹出的下拉列表中选择"至最宽"选项。单击"调整大小和排序"组中的"大小/空格"下拉按钮,在弹出的下拉列表中选择"水平相等"选项,调整 5 个按钮后的效果如图 5-82 所示。

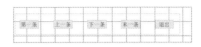

图 5-82 调整 5 个按钮后的效果

(30)确保"窗体设计工具—设计"选项卡上"控件"组中的"使用控件向导"选项是未选择的状态。单击"控件"组中的"文本框"按钮,将鼠标指针(此时鼠标指针为"+ab|"形状)移动到"窗体页眉"节范围的右下方向适当位置上,按住鼠标左键并拖曳鼠标(从左上往右下方向)到适当位置,释放鼠标左键,显示一个标签控件和文本框控件,设置该标签控件"标题"属性值为"制作日期:",设置该标签控件的"左边距"属性值为"6.799cm","上边距"属性值为"1.998cm"。在该文本框中直接输入"=Date()"。设置该文本框的"左边距"属性值为"8.797cm","上边距"属性值为"1.998cm",设置该文本框的"格式"属性值为"长日期"。该文本框是一个计算文本框,在运行该窗体时可以显示当前系统日期。此时,数据浏览窗体的"设计视图"如图 5-83 所示。

图 5-83 数据浏览窗体的"设计视图"

(31)保存窗体,窗体名称为"数据浏览窗体",关闭窗体的"设计视图"。

5.4.4 创建交互式数据查询窗体

例 5.10 在"教务管理系统"数据库中,设计交互式的数据查询窗体。打开"数据查询窗体",输入要查询的学号,如图 5-84 所示,单击"查询"按钮,打开"数据查询结果窗体",如图 5-85 所示,得到这个学生的信息查询结果。

图 5-84 数据查询窗体

图 5-85 数据查询结果窗体

操作步骤如下。

（1）打开"教务管理系统"数据库。

（2）在导航窗格中，选择"查询"作为操作对象，选择例 4.10 中的"学生学号查询"并右击。

（3）在弹出的快捷菜单中选择"设计视图"命令，打开"学生学号查询"的设计视图窗口。

（4）修改学生学号查询，将"学号"字段处的条件"=[请输入学生学号]"删除，如图 5-86 所示。

图 5-86　修改学生学号查询

（5）另存为该查询，取名为"学生学号查询 1"。

（6）单击"创建"选项卡中"窗体"组的"窗体设计"按钮，打开窗体的"设计视图"，默认只显示"主体"节。

（7）单击"窗体"选定器选定窗体，单击"窗体设计工具—设计"选项卡中"工具"组的"属性表"按钮，打开窗体的"属性表"窗格。选择"学生学号查询 1"作为数据源，打开"窗体 1"窗口。

（8）在窗体"属性表"窗格的"数据"选项卡中，单击"记录源"右侧的下拉按钮，弹出列有表名和查询名的下拉列表框。选择该下拉列表框中的"学生学号查询 1"选项，指定"学生学号查询 1"作为该窗体的记录源，如图 5-87 所示。

图 5-87　指定"学生学号查询 1"作为该窗体的记录源

（9）在"主体"节中，设置窗体的属性及各控件的属性，保存窗体，并结束"数据查询结果窗体"的创建，如图 5-88 所示。

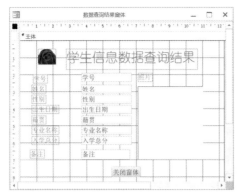

图 5-88　创建"数据查询结果窗体"

（10）单击"创建"选项卡中"窗体"组的"窗体设计"按钮，打开窗体的"设计视图"，默认只显示"主体"节，设置该窗体的相关属性。

（11）在"主体"节中，添加"标签"控件，并设置该控件的属性。

（12）在"主体"节中，添加"直线"控件，并设置该控件的属性，如图 5-89 所示。

（13）在"主体"节中，添加"文本框"控件，设置该控件标签的"标题"属性值为"请输入学号:"，并设置文本框控件的"名称"属性值为"Text1"，如图 5-90 所示。

图 5-89　设置"直线"控件的属性

图 5-90　设置"文本框"的属性

（14）在这个文本框下方，按照如图 5-91～图 5-95 所示的操作，添加一个"查询"按钮。

图 5-91　"命令按钮向导"对话框

图 5-92　选择打开的窗体

图 5-93　选中"打开窗体并显示所有记录"单选按钮　　　图 5-94　选中"文本"单选按钮

图 5-95　指定按钮的名称

（15）保存窗体，并结束"数据查询窗体"的创建，该窗体的设计视图如图 5-96 所示。

（16）在导航窗格中，选择"查询"作为操作对象，打开"学生学号查询 1"设计视图，重新定义"学号"字段的查询"条件"为"[forms]![数据查询窗体]![Text1]=[学生]![学号]"，如图 5-97 所示。

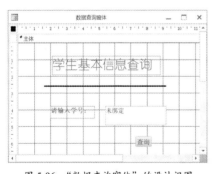

图 5-96　"数据查询窗体"的设计视图　　　图 5-97　重新定义"学号"字段的查询条件

（17）保存查询，并结束对"学生学号查询 1"的修改。

（18）打开"数据查询窗体"，输入要查询的学号，得到查询结果。

5.4.5　设计多页窗体

创建主/子窗体可以将多个存在关系的表（或查询）中的数据放在一个窗体上显示出来。如果想要在一个窗体中查询并显示多个没有关系的表或查询，则可以使用多页窗体。一般使用"选项卡"控件来创建多页窗体。

"选项卡"控件用来把多个不同格式的数据操作窗体封装在一个选项卡中。或者说，它能够使一个"选项卡"中包含多页数据操作窗体的窗体，而且在每页窗体中可以包含若干个控件。

例 5.11 在"教务管理系统"数据库中，"教师"表和 "学生"表是没有直接关系的两个表，要求创建一个多页窗体，显示"教师"表和"学生"表中的数据信息，如图 5-98 所示。

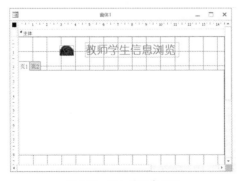

图 5-98　多页窗体

操作步骤如下。

（1）打开"教务管理系统"数据库，单击"创建"选项卡中"窗体"组的"窗体设计"按钮，打开窗体的"设计视图"，默认只显示"主体"节。

（2）单击窗体中的"窗体"选定器，切换显示窗体"属性表"窗格，选择该"属性表"窗格中的"全部"选项卡。对于该窗体，设置"记录选择器"属性值为"否"，设置"导航按钮"属性值为"否"，设置"分隔线"属性值为"否"。

（3）在"主体"节中添加一个图像控件和一个标签控件，并设置其属性。

（4）单击"窗体设计工具—设计"选项卡中"控件"组的"选项卡控件"按钮，将鼠标指针移动到"主体"节的适当位置后单击，添加选项卡控件，如图 5-99 所示，默认显示两个选项卡控件。这两个选项卡控件的默认名称分别为"页 1"和"页 2"。对于选项卡控件，同样可以利用移动控点进行位置移动，利用尺寸控点进行大小缩放。

图 5-99　添加选项卡控件

（5）选择"页1"选项卡，单击"窗体设计工具—设计"选项卡上"控件"组中的下拉按钮，在弹出的下拉列表中选择"使用控件向导"选项。单击"控件"组中的"列表框"按钮，将鼠标指针移动到"页1"的页面上单击，自动打开"列表框向导"的第一个对话框，单击"下一步"按钮，如图5-100所示。

（6）在"列表框向导"的第二个对话框中，选择"表:教师"选项，单击"下一步"按钮，如图5-101所示。

图 5-100 "列表框向导"的第一个对话框

图 5-101 "列表框向导"的第二个对话框

（7）在"列表框向导"的第三个对话框中，单击 ›› 按钮，将"可用字段"列表框中的字段全部添加到"选定字段"列表框中，单击"下一步"按钮，如图5-102所示。

（8）在"列表框向导"的第四个对话框中，选择按"工号"字段升序排列，单击"下一步"按钮，如图5-103所示。

图 5-102 "列表框向导"的第三个对话框

图 5-103 "列表框向导"的第四个对话框

（9）在"列表框向导"的第五个对话框中，采用默认值，单击"下一步"按钮，如图5-104所示。

（10）在"列表框向导"的第六个对话框中，给列表框命名，单击"完成"按钮，如图5-105所示。调整列表框大小，并删除列表框的附加标签，这样就在"页1"选项卡中添加了"教师"表的列表信息。在页1"属性表"窗格中，选择"全部"选项卡，在"标题"文本框中输入"教师信息"，如图5-106所示。在运行窗体时，"页1"的标题就会显示为"教师信息"。此时，窗体的"设计视图"如图5-107所示。

图 5-104 "列表框向导"的第五个对话框   图 5-105 "列表框向导"的第六个对话框

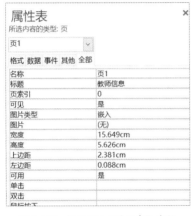

图 5-106 设置页 1 "属性表"窗格

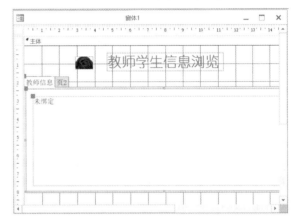

图 5-107 窗体的"设计视图"

（11）打开页 2 "属性表"窗格，设置其属性值，将页 2 的"标题"属性值设置为"学生信息"，使用同样的方法将"学生"表信息以列表框的形式添加到"学生信息"。这样就创建了一个多页窗体。

（12）保存窗体，关闭该窗体的"设计视图"。

创建完多页窗体后，有时还需要在选项卡上添加一页或删除一页，可以通过如下操作来完成。

（1）添加选项卡页：在选项卡标题处右击，在弹出的快捷菜单中选择"插入页"命令，如图 5-108 所示，完成在选项卡中插入一页。

（2）删除选项卡页：在要删除的选项卡的标题处右击，在弹出的快捷菜单中选择"删除页"命令，完成删除选项卡。

（3）调整页的次序：在选项卡标题处右击，在弹出的快捷菜单中选择"页次序"命令，打开"页序"对话框，如图 5-109 所示。选中的要移动的页，单击"上移"按钮或"下移"按钮，将页移动到合适的位置即可。

图 5-108　选择"插入页"命令　　　　　　　　图 5-109　"页序"对话框

5.4.6　创建带"选项组"控件的窗体

"选项组"控件是用来控制在多个选项中，只选择其中一个选项的操作。

在一般情况下，系统程序中的"选项组"控件是成组出现在窗体中的，用户可以从一系列的选项中选择其中的一个选项完成系统程序的某一个操作。

例 5.12　在"教务管理系统"数据库中，使用"设计视图"创建"选项组窗体"。在该窗体中，使用"选项组"按钮和"选项组向导"选项创建一个"选项组"控件。该"选项组"包含 4 个"选项按钮"。这 4 个"选项按钮"的标签分别是"打开数据输入窗体""打开数据浏览窗体""打开数据查询窗体""退出"，其值分别是 1、2、3、4。该选项组的标题为"请选择以下功能"，该窗体的"窗体视图"如图 5-110 所示。

图 5-110　"选项组窗体"的窗体视图

操作步骤如下。

（1）打开"教务管理系统"数据库，单击"创建"选项卡中"窗体"组的"窗体设计"按钮，打开窗体的"设计视图"，默认只显示"主体"节。

（2）单击窗体中的"窗体"选定器，切换显示窗体"属性表"窗格，选择该"属性表"窗格中的"全部"选项卡。对于该窗体，设置"记录选择器"属性值为"否"，设置"导航按钮"属性值为"否"，设置"分隔线"属性值为"否"。

（3）在"主体"节中添加一个图像控件和一个标签控件，并设置其属性。

（4）单击"窗体设计工具—设计"选项卡上"控件"组中的下拉按钮，在弹出的下拉列表中选择"使用控件向导"选项。单击"控件"组中的"选项组"按钮，单击窗体"主体"节中的适当位置，打开"选项组向导"对话框，如图 5-111 所示。

（5）根据图 5 111～图 5-115 所示的"选项组向导"对话框中的提示，依次进行相应的设置。

图 5-111 "选项组向导"第一个对话框

图 5-112 "选项组向导"第二个对话框

图 5-113 "选项组向导"第三个对话框

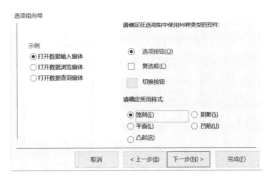

图 5-114 "选项组向导"第四个对话框

（6）在完成"选项组向导"对话框设置之后返回设计视图，可以对选项组框的位置、大小，以及其中各控件的位置、大小进行调整，调整后的设计视图如图 5-116 所示。

图 5-115 "选项组向导"第五个对话框

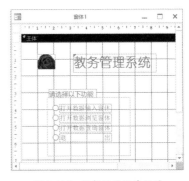

图 5-116 调整后的设计视图

（7）保存该窗体，关闭该窗体的"设计视图"。

习 题

一、填空题

1. Access 的窗体共有 3 种视图，分别是＿＿＿、＿＿＿和＿＿＿。

2. 文本框控件的类型可以分为绑定型、未绑定型与计算型。绑定型控件主要用于显示、输入、更新数据表中的字段；未绑定型控件_____；计算型控件利用表达式作为数据源。

3. 窗体的数据来源可以是____或____。

4. 窗体是数据库中用户和应用程序之间的界面，用户对数据库的_____都可以通过窗体来完成。

5. 在显示具有____关系的表或查询中的数据时，子窗体特别有效。

二、单项选择题

1. 以下有关窗体页眉/窗体页脚和页面页眉/页面页脚的叙述正确的是（　　　　）。

A. 窗体中包含窗体页眉/窗体页脚和页面页眉/页面页脚几个节

B. 打印时窗体页眉/窗体页脚只出现在第一页的顶部/底部

C. 页面页眉/页面页脚只出现在第一页的顶部/底部

D. 页面页眉出现在窗体的第一页上，页面页脚出现在窗体的最后一页上

2. Access 中，允许用户在运行时输入信息的控件是（　　　　）。

A. 文本框　　　　　　　　B. 标签　　　　　　　　C. 列表框　　　　　　　　D. 组合框

3. 窗体和窗体上的每一个对象都有自己独特的窗口，该窗口是（　　　　）。

A. 字段　　　　　　　　B. 属性　　　　　　　　C. 节　　　　　　　　D. 工具栏

4. 用来显示与窗体关联的表或查询中字段值的控件类型是（　　　　）。

A. 绑定型　　　　　　　　　　　　　　B. 计算型

C. 关联型　　　　　　　　　　　　　　D. 未绑定型

5. 打开"属性表"窗格，可以更改以下（　　　　）对象的属性。

A. 窗体上单独的控件　　　　　　　　　　B. 主体节或窗体页眉节

C. 整个窗体　　　　　　　　　　　　　　D. 以上全部

6. 新建一个窗体，要使其标题栏显示为"输入数据"，应该设置窗体的（　　　　）。

A. 名称属性　　　　　　　　　　　　　　B. 标题属性

C. 菜单栏属性　　　　　　　　　　　　　D. 工具栏属性

7. 为了在"设计视图"下显示窗体时不显示导航按钮，应该将窗体的"导航按钮"属性值设置为（　　　　）。

A. 是　　　　　　　　B. 否　　　　　　　　C. 有　　　　　　　　D. 无

8. 窗体上的控件分为 3 种类型，即绑定控件、未绑定控件和（　　　　）。

A. 查询控件　　　　　B. 报表控件　　　　　C. 计算控件　　　　　D. 模块控件

9. 窗体的记录源可以是表或（　　　）。

A. 报表　　　　　　　　B. 宏　　　　　　　　C. 查询　　　　　　　　D. 模块

10. 下列关于窗体的说法中正确的是（　　　）。

A. 在窗体视图中，可以对窗体进行结构的修改

B. 在窗体设计视图中，可以对窗体进行结构的修改

C. 在窗体设计视图中，可以进行数据记录的浏览

D. 在窗体设计视图中，可以进行数据记录的添加

11. 当需要将一些切换按钮、选项按钮或复选框组合起来共同工作时，需要使用的控件是
（　　　）。

A. 列表框　　　　　　　B. 复选框　　　　　　C. 选项组　　　　　　D. 组合框

12. 在某个窗体的文本框中输入"=now()"，则在窗体视图上的该文本框中显示（　　　）。

A. 系统时间　　　　　　　　　　　　　　B. 系统日期

C. 当前页码　　　　　　　　　　　　　　D. 系统日期和时间

三、多项选择题

1. 将窗体用作数据输入窗体，输入窗体的最基本功能包括（　　　）。

A. 打印数据　　　　　　B. 编辑数据　　　　　C. 输入数据　　　　　D. 显示数据

2. 可以利用窗体对数据库进行的操作是（　　　）。

A. 添加　　　　　　　　B. 查询　　　　　　　C. 删除　　　　　　　D. 更新

3. 下面关于列表框和组合框的叙述中错误的是（　　　）。

A. 列表框和组合框可以包含一列或几列数据

B. 可以在列表框中输入新值，而组合框不能

C. 可以在组合框中输入新值，而列表框不能

D. 在列表框和组合框中均可以输入新值

四、简答题

1. 简述窗体的作用及组成。

2. 标签控件与文本框控件的区别是什么？

3. 选项组控件可以由哪些控件组成？

4. 简述复选框控件、切换按钮控件、选项按钮控件三者的区别。

5. 创建窗体的方法有哪几种？简述其优缺点。

6. 如何创建带子窗体的窗体？主窗体和子窗体的数据来源有何关系？

五、实验题

1. 使用窗体向导创建"学生"表的"纵栏式"窗体的操作。

2. 使用"设计视图"以"教师"表作为数据源，创建数据输入窗体。

3. 使用"设计视图"以"教师"表作为数据源，创建数据浏览窗体。

4. 使用"设计视图"以"教师"表作为数据源，创建数据查询窗体。

5. 使用"设计视图"，以"教师"表为主窗体数据源，以"课程"表作为子窗体数据源，创建带子窗体的窗体。

第6章

报表

在数据库管理工作中，经常需要查看和打印来自表或查询的数据信息，必要时还可以按各种不同的形式（如按分类、按总计、按平均等）进行查看和打印。在 Access 2016 中，这项工作是通过创建"报表"对象来实现的。

本章将介绍报表的功能、分类和组成，并通过具体的实例重点讲解创建报表的基本操作步骤，以及进行报表统计计算和页面格式设置的基本方法。

本章重点：

◎ 理解窗体和报表之间的关系，掌握 Access 报表的分类
◎ 熟练掌握快速创建报表的方法
◎ 掌握使用报表设计视图创建和修改报表
◎ 掌握报表输出时的分组和排序方法
◎ 掌握在报表中进行汇总计算的方法
◎ 掌握报表的页面设置及打印方法

6.1 报表概述

报表是 Access 数据库中的一个对象，它根据指定的规则打印输出格式化的数据信息。报表的功能包括呈现格式化的数据；分组组织数据，进行数据汇总；报表中包含子报表及图表；打印输出标签、发票、订单和信封等多种样式；可以进行计数、求平均值、求和等统计计算；在报表中嵌入图像或图片来丰富数据显示的内容。

6.1.1 报表的类型

报表的形式多样，除了常见的表格式报表，还有纵栏式报表、图表报表和标签报表。

1. 表格式报表

表格式报表是以整齐的行、列形式显示记录数据的，通常一行显示一条记录，一页显示多条记录。这种报表数据的字段标题不是在每页的主体节中显示的，而是在页面页眉节中显示

的，如图 6-1 所示。

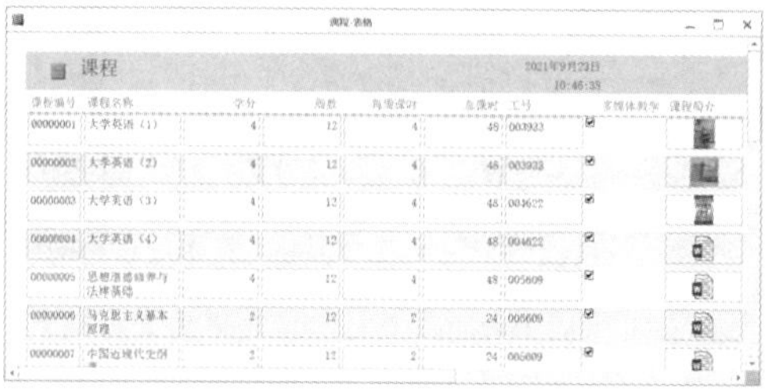

图 6-1　表格式报表

2．纵栏式报表

纵栏式报表一般在一页中主体节内显示一条或多条记录，而且以垂直方式显示。纵栏式报表数据的字段标题与字段数据一起在每页的主体节区内显示，如图 6-2 所示。

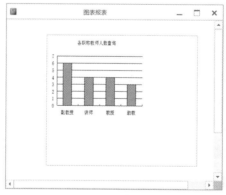

图 6-2　纵栏式报表

3．图表报表

图表报表是指包含图表显示的报表类型。在报表中使用图表，可以更直观地展现数据之间的关系，如图 6-3 所示。

图 6-3　图表报表

4．标签报表

标签报表是一种特殊类型的报表。在实际应用中，可以用标签报表制作标签、名片和各种各样的通知、传单、信封等，如图 6-4 所示。

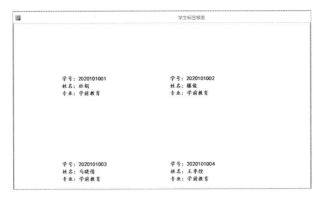

图 6-4　标签报表

6.1.2　报表与窗体的区别

报表和窗体是 Access 数据库中两个不同的对象，是 Access 数据库的主要操作界面，两者显示数据的形式很类似，但目的不同。

窗体是最主要的交互式界面，可以用于屏幕显示，用户通过窗体可以对数据进行筛选分析，也可以对数据进行输入和编辑，而报表是数据的打印结果，不具有交互性。

窗体可以用于控制程序的流程操作，其中，包含一部分功能控件，如命令按钮、选项按钮、复选框等，这些是报表所不具备的。报表中包含较多控件的是文本框和标签，以实现报表数据的分类、汇总等功能。

6.2　快速创建报表

创建报表的方法与创建窗体的方法非常类似。报表和窗体都是使用控件来组织和显示数据的，因此，在第 5 章中介绍的创建窗体的许多技巧也适用于创建报表。一旦创建了一个报表，就能够在报表中添加控件（包括创建计算型控件）、修改报表的样式等。

在 Access 2016 工作界面，打开某个 Access 2016 数据库。例如，打开"教务管理系统"数据库，选择"创建"选项卡，在"报表"组中显示几种创建报表的按钮，如图 6-5 所示。

图 6-5　创建报表的按钮

"报表"按钮用于对当前选定的表或查询创建基本的报表，是一种最快捷地创建报表的方式；"报表设计"按钮以"设计视图"的方式创建一个空报表，可以对报表进行高级设计，如添加控件和编写代码；"空报表"按钮以"布局视图"的方式创建一个空报表；"报表向导"按钮以显示创建报表的向导，帮助用户创建一个简单的自定义报表；"标签"按钮用于对当前选定的表或查询创建标签式的报表。本节介绍这几种快速创建报表的方法。

6.2.1 使用"报表"按钮创建报表

使用"报表"按钮创建基于一个表或查询的报表。该报表以表格式显示基础表或查询中的所有字段和记录。

例 6.1 在"教务管理系统"数据库中,使用"报表"按钮创建一个基于"课程"表的报表。报表名称为"课程(报表)",如图 6-6 所示。

图 6-6 使用"报表"按钮创建报表

操作步骤如下。

(1)打开"教务管理系统"数据库,单击导航窗格中的"表"对象,展开"表"对象列表,单击该表对象列表中的"课程"表,即选定"课程"表作为报表的数据源。

(2)选择"创建"选项卡,再单击"报表"组中的"报表"按钮,Access 2016 自动创建"课程"报表,并以"布局视图"方式显示出该报表。

(3)单击该报表"布局视图"窗口右上角的"关闭"按钮,打开"Microsoft Access"提示对话框,提示"是否保存对报表'课程'的设计的更改?",如图 6-7 所示。

图 6-7 "Microsoft Access"提示对话框

(4)单击"是"按钮,打开"另存为"对话框,在"报表名称"文本框中输入"课程(报表)"。

(5)单击"另存为"对话框中的"确定"按钮。

6.2.2 使用"空报表"按钮创建报表

使用"空报表"按钮创建报表,首先显示一个空报表的"布局视图"和"字段列表",双击或拖曳"字段列表"中的字段,把需要显示的字段添加到该报表的"布局视图"中。

例 6.2 在"教务管理系统"数据库中,使用"空报表"按钮创建一个基于"课程"表的报表。报表名称为"课程(空报表)",如图 6-8 所示。

操作步骤如下。

(1)打开"教务管理系统"数据库,单击"创建"选项卡中"报表"组的"空报表"按钮,打开一个空报表的"布局视图"和"字段列表"窗格,如图 6-9 所示。

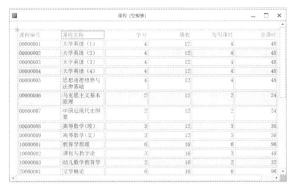

图 6-8　使用"空报表"按钮创建报表

图 6-9　空报表的"布局视图"和"字段列表"窗格

（2）在"字段列表"窗格中，单击"课程"表前面的⊞按钮，展开"课程"表的所有字段，双击"课程编号"字段，在报表中自动添加该字段，如图 6-10 所示。

图 6-10　添加"课程编号"字段

（3）单击"字段列表"窗格中"课程"表的"课程名称"字段，在按住 Shift 键的同时单击"总课时"字段，选中"课程"表的其他所有字段。将鼠标指针移动到选定的字段上，按住鼠标左键拖放到报表上"课程编号"字段的右侧，在报表中添加其他字段，如图 6-11 的所示。

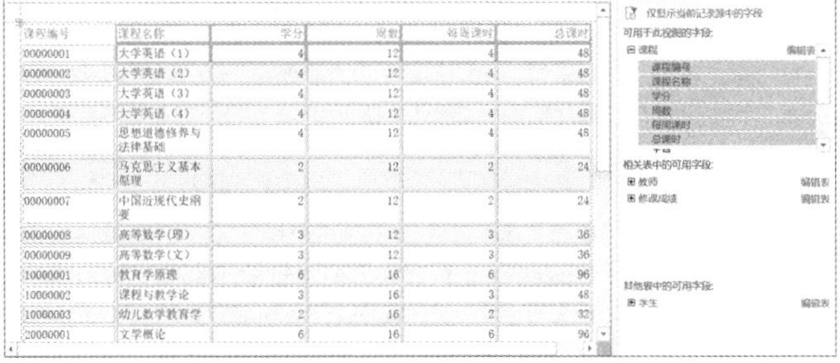

图 6-11　在报表中添加其他字段

（4）保存该报表的设计，该报表的名称为"课程（空报表）"。

6.2.3 使用"报表向导"按钮创建报表

使用"报表向导"按钮可以创建基于多个表或查询的报表。使用"报表向导"按钮创建报表时，向导会提示用户选择数据源、字段、版面及所需的格式，根据用户的选择来创建报表。在向导提示的步骤中，用户可以从多个数据源中选择字段，可以设置数据的排序和分组，产生各种汇总数据，还可以生成带子报表的报表。

例6.3 在"教务管理系统"数据库中，使用"报表向导"按钮创建报表，打印输出"学生"表中的相关信息，包括学生的"学号"字段、"姓名"字段、"性别"字段、"出生日期"字段及"专业名称"字段，该报表打印预览视图如图6-12所示。

图 6-12 使用"报表向导"按钮创建报表

操作步骤如下。

（1）打开"教务管理系统"数据库，单击"创建"选项卡中"报表"组的"报表向导"按钮，打开"报表向导"对话框。

（2）选择数据源。在"表/查询"下拉列表中，选择"表:学生"选项，把"可用字段"列表框中的"学号"字段、"姓名"字段、"性别"字段、"出生日期"字段、"专业名称"字段添加到"选定字段"列表框中，如图6-13所示。单击"下一步"按钮。

（3）确定是否添加分组字段。需要说明的是，是否需要分组是由用户根据数据源中的记录结构及报表的具体要求决定的，直接单击"下一步"按钮，如图6-14所示。

图 6-13 在"选定字段"列表框中添加字段

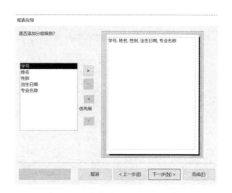

图 6-14 确定是否添加分组字段

（4）确定数据的排序方式。最多可以按4个字段对记录进行排序，需要注意的是，此排序是在分组前提下的排序，单击"下一步"按钮，如图6-15所示。

（5）确定报表的布局方式。需要注意的是，如果数据来自单一的数据源，则布局形式的选择是不一样的，提供的选择是纵栏表、表格和两端对齐。还可以选择是纵向打印还是横向打印，如图6-16所示，这里选中"表格"单选按钮，单击"下一步"按钮。

图6-15　确定数据的排序方式

图6-16　确定报表的布局方式

（6）为报表指定标题，选择报表完成后的状态。这里指定报表的标题为"学生基本信息（向导）"，该标题指定了报表页眉中标签控件的标题属性。选中"预览报表"单选按钮，单击"完成"按钮，如图6-17所示。

图6-17　为报表指定标题

6.2.4　使用"标签"按钮创建报表

标签是Access提供的一个非常实用的功能，可以将数据库中的数据加载到控件上，按照定义的标签格式打印标签。使用"标签"按钮可以创建报表。"标签"按钮的功能十分强大，不但支持标准型号的标签，也可以自定义尺寸制作标签。

例6.4 在"教务管理系统"数据库中，为"学生"表中的每个学生制作一个学生信息的标牌，包括"学号"字段、"姓名字段"、"专业"字段，如图6-18所示。

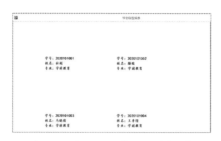

图 6-18 使用"标签"按钮创建报表

操作步骤如下。

（1）打开"教务管理系统"数据库，单击导航窗格中的"表"对象，展开"表"对象列表，单击该表对象列表中的"学生"表，即选定"学生"表作为报表的数据源。

（2）选择标签型号。选择"创建"选项卡，单击"报表"组中的"标签"按钮，打开"标签向导"对话框。在提示"请指定标签尺寸"中，按默认选定第一个尺寸，型号为"C2166"。横标签号"2"表示横向打印的标签个数是 2，如图 6-19 所示，单击"下一步"按钮。

（3）设置标签字体和字号，如图 6-20 所示，单击"下一步"按钮。

图 6-19 选择标签型号

图 6-20 设置标签字体和字号

（4）设计原型标签。单击鼠标左键使光标定位在原型标签的任意行首，再利用 Space 键定位光标横向的位置。可以在其中输入文本，也可以从"可用字段"列表框中选择所需字段，图中花括号中的内容为从"可用字段"列表框中选择的字段。根据题意设计原型标签，如图 6-21 所示，单击"下一步"按钮。

（5）选择排序字段。这里选择按"学号"字段排序，如图 6-22 所示，单击"下一步"按钮。

图 6-21 设计原型标签

图 6-22 选择排序字段

（6）指定标签报表的名称。这里指定标签报表的名称为"学生标签报表"，单击"完成"按钮，如图 6-23 所示。

图 6-23 指定标签报表的名称

6.3 报表的"设计视图"

6.3.1 报表的视图

报表有 4 种视图，分别是报表视图、打印预览视图、布局视图和设计视图。

1. 报表视图

报表的"报表视图"是设计完报表之后展现出来的视图。在该视图下可以对数据进行排序、筛选。

2. 打印预览视图

报表的"打印预览视图"是用于测试报表对象打印效果的窗口。Access 提供的打印预览视图所显示的报表布局和打印内容与实际打印效果是一致的，即"所见即所得"。在打印预览视图上可以设置页面大小、页面布局等。

3. 布局视图

报表的"布局视图"用于在显示数据的同时对报表进行设计、调整布局等。用户可以根据数据的实际大小，调整报表的结构。报表的布局视图类似于窗体的布局视图。

4. 设计视图

报表的"设计视图"用于创建报表，它是设计报表对象的结构、布局、数据的分组与汇总特性的窗口。如果想要创建一个报表，则可以在"设计视图"中进行。

在"设计视图"中，可以使用"报表设计工具—设计"选项卡中的控件按钮添加控件，如标签和文本框。控件可以放在主体节中或其他某个报表节中，可以使用标尺对齐控件，还可以使用"报表设计工具—格式"选项卡中的按钮更改字体或字号、对齐文本、更改边框或线条宽度、应用颜色或特殊效果等。

在"设计视图"中，单击"报表设计工具—设计"选项卡中的"视图"下拉按钮，在弹出的下拉列表中有 4 种视图选项，选择不同的视图选项，实现 4 种视图的切换，如图 6-24 所示。

图 6-24 "视图"下拉列表

6.3.2 报表的组成

同窗体类似，每个报表包含一个主体节，用来显示数据，还可以增加其他的节来放置其他信息。页面页眉和页面页脚出现在打印的每页报表上。页面页眉中一般放置标签控件显示描述性的文字，或使用图像控件显示图像，页面页脚通常用于显示日期和页数。在报表中也可以添加报表页眉和报表页脚，报表页眉只出现在报表的第一页，报表页脚只出现在报表的最后一页。

区别于窗体的组成，报表结构还可以有组页眉/组页脚。当指定报表的记录源属性后，可以增加某个字段的组页眉/组页脚，在组页眉中一般显示分组字段的值或其他说明信息，在组页脚中显示在该字段的分组前提下的各种分类汇总信息，如图 6-25 所示。

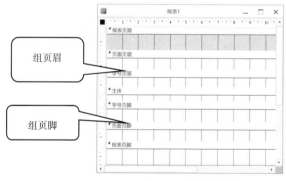

图 6-25 报表中的节

当创建新的报表时，空的报表包含 3 个节，即"页面页眉"节、"页面页脚"节和"主体"节。用户可以在"主体"节上右击，在弹出的快捷菜单中选择相应的命令打开或关闭页面页眉/页面页脚和报表页眉/报表页脚。

创建组页眉和组页脚，需要单击"报表设计工具—设计"选项卡上"分组和汇总"组中的"分组和排序"按钮，再单击（在"设计视图"中）"分组、排序和汇总"窗格中的"添加组"按钮，然后选择一个字段或输入一个以等号"="开头的表达式。

6.3.3 使用"设计视图"创建报表的基本步骤

使用"设计视图"创建报表，可以打破常规，用户可以根据具体问题的需求，选择报表所需的数据来源、设计报表布局、美化报表样式，使报表设计既美观又实用。

使用"报表设计"按钮创建报表，先显示一个新报表的"设计视图"，在"设计视图"中允许用户按照自己的需求对报表的布局进行设计。

使用"报表设计"按钮创建报表的基本操作步骤如下。

（1）打开"教务管理系统"数据库，单击"创建"选项卡中"报表"组的"报表设计"按钮，报表"设计视图"默认显示"页面页眉"节、"主体"节和"页面页脚"节，如图 6-26 所示。

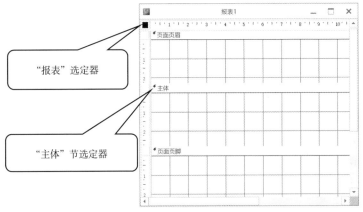

图 6-26 报表"设计视图"

此外，在"报表"选定器方框中显示"黑色实心方块"，表示已默认选定了"报表"选定器。

（2）在"主体"节的空白处右击，在弹出的快捷菜单中选择"报表页眉/页脚"命令，则在该报表"设计视图"中显示出"报表页眉"节和"报表页脚"节。单击"主体"节选定器，此时的报表"设计视图"如图 6-27 所示。

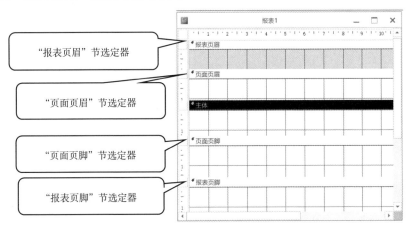

图 6-27 选定"主体"节的报表"设计视图"

（3）双击"报表"选定器，打开报表的"属性表"窗格。在"数据"选项卡中的"记录源"右侧的下拉列表框中指定某一个记录源，如指定"学生年龄查询"作为记录源，如图 6-28 所示。此时，单击"报表设计工具—设计"选项卡中"工具"组的"添加现有字段"按钮，可以隐藏或显示该查询的"字段列表"窗格，如图 6-29 所示。

图 6-28　指定"学生年龄查询"作为记录源　　　　图 6-29　隐藏或显示该查询的"字段列表"窗格

（4）在报表中添加需要的控件，添加控件的方法有以下两种。

① 直接从记录源的"字段列表"窗格中反复把报表需要的有关字段拖放到报表的某节中的适当位置；也可以在"字段列表"窗格中，按住 Ctrl 键的同时单击若干个字段，选定若干个字段后一起拖放到报表的某节中的适当位置。

② 在"报表设计工具—设计"选项卡的"控件"组（见图 6-30）中单击某个控件，然后单击该报表的某节中的适当位置。对于与字段内容相关的控件，需要在该控件的"属性表"窗格中设置其"控件来源"属性值为该记录源中的相应字段，如图 6-31 所示。对于非绑定控件（如矩形、直线等），不必设置也不能设置其"控件来源"的属性值。

图 6-30　"控件"组　　　　　　　　　　　图 6-31　"控件来源"属性

（5）根据需要调整控件位置和大小等。报表控件的操作方法与窗体控件的操作方法基本相似。

（6）根据需要对报表的属性、节的属性或其中控件的属性进行设置。

（7）保存报表设计并指定报表的名称。

6.3.4　修改报表的设计

用户可以根据需要对某个已创建的报表的设计进行修改，包括添加报表的控件、修改报表

2023-06-01

[]

的控件或删除报表的控件等。如果要修改某个报表的设计，则可以在该报表的"设计视图"中进行修改。

修改报表设计的操作步骤如下。

（1）打开"教务管理系统"数据库。

（2）单击导航窗格中的"报表"对象，展开报表对象列表。

（3）右击报表对象列表中的某个报表对象，在弹出的快捷菜单中选择"设计视图"命令，如图 6-32 所示，打开该报表的"设计视图"。

（4）在该报表的"设计视图"中，用户可以根据需要对该报表添加控件、修改控件或删除控件。

（5）完成修改操作后，单击快速访问工具栏中的"保存"按钮，保存对该"报表"的设计所进行的修改。

（6）关闭该报表的"设计视图"。

图 6-32　选择"设计视图"命令

6.4　实用报表设计

在 Access 数据库中，报表的实用性与窗体实用性两者都是非常重要的，由于报表"设计视图"与窗体"设计视图"的结构及操作很相似，因此对于已经熟悉窗体设计的用户来说，掌握报表设计并非难事。结合实例介绍几种不同类型的实用报表的设计。

6.4.1　设计单表报表

设计单表报表是最基本的报表操作，它的数据来源是由"表"提供的，可以选择已创建的任意一个表。

例 6.5　在"教务管理系统"数据库中，设计一个以"学生"表为数据源的"单表报表"，预览该报表，如图 6-33 所示。

图 6-33　单表报表

操作步骤如下。

（1）打开"教务管理系统"数据库，单击"创建"选项卡中"报表"组的"报表设计"

按钮，打开报表的"设计视图"，默认显示"页面页眉"节、"主体"节和"页面页脚"节，如图 6-34 所示。

（2）右击主体节的空白处，在打开的快捷菜单中单击"报表页眉/页脚"命令，在该报表"设计视图"中显示"报表页眉"节和"报表页脚"节。

（3）双击"报表"选定器，打开报表的"属性表"窗格。单击"数据"选项卡"记录源"右侧的下拉按钮，在弹出的下拉列表中选择"学生"选项，如图 6-35 所示。

图 6-34 报表"设计视图"默认节

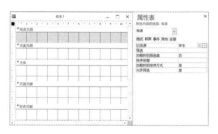

图 6-35 选择"学生"选项

（4）单击"报表设计工具—设计"选项卡中"工具"组的"添加现有字段"按钮，打开"班级"表的"字段列表"窗格。按住 Shift 键的同时，单击"字段列表"中的"学号""姓名""性别""出生日期""籍贯""专业名称"6 个字段，选定这 6 个字段后一起拖放到报表的"主体"节中，此时，在报表的"主体"节中就添加了这 6 个字段对应的 6 个绑定文本框控件和 6 个附加标签控件，如图 6-36 所示。

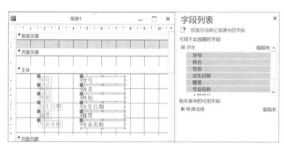

图 6-36 在"主体"节中添加绑定文本框控件和附加标签控件

（5）将"主体"节中的 6 个文本框控件的附加标签控件粘贴到"页面页眉"节内的适当位置，定义为所需字段的对应标题。同样，把"学号""姓名""性别""出生日期""籍贯""专业名称"6 个文本框控件也分别移动到"主体"节内的适当位置，用于显示数据，如图 6-37 所示。

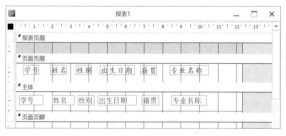

图 6-37 设计控件位置

（6）按住 Shift 键的同时分别单击"页面页眉"节中的所有标签控件，选中"页面页眉"节中的所有标签控件，定义每个字段的标题属性，如图 6-38 所示；选中"主体"节的所有文本框控件，定义每个输出字段的属性，如图 6-39 所示。

图 6-38　定义每个字段的标题属性

图 6-39　定义每个输出字段的属性

（7）按住 Shift 键的同时分别单击"学号""姓名""性别""出生日期""籍贯""专业名称"6 个标签控件，单击"报表设计工具—排列"选项卡中"调整大小和排序"组的"对齐"下拉按钮，在弹出的下拉列表中选择"靠上"选项，此时这 6 个标签控件自动靠上对齐。使用同样的方法对齐主体节中的 6 个文本框控件。

（8）在报表页眉处添加一个"标签"控件和一个"直线"控件，用于显示报表标题，设置"标签"控件属性，如图 6-40 所示，设置"直线"控件属性，如图 6-41 所示。报表标题的设置效果如图 6-42 所示。

图 6-40　设置"标签"控件属性

图 6-41　设置"直线"控件属性

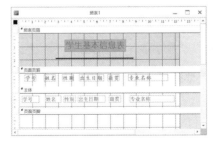

图 6-42　报表标题的设置效果

（9）在报表页脚处添加一个"标签"控件，用于显示报表制表人，如图 6-43 所示，并设置其属性，如图 6-44 所示。

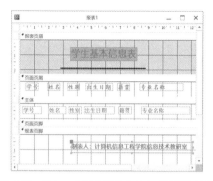

图 6-43 添加一个显示报表制表人"标签"控件

图 6-44 设置显示报表制表人"标签"控件属性

（10）保存报表，取名为"单表报表"，结束单表报表的创建。

6.4.2 设计多表报表

在 Access 中，报表的数据来源只能是单表或单个查询。如果想创建多表报表，则先将多表作为查询的数据来源创建查询，再将查询作为数据来源提供给报表，这时所创建的报表的数据来源是一个单个的查询文件，而使用的是多表中的数据。

例 6.6 在"教务管理系统"数据库中，设计一个"多表报表"，预览该报表，如图 6-45 所示。

该报表的数据来源于多个表，因此，先创建"学生课程成绩查询"，再创建多表报表。

图 6-45 多表报表

操作步骤如下。

（1）在 Access 工作界面的功能区上选择"创建"选项卡，然后在"查询"组中单击"查询设计"按钮，打开查询设计器。在"显示表"对话框中将"学生"表、"修课成绩"表和"课程"表添加到设计视图中。关闭"显示表"对话框。

（2）将"学号""姓名""专业名称""课程编号""课程名称""成绩"6 个字段添加到"字段"行，如图 6-46 所示。

（3）按 Ctrl+S 组合键，打开"另存为"对话框，在"查询名称"文本框中输入"学生课程成绩查询"，然后单击"确定"按钮，保存完成，如图 6-47 所示，关闭该查询。

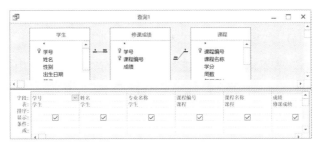

图 6-46 将字段添加到"字段"行

图 6-47 "另存为"对话框

（4）单击"创建"选项卡中"报表"组的"报表设计"按钮，打开报表的"设计视图"，默认显示"页面页眉"节、"主体"节和"页面页脚"节。双击"报表"选定器，打开报表的"属性表"窗格。单击"数据"选项卡"记录源"右侧的下拉按钮，在弹出的下拉列表中选择"学生课程成绩查询"选项，如图 6-48 所示。

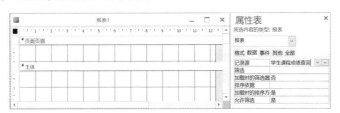

图 6-48 选择"学生课程成绩查询"选项

（5）单击"报表设计工具—设计"选项卡中"工具"组的"添加现有字段"按钮，打开"学生课程成绩查询"的"字段列表"。选定"学号""姓名""专业名称""课程编号""课程名称""成绩"6 个字段后一起拖放到报表的"主体"节中，此时，在报表的"主体"节中就有了这 6 个字段对应的 6 个绑定文本框控件和 6 个附加标签控件。

（6）将"主体"节中的 6 个文本框控件的附加标签控件粘贴到"页面页眉"节内的适当位置，定义为所需字段的对应标题。同样，把"主体"节中的 6 个文本框控件也分别移动到"主体"节内的适当位置，用于显示数据。在"页面页眉"节中设置 6 个标签控件的属性和位置，在"主体"节设置 6 个文本框控件的属性和位置，如图 6-49 所示。

图 6-49 设置标签控件、文本框控件的属性和位置

（7）在"主体"节的空白处右击，在弹出的快捷菜单中选择"报表页眉/页脚"命令，则在该报表"设计视图"中显示"报表页眉"节和"报表页脚"节。

（8）在"报表页眉"节添加一个"标签"控件，并定义其属性，用于显示报表标题。

（9）在"报表页脚"节添加一个"文本框"控件，并定义其属性，用于显示制表日期，多表报表设计视图如图 6-50 所示。

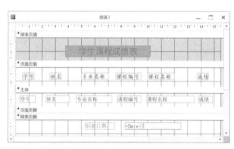

图 6-50　多表报表设计视图

（10）保存报表，取名为"多表报表"，结束多表报表的创建。

在文本框控件中输入日期和时间表达式可以在报表中插入日期和时间。常用的日期和时间表达式及其显示结果如表 6-1 所示。

表 6-1　常用的日期和时间表达式及其显示结果

日期和时间表达式	显示结果
=Now( )	当前日期和时间
=Date( )	当前日期
=Time( )	当前时间

6.4.3　创建图表报表

图表报表是 Access 特有的一种图表格式的报表，它用图表的形式表现数据库中的数据，相对普通报表来说数据表现的形式更直观。

使用 Access 提供的"图表"控件可以创建图表报表。"图表"控件的功能十分强大，它提供了 20 多种图表形式供用户选择。

应用"图表"控件只能处理单一数据源的数据，如果需要从多个数据源中获取数据，则先创建一个基于多个数据源的查询，再在"图表"控件中选择此查询作为数据源创建图表报表。

例 6.7　在"教务管理系统"数据库中，使用"图表"控件创建一个基于"各职称教师人数查询"的图表报表，该报表的打印预览视图如图 6-51 所示。

操作步骤如下。

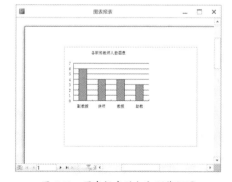

图 6-51　图表报表的打印预览视图

（1）打开"教务管理系统"数据库，单击"创建"选项卡中"报表"组的"报表设计"按钮，打开报表的"设计视图"，单击"报表设计工具—设计"选项卡中"控件"组的"图表"按钮，再单击"主体"节中的某一位置，在"主体"节中添加一个图表控件，并打开"图表向导"对话框。

（2）在"图表向导"对话框中，选中"视图"标签下方的"查询"单选按钮，选择"请选择用于创建图表的表或查询"列表框中的"查询:各职称教师人数查询"选项，如图 6-52 所示。

图 6-52　选择"查询:各职称教师人数查询"选项

（3）单击"下一步"按钮，打开"图表向导"对话框提示"请选择图表数据所在的字段"。单击该对话框中的 >> 按钮，选定该查询的全部字段用于新建的图表，如图 6-53 所示。

（4）单击"下一步"按钮，提示"请选择图表的类型"，按系统默认选择"柱形图"，如图 6-54 所示。

图 6-53　选定用于图表的字段

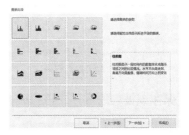

图 6-54　选择图表的类型

（5）单击"下一步"按钮，提示"请指定数据在图表中的布局方式"。这里按照 Access 2016 已经设置好的布局即可，如图 6-55 所示。双击图中 Y 轴"教师人数合计"处，打开如图 6-56 所示的"汇总"对话框，在列表框中选择"无"选项，单击"确定"按钮，取消"合计"状态，如图 6-57 所示。

如果默认设置不符合用户要求，则可以把左侧实例图表中的字段拖曳到右侧相应的字段中，如图 6-58 所示，然后重新选择右侧的字段拖曳到实例图表中的"数据""轴""系列"处。

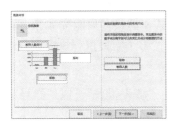

图 6-55　默认图表的布局方式

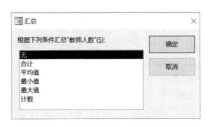

图 6-56　"汇总"对话框

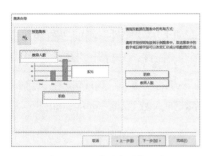

图 6-57 取消"合计"状态

图 6-58 指定数据在图表中的布局方式

（6）单击"下一步"按钮，提示"请指定图表的标题"。在文本框中输入"各职称教师人数图表"，在"请确定是否显示图表的图例"标签下选中"否，不显示图例"单选按钮，如图6-59所示。

（7）单击"完成"按钮，返回"设计视图"，如图 6-60 所示。

图 6-59 指定图表标题

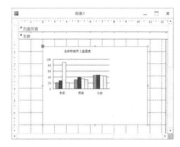

图 6-60 设计视图效果

（8）保存该报表的设计，该报表名称为"图表报表"。

（9）单击状态栏右方的 按钮，显示该报表的"打印预览视图"，如图 6-51 所示。

（10）单击"打印预览视图"右上角的"关闭"按钮。

在通常情况下，显示的图表不如预期的完美，这是由于图表的显示范围过小，使得有些数据无法显示。此时可以在设计视图中对图表的显示范围进行扩大，或进行其他修改。

6.4.4 设计排序报表

如果报表中的记录多且无序，那么查找数据就会十分不方便。使用 Access 提供的排序功能，可以将记录按照一定规则进行排序，从而使数据的规律性和变化趋势都非常清楚。

虽然通过"报表向导"可以设置记录的排序和分组方式，但最多只能按 4 个字段排序。而使用"排序与分组"窗格对记录进行排序和分组，最多可按多个字段进行排序与分组，并且可按字段表达式排序。

例 6.8 对"教务管理系统"数据库中例 6.6 所生成的"多表报表"，以"学号"字段升序和"成绩"字段降序进行排列，生成新的排序报表，如图 6-61 所示。

图 6-61 排序报表

操作步骤如下。

（1）打开"教务管理系统"数据库，单击导航窗格中的"报表"对象，展开"报表"对象列表。

（2）选定例 6.6 所生成的"多表报表"对象，单击"开始"选项卡中"剪贴板"组的"复制"按钮，然后单击"粘贴"按钮，打开"粘贴为"对话框。在"粘贴为"对话框中，指定报表名称为"排序报表"，单击该对话框中的"确定"按钮。

（3）右击导航窗格上"报表"对象列表中的"排序报表"，在弹出的快捷菜单中选择"设计视图"命令，打开该报表的"设计视图"。

（4）单击"报表设计工具—设计"选项卡上"分组和汇总"组中的"分组和排序"按钮，在"设计视图"下方添加"分组、排序和汇总"窗格，如图 6-62 所示。并在该窗格中显示"添加组"按钮和"添加排序"按钮。

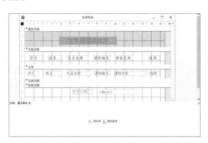

图 6-62 添加"分组、排序和汇总"窗格

（5）单击"添加排序"按钮，在打开的窗格上部的字段列表中选择"学号"选项，如图 6-63 所示，则在"分组、排序和汇总"窗格中添加"排序依据"栏，"学号"字段默认按"升序"排列，如图 6-64 所示。

图 6-63 选择"学号"选项

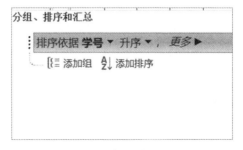

图 6-64 按"学号"字段升序排列

（6）再次单击"添加排序"按钮，在打开的窗格上部的字段列表中选择"成绩"字段，单击第 2 行"排序依据"栏中的"升序"下拉按钮，选择"降序"选项，如图 6-65 所示。

（7）单击报表页眉中"学生课程成绩表"标签，修改标题属性为"按学号及成绩排序的报表"。

（8）单击"保存"按钮，保存对该报表设计的修改，报表设计视图如图 6-66 所示。此时记录先按"学号"字段升序排列，"学号"相同时按"成绩"字段降序排列。

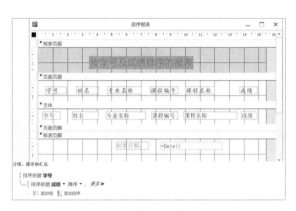

图 6-65　按"成绩"字段降序排列　　　　　图 6-66　报表设计视图

6.4.5　设计分组报表

报表的分组是把具有相同类型的记录排列在一起，并且可以对同组数据进行计算和汇总统计。

在报表的"设计视图"中，单击"报表设计工具—设计"选项卡中"分组和汇总"组的"分组和排序"按钮，在"设计视图"下方打开"分组、排序和汇总"窗格，并在该窗格中显示"添加组"按钮和"添加排序"按钮。单击"添加组"按钮，在打开的窗格上部的字段列表中选择分组形式字段；或者在打开的窗格下部选择"表达式"，打开"表达式生成器"对话框，输入以等号"="开头的表达式。

Access 在默认情况下按"升序"排列，如果要改变排列次序，则可以在"升序"下拉列表中选择"降序"选项，然后，展开分组形式栏，对该分组设置其他属性。

（1）设置"有/无页眉节"和"有/无页脚节"，以创建分组级别。

（2）设置汇总方式和类型，以指定按哪个字段进行汇总，以及如何对字段进行统计计算。

（3）指定 Access 在同一页中是打印组的所有内容，还是仅打印部分内容。

例 6.9 对"教务管理系统"数据库中例 6.8 所生成的"排序报表"，设计一个按学号进行分组的成绩报表，如图 6-67 所示。

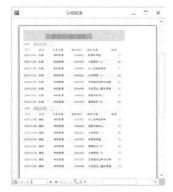

图 6-67　分组报表

操作步骤如下。

（1）打开"教务管理系统"数据库，单击导航窗格中的"报表"对象，展开"报表"对象列表。

（2）选定例 6.8 所生成的"排序报表"对象，单击"开始"选项卡中"剪贴板"组的"复制"按钮，然后单击"粘贴"按钮，打开"粘贴为"对话框。在"粘贴为"对话框中，指定报表名称为"分组报表"，单击该对话框中的"确定"按钮。

（3）右击导航窗格上"报表"对象列表中的"排序报表"，在弹出的快捷菜单中选择"设计视图"命令，打开该报表的"设计视图"。

（4）单击"报表设计工具—设计"选项卡中"分组和汇总"组的"分组和排序"按钮，在"设计视图"下方添加"分组、排序和汇总"窗格，如图 6-68 所示，并在该窗格中显示"添加组"按钮和"添加排序"按钮。

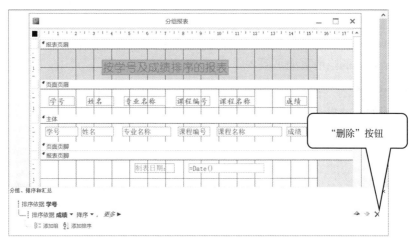

图 6-68　添加"分组、排序和汇总"窗格

（5）单击两次"分组、排序和汇总"窗格"排序依据"行右侧的"删除"按钮，删除报表中的两个排序字段。

（6）单击"添加组"按钮，在打开的窗格上部的字段列表中选择"学号"选项，在"分组、排序和汇总"窗格中添加了"分组形式"栏，"学号"字段默认按"升序"排列。单击

"分组形式"栏中的 <u>更多▶</u> 按钮,展开该栏的更多设置,单击"无页脚节"右侧的下拉按钮,在弹出的下拉列表中选择"有页脚节"选项;单击"不将组放在同一页上"右侧的下拉按钮,在弹出的下拉列表中选择"将整个组放在同一页上"选项,如图 6-69 所示。单击 <u>更少◀</u> 按钮,收缩起"分组形式"栏。此时的报表"设计视图"中添加了"学号页眉"节和"学号页脚"节,如图 6-70 所示。

图 6-69　设置分组字段

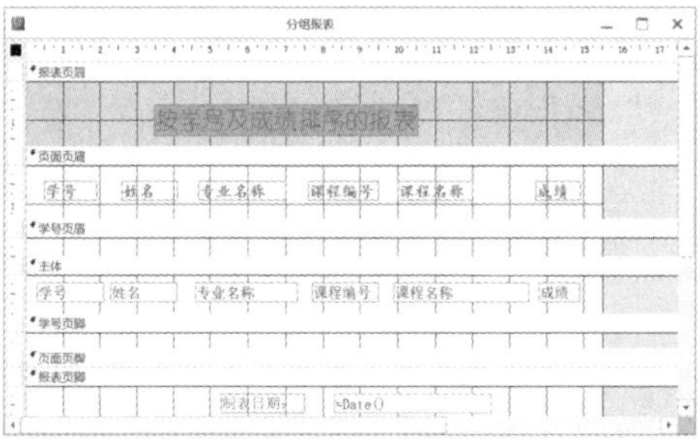

图 6-70　添加"学号页眉"节和"学号页脚"节

(7)单击"报表设计工具—设计"选项卡中"工具"组的"添加现有字段"按钮,从列表框中拖动"学号"字段到学号页眉处;再把页面页眉处的"学号""姓名""专业名称""课程编号""课程名称""成绩"6 个标签控件剪切到学号页眉处的适当位置。

(8)单击报表页眉中"按学号及成绩排序的报表"标签,修改标题属性为"按学号分组的报表"。

(9)在页面页脚处添加一个文本框控件,删除该文本框控件附加的标签控件,并设置其属性,用来显示报表的当前页的页码。

(10)单击"保存"按钮,该报表名称为"分组报表",保存对该报表设计的修改,此时的报表设计视图如图 6-71 所示。

图 6-71　报表设计视图

在文本框控件中输入页码表达式可以在报表中插入页码。常用的页码表达式及其显示结果如表 6-2 所示。

表 6-2 常用的页码表达式及其显示结果

页码表达式	显示结果
=[Page]	1，2，3
="第"&[Page]& "页"	第 1 页，第 2 页，第 3 页
="第"&[Page]& "页","共"&[Page]& "页"	第 1 页，共 6 页，第 2 页，共 6 页

6.4.6 设计汇总报表

在报表制作过程中，使用系统提供的计算函数可以设计统计汇总报表。

在报表中对全部记录或记录组进行汇总计算时，计算表达式经常使用一些函数，如 Count（计数），Sum（求和），Avg（求平均值），Max（求最大值）和 Min（求最小值）。此外，如果对所有记录进行汇总计算，则用于计算的控件要放置在"报表页眉"或"报表页脚"中，而对记录组进行汇总计算时，计算控件应该放置在"组页眉"或"组页脚"中。

在报表中添加的计算控件一般使用文本框控件，当打开报表的"打印预览视图"时，在计算控件文本框中显示表达式的计算结果。在报表中添加计算控件的基本操作步骤如下。

（1）打开报表的"设计视图"。

（2）单击"报表设计工具—设计"选项卡中"控件"组的"文本框"按钮。

（3）单击报表"设计视图"中的某个节区，在该节区中添加一个文本框控件。如果要计算一组记录的总计或平均值，将文本框添加到组页眉或组页脚中；如果要计算报表中所有记录的总计或平均值，将文本框添加到报表页眉或报表页脚中。

（4）双击该文本框控件，打开该文本框的"属性表"窗格，在"控件来源"属性框中输入以等号"="开头的表达式；或者在报表的"设计视图"中，选中某个文本框控件，再单击一次该文本框控件进入文本框编辑状态，在文本框中直接输入以等号"="开头的表达式，来指定控件来源。

例 6.10 对"教务管理系统"数据库中例 6.9 所生成的"分组报表"，设计一个"汇总报表"，对每个学生按学号计算平均成绩，如图 6-72 所示。

操作步骤如下。

（1）打开"教务管理系统"数据库，单击导航窗格中的"报表"对象，展开"报表"对象列表。

（2）选定例 6.9 所生成的"分组报表"对象，单击"开始"选项卡中"剪贴板"组的"复制"按钮，然后单击"粘贴"按钮，打开"粘贴为"对话框。在"粘贴为"对话框中，指定报表名称为"汇总报表"，单击该对话框中的"确定"按钮。

（3）右击导航窗格上"报表"对象列表中的"排序报表"，在弹出的快捷菜单中选择"设计视图"命令，打开该报表的"设计视图"，关闭"分组、排序和汇总"窗格。

（4）在学号页脚处，添加一个文本框控件，输入显示标题及统计汇总公式，（在文本框控件中直接输入计算公式为"= Avg ([成绩]",在标签控件中直接输入标题为"平均成绩:"),如图 6-73 所示。

（5）单击报表页眉中"按学号分组的报表"标签，修改标题属性为"按学号汇总的报表"。

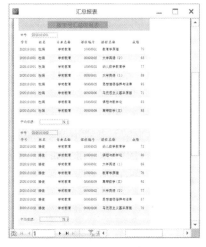

图 6-72 汇总报表

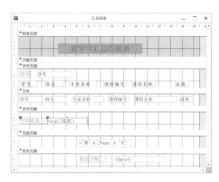

图 6-73 添加并设置文本框控件

（6）保存报表，结束汇总报表的创建。

6.4.7 设计两级分组统计报表

例 6.11 在"教务管理系统"数据库中，以"学生"表为数据源创建一个先按专业名称分组，再按性别分组统计各专业的男、女学生人数，以及其占该专业学生总人数的百分比的报表。报表名为"两级分组统计报表"，如图 6-74 所示。

图 6-74 两级分组统计报表

操作步骤如下。

（1）打开"教务管理系统"数据库，单击"创建"选项卡中"报表"组的"报表设计"按钮，打开报表的"设计视图"。

（2）双击"报表"选定器，打开报表的"属性表"窗格。在"数据"选项卡中选择"学生"选项作为记录源，如图 6-75 所示。

图 6-75 选择"学生"选项作为记录源

（3）单击"报表设计工具—设计"选项卡中"分组和汇总"组的"分组和排序"按钮，在"设计视图"下方添加"分组、排序和汇总"窗格，并在该窗格中添加"添加组"按钮和"添加排序"按钮。

（4）单击"添加组"按钮，在打开的窗格上部的字段列表中选择"专业类别"选项。单击"分组形式"栏中的 更多▶ 按钮，展开该栏的更多设置，单击"无页脚节"右侧的下拉按钮，在弹出的下拉列表中选择"有页脚节"选项。单击"添加组"按钮，在打开的窗格上部的字段列表中选择"性别"选项。单击"分组形式"栏中的 更多▶ 按钮，展开该栏的更多设置，单击"无页脚节"右侧的下拉按钮，在弹出的下拉列表中选择"有页脚节"选项。单击 更少◀ 按钮，收起"分组形式"栏。

（5）单击"分组、排序和汇总"窗格右上角的"关闭"按钮，此时在该报表的"设计视图"窗口中自动添加了"专业名称页眉"节和"专业名称页脚"节，以及按性别分组后的"性别页眉"节和"性别页脚"节，如图 6-76 所示。

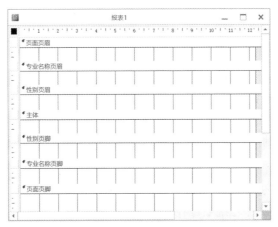

图 6-76 添加两级分组

（6）在"主体"节的空白处右击，在弹出的快捷菜单中选择"报表页眉/页脚"命令，在该报表"设计视图"中显示"报表页眉"节和"报表页脚"节。

（7）在"报表页眉"节中创建一个标签，打开该标签控件的"属性表"窗格，将"标题"属性值设置为"男女学生人数统计报表"；将"字体"属性值设置为"幼圆"；将"字号"属性值设置为"18"；将"背景色"属性值设置为"Access 主题 5"；将"字体粗细"属性值设置为"加粗"。

（8）在"页面页眉"节中分别创建4个标签控件。创建第一个标签控件，打开该标签控件的"属性表"窗格，将该标签控件的"标题"属性值设置为"专业名称"；同理，创建其他3个标签控件，其标题属性值分别为"性别""男女学生人数""占各专业学生人数的百分比"。将这4个标签控件依次从左到右水平对齐并调整到适当位置。在这4个标签控件下面的适当位置上，创建一个直线控件，打开该直线控件的"属性表"窗格，将该直线控件的"边框宽度"属性值设置为"2pt"。

（9）在"专业名称页眉"节中创建一个文本框控件及其附加标签控件。删除该文本框控件的附加标签控件。打开该文本框控件的"属性表"窗格，将该文本框控件的"控件来源"属性值设置为"专业名称"（从"控件来源"的下拉列表中选择"学生"表的"专业名称"字段）。

（10）在"专业名称页脚"节中分别创建两个控件。创建第一个控件为标签控件，打开该标签控件的"属性表"窗格，将该标签控件的"标题"属性值设置为"专业总人数:"；创建第二个控件为文本框控件，删除该文本框控件附加的标签控件，打开该文本框控件的"属性表"窗格，将该文本框控件的"名称"属性值设置为"专业合计"，并将"控件来源"属性值设置为"=Count（[学号]）"。将这两个控件依次从左到右水平对齐并调整到适当位置。在这两个控件下面的适当位置上，创建一个直线控件，打开该直线控件的"属性表"窗格，将"边框宽度"属性值设置为"2pt"。

（11）在"性别页脚"节中创建第一个文本框控件及其附加标签控件，删除该文本框控件的附加标签控件。打开该文本框控件的"属性表"窗格，将"控件来源"属性值设置为"性别"（从"控件来源"的下拉列表中选择"学生"表的"性别"字段）。

（12）在"性别页脚"节中创建第二个文本框控件及其附加标签控件，删除该文本框控件的附加标签控件。打开该文本框控件的"属性表"窗格，将该文本框控件的"名称"属性值设置为"性别小计"，并将"控件来源"属性值设置为"=Count([学号]）"。

（13）在"性别页脚"节中创建第三个文本框控件及其附加标签控件，删除该文本框控件的附加标签控件。打开该文本框控件的"属性表"窗格，将该文本框控件的"控件来源"属性值设置为"=[性别小计]/[专业合计]"，并将该文本框的"格式"属性值设置为"百分比"。然后将"性别页脚"节中的这3个文本框控件依次水平对齐并调整到适当位置。

（14）在"页面页脚"节中，创建一个文本框控件及其附加标签控件，删除该文本框控件的附加标签控件。打开该文本框控件的"属性表"窗格，将该文本框控件的"控件来源"属性值设置为"="第" & [page] & "页/共"& [Pages] & "页""。

（15）在"报表页脚"节中，创建一个文本框控件及其附加标签控件。打开该标签控件的"属性表"窗格，将该标签控件的"标题"属性值设置为"制表日期:"。打开文本框控件的"属性表"窗格，将该文本框的"控件来源"属性值设置为"=Date()"。

（16）设置所有的文本框控件的"边框样式"属性值为"透明"，调整好各节的间距，设置"性别页眉"节和"主体"节的"高度"属性值为"0"，然后单击快速访问工具栏中的"保存"按钮，指定报表名称为"两级分组统计报表"，保存该报表的设计。此时，"两级分组统计报表"的"设计视图"如图6-77所示。

图 6-77 "两级分组统计报表"的"设计视图"

（17）保存报表，该报表名称为"两级分组统计报表"，单击"设计视图"右上角的"关闭"按钮。

6.4.8 设计多列报表

多列报表即在报表中使用多列格式来显示数据。多列报表中的数据紧凑，可以节省纸张，并且一目了然。前面介绍过的标签报表就是常用的多列报表的形式之一。

例 6.12 在"教务管理系统"数据库中，将例 6.3 使用"报表向导"创建的"学生基本信息（向导）"报表，修改为多列报表，该报表打印预览视图如图 6-78 所示。

图 6-78 多列报表打印预览视图

操作步骤如下。

（1）打开"教务管理系统"数据库，单击导航窗格中的"报表"对象，展开"报表"对象列表。

（2）选定例 6.3 所生成的"学生基本信息（向导）"报表对象，单击"开始"选项中"剪贴板"组的"复制"按钮，然后单击"粘贴"按钮，打开"粘贴为"对话框。在"粘贴为"对话框中，指定报表名称为"多列报表"，单击该对话框中的"确定"按钮。

（3）右击导航窗格上"报表"对象列表中的"多列报表"，在弹出的快捷菜单中选择"设计视图"命令，显示该报表的"设计视图"。

（4）单击"报表设计工具—页面设置"选项卡中"页面布局"组的"列"按钮，在打开的"页面设置"对话框中设置相关参数，如图 6-79 所示。

图 6-79 "页面设置"对话框

（5）单击"页面设置"对话框中的"确定"按钮，自动关闭该对话框。

（6）单击快速访问工具栏中的"保存"按钮，保存该报表的设计。

（7）单击报表"设计视图"右上角的"关闭"按钮。

6.4.9 设计子报表

子报表是插在其他报表中的报表。在合并报表时，其中一个必须作为主报表。主报表可以是绑定的也可以是未绑定的，即主报表可以基于也可以不基于表、查询或 SQL 语句。

主报表可以包含子报表，也可以包含子窗体，而且能够包含多个子报表或子窗体。

主报表和子报表可以基于完全不同的记录源，此时主报表和子报表之间没有真正的关系。例如，主报表的记录源是"学生"表，而子报表的记录源是"教师"表，这样两个不相关的报表组合成一个报表。

主报表和子报表也可以基于相同的记录源或相关的记录源。例如"学生"表与"修课成绩"表之间的关系是一对多关系，主报表的记录源是一对多关系中"一"方的表（如主报表的记录源是"学生"表），子报表的记录源是"多"方的表（如子报表的记录源是"修课成绩"表）。

例 6.13 在"教务管理系统"数据库中，在"学生信息主报表"报表中创建一个以"修课成绩"表为数据来源的子报表，该子报表的名称为"修课成绩子报表"，"学生信息主报表"的报表打印预览视图如图 6-80 所示。

图 6-80 "学生信息主报表"的报表打印预览视图

操作步骤如下。

（1）打开"教务管理系统"数据库，单击"创建"选项卡中"报表"组的"报表设计"按钮，打开报表的"设计视图"。

（2）使用前面介绍过的在"设计视图"中创建报表的方法，先创建基于"学生"表数据源的主报表。该主报表的"设计视图"如图6-81所示。

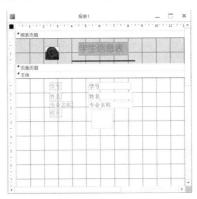

图 6-81 主报表的"设计视图"

（3）单击"报表设计工具—设计"选项卡上"控件"组中的下拉按钮，在弹出的下拉列表中选择"使用控件向导"选项。

（4）单击"报表设计工具—设计"选项卡上"控件"组中的"子窗体/子报表"按钮。

（5）在"主体"节中"照片"控件下方将要放置子报表的适当位置单击（子报表左上角在主报表中的位置），显示出相关的未绑定控件的矩形框，并打开"子报表向导"对话框提示"请选择将用于子窗体或子报表的数据来源"，如图6-82所示。

（6）在"子报表向导"对话框中，选中"使用现有的表和查询"单选按钮，单击"下一步"按钮，提示"请确定在子窗体或子报表中包含哪些字段"。

（7）在"子报表向导"对话框的"表/查询"下拉列表框中选择"表:修课成绩"选项，选定"修课成绩"表的所有字段作为子报表使用的字段，如图6-83所示。

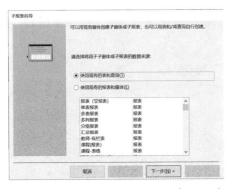

图 6-82 提示"请选择将用于子窗体或子报表的数据来源"

图 6-83 选定子报表使用的字段

（8）单击"下一步"按钮，提示"请确定是自行定义将主窗体链接到该子窗体的字段，还是从下面的列表中进行选择"。选中"从列表中选择"单选按钮，在列表框中选择"对学生中的每个记录用学号显示修课成绩"选项，如图 6-84 所示。

（9）单击"下一步"按钮，提示"请指定子窗体或子报表的名称"。指定子报表的名称为"修课成绩子报表"，如图 6-85 所示。

图 6-84 确定链接字段

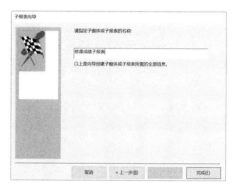

图 6-85 指定子报表的名称

（10）单击"完成"按钮，返回报表的"设计视图"，如图 6-86 所示。

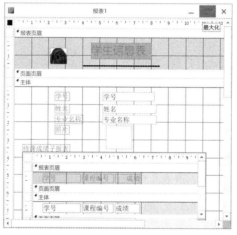

图 6-86 报表的"设计视图"

（11）单击快速访问工具栏中的"保存"按钮，指定报表名称为"学生信息主报表"，保存该报表的设计。

（12）单击该报表"设计视图"右上角的"关闭"按钮。

6.5 打印报表

打印报表是设计报表的最终目的，用户要想打印美观的报表，除了合理设计布局，还要进行正确的打印设置。在打印报表之前先预览，效果满意后再打印。

6.5.1　设置报表页面

页面设置是指报表在打印时的设置，如纸张大小、页边距、打印方向等。用户可以直接在选项区中通过相应的按钮直接设置，也可打开"页面设置"对话框进行设置。

在"布局视图"或"设计视图"中，可以通过"报表设计工具—页面设置"选项卡进行设置，如图 6-87 所示。在"打印预览视图"可以通过"打印预览"选项卡进行设置，如图 6-88 所示。在这两个选项卡中都有"页面设置"按钮，单击该按钮可以打开"页面设置"对话框，进行详细设置。在"页面设置"对话框中有 3 个选项卡，分别用于设置页边距、纸张大小/方向、列的尺寸/布局等，如图 6-89 所示。

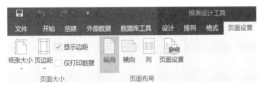

图 6-87　"报表设计工具—页面设置"选项卡

图 6-88　"打印预览"选项卡

图 6-89　"页面设置"对话框

6.5.2　分页打印报表

在默认情况下，报表会根据纸张大小及各节高度自动分页，原则是，当本页不够打印时，即移至下一页，但也可以为报表设置强制分页位置或方式。

1．使用"属性表"设置强制分页

"强制分页"是每一节都有的属性，经常应用在页眉。

例 6.14　将例 6.9 创建的"分组报表"进行打印设置。

操作步骤如下。

（1）打开"教务管理系统"数据库，单击导航窗格中的"报表"对象，展开"报表"对象列表。

（2）右击例 6.9 所生成的"分组报表"对象，在弹出的快捷菜单中选择"设计视图"命令，打开该报表的"设计视图"。

（3）双击"学号页眉"节选定器，打开"学号页眉"节"属性表"窗格，在"属性表"窗格中选择"格式"选项卡，将"重复节"属性值设置为"是"，将"强制分页"属性值设置为"节前"。报表中每个学生的成绩不再连续显示，下一个学生的成绩另起新一页与前面成绩分开。当一组信息超过一页时，每页的页首部分都显示组页眉信息。这里"重复节"属性的功能就是保证每页都有列标题，便于用户浏览数据，如图 6-90 所示。

（4）双击"报表"选定器，打开"报表"节"属性表"窗格，在"属性表"窗格中选择"格式"选项卡，设置"页面页眉"属性值为"报表页眉不要"，设置"页面页脚"属性值为"报表页眉不要"，如图 6-91 所示。在报表页眉单独一页作为封面的情况下，这一页既不要列标题（页面页眉），也不要页码（页面页脚）。如果将报表页眉单独一页作为封面，则可以进一步设置内容和格式，如添加图片、报表使用说明、制作单位等信息。

图 6-90　设置"学号页眉"节"属性表"窗格

图 6-91　设置"报表"节"属性表"窗格

2. 分页控件

选择"报表设计工具—设计"选项卡中"控件"组的"插入分页符"按钮，将此按钮拖至报表需要分页的位置，此按钮的功能是跳页，不论它在什么位置，打印时只要遇到此按钮，就会另起新一页。

6.5.3　打印报表

报表的目的就是打印，打印报表的操作相当简单，只需要在"打印"对话框中设置并执行打印即可。

打印预览报表，效果满意后，单击"打印预览"选项卡中"打印"组的"打印"按钮，打开"打印"对话框，如图 6-92 所示，可以选择打印机，设置打印范围、打印份数等。打印的报表多是表格式报表，此时报表会将记录由上到下逐条打印，直到完毕。

图 6-92 "打印"对话框

习 题

一、填空题

1. 在创建报表的过程中，可以控制数据输出的内容、输出对象的显示或打印格式，还可以在报表制作过程中，进行数据的_____。

2. _____是让数据以某种规则排列，_____是按照数据的特性将同类数据集合在一起，从而便于报表的综合和统计。

3. 报表标题一般放在_____中。

4. 目前比较流行的报表有 4 种，它们是纵栏式报表、表格式报表、图表报表和_____。

5. 报表页眉的内容只在报表的_____打印输出。

6. 在报表向导中设置字段排序时，一次最多能设置_____个字段。

7. 通过_____可以打开"报表"节的"属性表"窗格。

8. 计算型控件的"控件来源"属性值一般设置为以_____开头的计算表达式。

二、单项选择题

1. 报表显示数据的主要区域是（   ）。

A. 报表页眉   B. 页面页眉   C. 主体   D. 报表页脚

2. 将报表与某一个数据表或查询绑定起来的报表属性是（   ）。

A. 记录源   B. 打印版式   C. 打开   D. 帮助

3. 提示用户输入相关的数据源、字段和报表版面格式等信息的是（   ）。

A. 空报表   B. 报表向导   C. 图表   D. 标签

4. 以下关于报表定义叙述正确的是（   ）。

A. 报表主要用于对数据库中的数据进行分组、计算、汇总和打印输出

B. 报表主要用于对数据库中的数据进行输入、分组、汇总和打印输出

C. 报表主要用于对数据库中的数据进行输入、计算、汇总和打印输出

D. 报表主要用于对数据库中的数据进行输入、计算、分组和汇总

5. 可以更加直观地表示出数据之间的关系的报表是（　　　）。

A. 纵栏式报表　　　　　　　B. 表格式报表　　　　C. 图表报表　　　D. 标签报表

6. 如果设置报表上某个文本框控件的来源属性值为"=3*5+2"，则打开报表视图时，该文本框显示信息是（　　　）。

A. 17　　　　　　　　　　　B. 3*5+2　　　　　　　C. 未绑定　　　　D. 出错

7. 报表输出不可缺少的节是（　　　）。

A. 主体　　　　　　　　　　B. 页面页眉　　　　　　C. 页面页脚　　　D. 报表页眉

8. 如果想要设置在报表每一页的顶部都输出的信息，则需要设置（　　　）。

A. 报表页眉　　　　　　　　B. 报表页脚　　　　　　C. 页面页眉　　　D. 页面页脚

9. 在报表中可以对记录分组，分组必须建立在（　　　）的基础上。

A. 筛选　　　　　　　　　　B. 抽取　　　　　　　　C. 排序　　　　　D. 计算

10. 在报表中，如果要对分组进行计算，则应该将计算控件添加到（　　　）中。

A. 页面页眉或页面页脚　　　　　　　　　　B. 报表页眉或报表页脚

C. 组页眉或组页脚　　　　　　　　　　　　D. 主体

11. 如果创建报表所需要显示的信息位于多个数据表上，则必须将报表基于（　　　）来制作。

A. 多个数据表的全部数据

B. 由多个数据表中相关数据创建的查询

C. 由多个数据表中相关数据创建的窗体

D. 由多个数据表中相关数据组成的新表

12. 下列说法正确的是（　　　）。

A. 主报表和子报表必须基于相同的记录源

B. 主报表和子报表必须基于相关的记录源

C. 主报表和子报表不可以基于完全不同的记录源

D. 主报表和子报表可以基于完全不同的记录源

三、多项选择题

1. 报表只能输出数据，不能（　　　）。

A. 输入　　　　　　　　　　B. 编辑　　　　　　　　C. 删除　　　　　D. 显示

2. "报表设计工具—格式"选项卡中包含（　　　）等组。

A. 字体　　　　　　　　　　B. 数字　　　　　　　　C. 背景　　　　D. 字母

四、简答题

1. Access 报表的结构是什么？都由哪几部分组成？

2. 报表页眉与页面页眉的区别是什么？

3. 在报表中，计算汇总信息的常用方法有哪些？

4. 窗体和报表有何区别？

5. 在报表中，如何实现对数据的排序和分组？

6. 如何为报表插入页码和打印日期？

五、实验题

1. 使用"报表向导"按钮对"学生"表创建表格式报表。

2. 使用报表设计视图创建"教师"表的单表报表。

3. 使用报表设计视图创建"教师授课信息"的多表报表。

4. 使用报表设计视图创建对"学生"表按性别分组和分别计算男女学生"入学总分"平均分的汇总报表。

5. 使用报表设计视图创建"男女学生人数统计"的图形报表。

第 7 章

宏

通过前面几章的学习，希望读者已经掌握了 Access 2016 数据库中的表、查询、窗体、报表等不同对象的操作方法。在实际应用中，有些操作是必不可少的，但同时又是重复性的，为了减少重复的次数，Access 2016 专门提供了一类具有特殊操作功能的数据库对象，那就是宏（Macro）。

Access 2016 中的宏是一些操作的集合，通过直接使用宏或者使用包含宏的操作，能够完成许多复杂的人工操作，又避免了编写程序的苦恼；同时，在创建宏时，由于每个宏都显示在对应的设计视图中，因此不需要记住各种复杂的语法知识，使用起来简便快捷。

本章重点：

◎ 了解宏的基本概念
◎ 掌握创建宏的方法
◎ 掌握在宏中使用条件的方法
◎ 掌握运行宏的方法
◎ 掌握调试宏的方法

7.1 宏的基本概念

7.1.1 宏简介

宏（Macro）是由一个或多个操作组成的集合，每个操作都实现特定的功能。宏是 Access 2016 的六大对象之一，它的主要功能是把与数据库有关的操作集中起来，将其衍变成一组操作命令的集合。一旦创建了宏，此后使用时只需调用这个宏，就能顺序地执行所包含的各个命令，从而简化了数据库操作的流程，提高数据处理能力。

在 Access 2016 中，常用的宏操作命令有 66 个，如使用 OpenTable 宏操作命令，可以在"数据表视图""设计视图""打印预览视图"中打开表，同时也可以选择表的数据输入模式；使用 GoToRecord 宏操作命令，能够在打开表、窗体或者查询结果中将指定的记录变成当前记录；使用 OutputTo 宏操作命令能够将指定的 Access 数据库对象（如数据表、窗体、报表、模

块）中的数据按照多种指定的数据格式输出，包括了 Excel（.xlsx）、超文本（.rtf）、MS-DOS
文本（.txt）、HTML（.htm）等文件格式。

更多的常用宏操作命令的功能介绍请参阅本书的附录 C。

7.1.2　宏设计视图

在 Access 2016 工作界面中打开某个数据库后，单击"创建"选项卡中"宏与代码"组的
"宏"按钮，打开"宏设计视图"，在工作区上显示"宏生成器"窗格和"操作目录"窗格，并
在功能区上显示"宏工具—设计"选项卡，如图 7-1 所示。

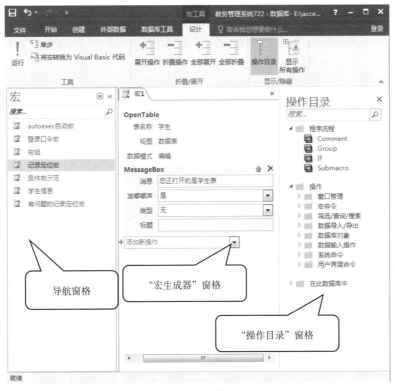

图 7-1　宏设计视图

在"宏生成器"窗格中，显示带有"添加新操作"占位符的下拉列表框，在该下拉列表框
的左侧显示一个绿色的➕按钮。在"操作目录"窗格中，以树型结构分别列出"程序流程""操
作""在此数据库中" 3 个目录及其下层的子目录或部分宏对象。在"宏生成器"窗格中，单
击"＋"展开按钮，展开下一层的子目录或部分宏对象，此时"＋"展开按钮变为"－"折叠
按钮。

"操作目录"窗格中的内容简述如下。

（1）"程序流程"目录包括 Comment、Group、If 和 Submacro。

- Comment：注释是宏运行时不执行的信息，用于提高宏程序代码的可读性。
- Group：允许操作和程序流程在已命名、可折叠、未执行的块中分组，使宏的结构更清

晰、可读性更好。

- If: 通过判断条件表达式的值来控制操作的执行，如果条件表达式的值为"True"则执行相应逻辑块内的操作，否则（条件表达式的值为"False"）不会执行相应逻辑块内的操作。
- Submacro: 用于在宏内创建子宏，每一个子宏都需要指定其子宏名。一个宏可以包含若干个子宏，而每一个子宏又可以包含若干个操作。

（2）"操作"目录包括"窗口管理""宏命令""筛选/查询/搜索""数据导入/导出""数据库对象""数据输入操作""系统命令""工作界面命令"共 8 个子目录（即 8 组），总共包含 66 个宏操作命令。其中，"窗口管理"子目录包含 5 个宏操作命令，"宏命令"子目录包含 16 个宏操作命令，"筛选/查询/搜索"子目录包含 12 个宏操作命令，"数据导入/导出"子目录包含 6 个宏操作命令，"数据库对象"子目录包含 11 个宏操作命令，"数据输入操作"子目录包含 3 个宏操作命令，"系统命令"子目录包含 4 个宏操作命令，"工作界面命令"子目录包含 9 个宏操作命令。

（3）在"在此数据库中"目录中，将列出当前数据库中已有的宏对象，并且将根据已有实际情况，还可能会列出宏对象上层的"报表""窗体""宏"等目录。

在图 7-1 中，OpenTable 宏操作命令的功能是能够在"数据表视图""设计视图""打印预览视图""数据透视图""数据透视表"中打开表，另外也可以选择表的数据输入模式。该宏操作命令所需的参数有 3 个，自上而下依次为"表名称""视图""数据模式"；每个参数都有与之对应的值，否则无法执行宏操作命令。

图 7-1 中的另一个宏命令是 MessageBox，该宏命令用来显示一个包含了警告信息或告知信息的消息框。该宏操作命令的参数有 4 个，分别是"消息"参数、"发嘟嘟声"参数、"类型"参数、"标题"参数，对比 OpenTable 和 MessageBox 这两个宏操作命令，可以看出宏操作命令的不同，各自对应的参数也不完全相同。

7.2　定义宏

和 Access 数据库的其他对象一样，宏操作也有一个创建使用的过程，本节将详细讨论创建宏、运行宏等操作。

7.2.1　创建宏

在 Access 2016 中，宏的创建需要用到宏设计视图，如果按照宏创建时打开宏设计视图的方法来分类，宏可分为独立宏、嵌入宏和数据宏 3 种类型。

在设计视图中创建独立宏。在宏设计视图下，单击"添加新操作"右侧的下拉按钮，然后在下拉列表框中选择所需要的宏操作命令，再设置该宏操作命令所需要的参数。该方法适用于所有的宏操作。下面通过实例分别介绍创建独立宏的方法。

例 7.1　创建如图 7-2 所示的宏。假设要创建的宏名为"记录定位宏",在这个宏中先后包含了 4 个基本的宏操作命令,各个宏操作命令的参数设置如表 7-1 所示。

图 7-2　要创建的宏

表 7-1　各个宏操作命令的参数设置

宏操作命令	所对应的参数
OpenTable	学生、数据表、编辑
GoToRecord	表、学生、定位、3
MessageBox	您正在浏览的是第 3 条数据、是、信息、提示
CloseWindow	表、学生、提示

在本实例中,创建宏的操作步骤如下。

(1)打开"教务管理系统"数据库。

(2)单击"创建"选项卡中"宏与代码"组的"宏"按钮,打开"宏生成器"窗格,显示"宏设计视图"。通常显示一个"添加新操作"占位符的下拉列表框,在该下拉列表框的左侧还显示一个绿色的 ✚ 按钮。有时"添加新操作"占位符没有显示出来,如果单击"宏生成器"窗格的任意地方,便显示出"添加新操作"占位符。

(3)单击"添加新操作"右侧的下拉按钮,在弹出的下拉列表框中选择"Comment",展开注释设计窗格,该窗格自动成为当前窗格并且由一个矩形框围住,在注释设计窗格中输入"打开"学生"表"。

(4)单击"添加新操作"右侧的下拉按钮,在弹出的下拉列表框中选择"OpenTable",此时选择 OpenTable 宏操作命令,是想通过该宏操作命令打开一个表,具体来说,就是通过 OpenTable 宏操作命令打开"教务管理系统"中的"学生"表。

(5)单击 OpenTable 宏操作命令"表名称"下拉按钮,在弹出的下拉列表中选择"学生"表。

(6)单击"添加新操作"右侧的下拉按钮,在弹出的下拉列表框中选择"Comment",展开注释设计窗格，该窗格自动成为当前窗格并且由一个矩形框围住，在注释设计窗格中输入"把第 3 条记录作为当前记录"。

（7）单击"添加新操作"右侧的下拉按钮，在弹出的下拉列表框中选择"GoToRecord"，其功能是在打开的表中设置当前记录。这里假设要求把"学生"表中的第 3 条记录设置为当前记录，因此在"GoToRecord"的"记录"参数中选择"定位"、在"偏移量"参数中输入"3"，这个宏操作命令的各个参数设置如图 7-2 所示。

（8）单击"添加新操作"右侧的下拉按钮，在弹出的下拉列表框中选择"Comment"，展开注释设计窗格，该窗格自动成为当前窗格并且由一个矩形框围住，在注释设计窗格中输入"屏幕显示对话框"。

（9）单击"添加新操作"右侧的下拉按钮，在弹出的下拉列表框中选择"MessageBox"，其功能是打开一个可以显示包含警告信息或其他信息的消息框。这里借助宏操作命令"MessageBox"显示"您正在浏览的是第 3 条数据"。

（10）单击"MessageBox"操作块的设计窗格中的"消息"右侧的文本框，在该文本框中直接输入"您正在浏览的是第 3 条记录"，在"类型"右侧的文本框中输入"信息"，在"标题"右侧的文本框中输入"提示"。

（11）单击"添加新操作"右侧的下拉按钮，在弹出的下拉列表框中选择"Comment"，展开注释设计窗格，该窗格自动成为当前窗格并且由一个矩形框围住，在注释设计窗格中输入"关闭"学生"表"。

（12）按照上述方法，单击"添加新操作"右侧的下拉按钮，在弹出的下拉列表框中选择"CloseWindow"，其功能是关闭一个窗体及其他所包含的所有对象，如果没有指定窗体，则关闭当前窗体。在本实例中，使用"CloseWindow"宏操作命令关闭"学生"表的编辑视图，在"保存"右侧的文本框中输入"提示"。

图 7-3 记录定位宏的宏设计视图

（13）单击快速访问工具栏中的"保存"按钮，打开"另存为"对话框，在宏名称文本框中输入"记录定位宏"，单击"确定"按钮，返回"宏设计视图"，如图 7-3 所示。

（14）单击"宏生成器"窗格右上角的"关闭"按钮。

7.2.2 使用 Group 对宏操作进行分组

如果创建了很多宏操作，将相关的宏分到不同的宏组中是有必要的，有助于用户更加方便地管理数据库，从而提高宏代码的可读性。宏组是指将相关的一系列宏集中组织在一起而构成的集合。

在"操作目录"窗格的"程序流程"目录中有一项是 Group。Group 的功能是允许操作和程序流程在已命名、可折叠、未执行的宏块中分组。一般来说 ，宏中的分组不会影响该宏中操作的执行方式，宏中的分组也不能单独调用或运行。分组的主要目的是标识一组操作，帮助用户一目了然地了解宏的功能。特别在编辑大型的宏时，可以将每个分组（Group）向下折叠为单行，从而可以减少必须进行的滚动操作，方便进行编辑。

在宏的"宏生成器"窗格中，使用"程序流程"目录中的 Group，可将该宏中的操作进行分组。每个分组 Group 块都以"Group"表示该分组块开始，以对应的"End Group"表示该分组块结束。当运行该宏时，如果该宏中有多个分组，那么按从上到下的分组顺序，分别对各个分组内所有操作按从上到下的顺序逐个执行，直至所有组的所有操作都执行完毕为止。

例 7.2　分组的操作步骤如下。

（1）在"宏生成器"窗格中，单击"添加新操作"右侧的下拉按钮，在弹出的下拉列表框中选择"Group"，展开 Group 块设计窗格，此时该 Group 块设计窗格自动成为当前窗格并且由一个矩形框围住。在该 Group 块设计窗格中，以"Group"表示该分组块开始，以对应的"End Group"表示该分组块结束。

（2）在块设计窗格中顶行的"Group"右侧的文本框中，输入该分组的名称"数据表组"。

（3）在该 Group 块内，单击"添加新操作"右侧的下拉按钮，在弹出的下拉列表框中选择所需要的宏操作命令。同理，用户在该 Group 块内可以添加若干个操作。需要注意的是，在该 Group 块内，又可以包含其他 Group 块，最多可以嵌套 9 级。图 7-4 所示为 Group 块实例。

图 7-4　Group 块实例

7.2.3　创建含有子宏的独立宏

一个宏不仅可以包含若干个操作，而且还可以包含若干个子宏，每一个子宏又可以包含若干个操作。每一个宏都有其宏名，每一个子宏都有其子宏名。引用子宏的格式是"宏名.子宏名"，通过在宏名后面输入一个英文的句点"."字符，再输入子宏名，表示可以引用宏中的子宏。例如，想要引用"学生信息"宏中"学生表"的子宏，可以输入"学生信息.学生表"。

例 7.3　创建一个名为"学生信息"的宏，要求在该宏中设计包含 3 个子宏，分别是"学生表"宏、"系统封面窗体"宏和"学生信息报表"宏，各自的操作参数如表 7-2 所示。

表 7-2 "学生信息"宏的参数设置

子宏名	宏操作命令	所对应的参数
学生表	OpenTable	学生、数据表、编辑
	GoToRecord	表、学生、定位、3
	MessageBox	您正在浏览的是第 3 条数据、是、信息、提示
	CloseWindow	表、学生、提示
系统封面窗体	OpenForm	系统封面窗体、窗体、（空）、（空）、（空）、普通
学生信息报表	OpenReport	单表报表、打印预览、（空）、（空）、普通

操作步骤如下。

（1）打开"教务管理系统"数据库。

（2）单击"创建"选项卡中"宏与代码"组的"宏"按钮，打开"宏生成器"窗格，显示"宏设计视图"。

（3）单击"添加新操作"右侧的下拉按钮，在弹出的下拉列表框中选择"Submacro"，或者直接从"操作目录"窗格的程序流程项中拖动 ▣ Submacro ，此时展开 Submacro 块设计窗格，在其后的文本框中输入第一个子宏名"学生表"，如图 7-5 所示。

图 7-5 创建"学生表"子宏

学生表子宏的创建方法请参照例 7.1。

（4）单击"添加新操作"右侧的下拉按钮，在弹出的下拉列表框中选择"Submacro"，或者直接从"操作目录"窗格的程序流程项中拖动 ▣ Submacro ，此时展开 Submacro 块设计窗格，在其后的文本框中输入第二个子宏名"系统封面窗体"，如图 7-6 所示。

（5）单击"添加新操作"右侧的下拉按钮，在弹出的下拉列表框选择"Submacro"，或者直接从"操作目录"窗格的程序流程项中拖动▣ Submacro ，此时展开 Submacro 块设计窗格，在其后的文本框中输入第三个子宏名"学生信息报表"，如图 7-7 所示。

图 7-6 创建 "系统封面窗体" 子宏

图 7-7 创建 "学生信息报表" 子宏

（6）单击快速访问工具栏中的 "保存" 按钮，打开 "另存为" 对话框，在宏名称文本框中输入 "学生信息"，单击 "确定" 按钮，至此 "学生信息" 宏创建完毕。

上文已经介绍了如何创建子宏，下面介绍如何使用子宏。

例 7.4 创建一个名为 "子宏的使用示范" 的窗体，该窗体界面如图 7-8 所示，该窗体包括 3 个按钮，通过这 3 个按钮分别调用由例 7.3 所创建的包含子的宏 "学生信息" 宏。

在创建完的 "子宏的使用示范" 窗体中，单击 "学生表" 按钮，打开 "学生" 界面，如图 7-9 所示；逐个单击 "系统封面窗体" 按钮和 "学生信息报表" 按钮，分别打开如图 7-10 和图 7-11 所示的界面。

图 7-8 "子宏的使用示范" 界面

图 7-9 "学生" 界面

图 7-10 "系统封面窗体" 界面

图 7-11 "学生信息报表" 界面

操作步骤如下。

（1）打开 "教务管理系统" 数据库。

（2）单击 "创建" 选项卡中 "窗体" 组的 "窗体设计" 按钮，打开窗体的设计视图，默认只显示主体。

（3）双击 "窗体" 选定器，打开窗体的 "属性表" 窗格。在其中修改窗体的部分属性值，将 "记录选择器" "导航按钮" "分隔线" 3 个属性值都设置为 "否"，"弹出方式" 和 "居中方式" 两个属性值都设置为 "是"。

（4）在"窗体"设计视图中添加一个标签控件，将其标题设置为"请选择您想浏览的内容"。

（5）通过"命令按钮"控件在窗体上添加第一个按钮，在"命令按钮向导"对话框的"类别"列表框中选择"杂项"选项，在"操作"列表框中选择"运行宏"选项，如图 7-12 所示。

图 7-12　选择"运行宏"选项

（6）单击"下一步"按钮，在"请确定命令按钮运行的宏"列表框中选择"学生信息.学生表"选项，如图 7-13 所示。

（7）单击"下一步"按钮，选中"文本"单选按钮，在右侧文本框中输入第一个按钮上的文字"学生表"，即设置第一个按钮上的文字，如图 7-14 所示，单击"完成"按钮，至此第一个按钮设置完毕。

图 7-13　选择"学生信息.学生表"选项

图 7-14　设置第一个按钮上的文字

（8）按照上述介绍的方法，重复第 5 步～第 7 步，添加第二个按钮，此时在"请确定命令按钮运行的宏"列表框中选择"学生信息.系统封面窗体"选项，如图 7-15 所示，并将这个按钮上的文字设置为"系统封面窗体"，如图 7-16 所示，至此第二个按钮设置完毕。

图 7-15　选择"学生信息系统封面窗体"选项

图 7-16　设置第二个按钮上的文字

（9）重复第 5 步～第 7 步，添加第三个按钮，在"请确定命令按钮运行的宏"列表框中选择"学生信息.学生信息报表"选项，并将第三按钮上的文字设置为"学生信息报表"，至此第三个按钮设置完毕。

（10）完成设计的窗体界面如图 7-8 所示，最后将窗体名称命名为"子宏的使用示范"并进行保存。

上面介绍的是在"命令按钮向导"对话框的提示下，如何逐步选择执行宏的方法，这种方法比较常用，另外，在实际操作中也可以采用另一种方法。

（1）～（5）与上述介绍的前 5 个步骤一样。

（6）在窗体上添加第一个按钮，打开"命令按钮向导"对话框，如图 7-17 所示，通过窗体设计视图可以看到刚才添加的按钮的文字标题为"Command1"。

图 7-17 "命令按钮向导"对话框

（7）单击"取消"按钮，单击第一个按钮，将"Command1"文字修改为"学生表"，如图 7-18 所示；或者也可以这样改标题文字。右击"Command1"按钮，在弹出的快捷菜单中选择"属性"命令，然后在 Command1"属性表"窗格中选择"格式"选项卡，将"标题"属性的值从原来的"Command1"重命名为"学生表"，最后按 Enter 键，如图 7-19 所示。

图 7-18 修改按钮表面的文字方法 1

图 7-19 修改按钮表面的文字方法 2

（8）在 Command1"属性表"窗格中选择"事件"选项卡，单击"单击"右侧的下拉按钮，在下拉列表中选择"学生信息.学生表"选项，如图 7-20 所示。

（9）类似地，在窗体上添加第二个按钮，将其标题文字设置为"系统封面窗体"，同时将该按钮"属性表"窗格中"事件"选项卡的"单击"值设置为"学生信息.系统封面窗体"，如图 7-21 所示。

图 7-20 选择"学生信息.学生表"选项

图 7-21 修改按钮 2 的"单击"属性值

（10）按照上述方法，在窗体上添加第三个按钮，将其标题文字设置为"学生信息报表"，同时将该按钮"属性表"窗格中"事件"选项卡的"单击"值设置为"学生信息.学生信息报表"。

（11）完成设计的窗体界面如图 7-8 所示，最后将窗体名称命名为"子宏的使用示范"并进行保存。

7.2.4 创建含有 If 块的条件宏

条件宏是指当符合预先所设置的条件时才执行宏操作命令。有时，用户需要为执行宏指定一个特定的条件，即仅当特定条件成立时，才能执行宏中的一个操作或者一系列操作。这里，特定的条件应该是逻辑表达式，在运行宏时将根据条件结果的逻辑值（真或假）而执行不同的操作。

如何创建条件宏呢？在"宏生成器"窗格中，单击"添加新操作"右侧的下拉按钮，在弹出的下拉列表框中选择"If"选项（双击或拖动右侧"操作目录"窗格中"程序流程"子目录中的"If"选项），展开 If 块设计窗格，此时该 If 块设计窗格自动成为当前窗格并且由一个矩形框围住，同时在 If 右侧显示出一个⊟折叠按钮，在 If 的右侧显示一个"条件表达式"的文本框，用户可直接在该文本框中输入一个需要的条件表达式。在该"If"所在行的下一行，显示出一个（属于该块范围）"添加新操作"的组合框，用户可以在该组合框中选定需要的操作并展开该操作块设计窗格，同时在其下边又显示一个（仍属于该 If 块范围）"添加新操作"的组合框，用户又可以在该组合框中选定需要的操作并对该操作进行相应的设计，依次类推，在该 If 块内可以设计多个操作。

例 7.5 创建一个名为"条件宏示范"的条件宏，如图 7-22 所示，相关的参数设置如表 7-3 所示。

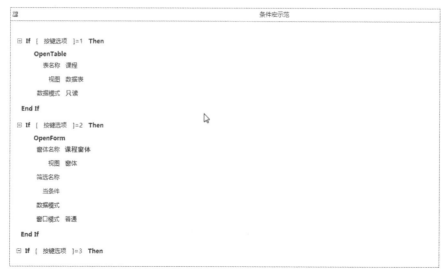

图 7-22 创建一个名为"条件宏示范"的条件宏

表 7-3　"条件宏示范"的参数设置

条　　件	宏操作命令	所对应的参数
[按键选项]=1	OpenTable	课程、数据表、只读
[按键选项]=2	OpenForm	课程窗体、窗体、（空）、（空）、（空）、普通
[按键选项]=3	OpenForm	数据输入窗体、窗体、（空）、（空）、（空）、普通

需要说明的是，表 7-3 的"条件"栏中设置了一个条件控制，专门针对"[按键选项]"的不同取值而采取了不同的策略。这里的"[按键选项]"可以是一个变量，也可以是某个用来接收数据的控件的名字。

本实例所指定的 3 种执行流程如下。

- 当条件"[按键选项]=1"成立时，也就是该表达式的值为真时，则以"只读"方式打开"课程"表，如图 7-23 所示。
- 当条件"[按键选项]=2"成立时，则打开"课程窗体"界面，如图 7-24 所示。
- 当条件"[按键选项]=3"成立时，则打开"数据输入窗体"界面，如图 7-25 所示。

图 7-23　打开"课程"表

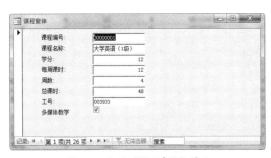

图 7-24　打开"课程窗体"界面

图 7-25　打开"数据输入窗体"界面

条件宏的具体创建过程如下。

（1）打开"教务管理系统"数据库。

（2）单击"创建"选项卡中"宏与代码"组的"宏"按钮，打开"宏"设计视图，在其中的"宏生成器"窗格中，显示一个带有"添加新操作"占位符的下拉列表框。

（3）单击该"添加新操作"右侧的下拉按钮，在弹出的下拉列表框中选择"If"选项（或把"操作目录"窗格中"程序流程"子目录中的"If"选项选定后并拖到该"添加新操作"组合框内）展开块设计窗格，该窗格自动成为当前窗格并且由一个矩形框围住。在块设计窗格内的"If"所在行的下一行，显示一个（属于该 If 块范围）"添加新操作"的组合框。在 If 块设计窗格外的下方显示"End If"，并在"End If"的下方显示一个（不属于该块范围）"添加新操作"的组合框。

（4）单击 If 块设计窗格中的"条件表达式"占位符所在的文本框，在该文本框中输入"[按键选项]=1"

（5）单击 If 块设计窗格中"添加新操作"右侧的下拉按钮，在弹出的下拉列表框中选择"OpenTable"选项，展开"OpenTable"操作块设计窗格，该窗格自动成为当前窗格并且由一个矩形框围住，单击"表名称"右侧的下拉按钮，在弹出的下拉列表框中选择"课程"选项。

（6）单击 If 块设计窗格中的"条件表达式"占位符所在的文本框，在该文本框中输入"[按键选项]=2"

（7）单击 If 块设计窗格中"添加新操作"右侧的下拉按钮，在弹出的下拉列表框中选择"OpenForm"选项，展开"OpenForm"操作块设计窗格，该窗格自动成为当前窗格并且由一个矩形框围住，单击"窗体名称"右侧的下拉按钮，在弹出的下拉列表框中选择"课程窗体"选项。第三个条件的创建参照第二个条件的创建。

（8）单击快速访问工具栏中的"保存"按钮，打开"另存为"对话框，在宏名称文本框中输入"条件宏示范"，单击"确定"按钮，至此"条件宏示范"创建完毕了。

例 7.6 设计一个名为"条件宏的使用示范"的窗体界面（见图 7-26），要求在窗体中添加一个选项组控件，能够通过该控件来调用例 7.5 所创建的"条件示范宏"。"条件宏的使用示范"的窗体如图 7-27 所示。

图 7-26 "条件宏的使用示范"的窗体界面

操作步骤如下。

（1）打开"教务管理系统"数据库。

（2）单击"创建"选项卡中"窗体"组的"窗体设计"按钮，打开窗体设计视图，默认只显示"主体"节。

（3）双击"窗体"选定器，打开窗体的"属性表"窗格。在其中修改窗体的部分属性值，将"记录选择器""导航按钮""分隔线"3 个属性值都设置为"否"，"弹出方式"和"居中方式"两个属性值都设置为"是"。

（4）根据要求设计一个如图 7-27 所示的窗体，包含一个标签控件"请选择您想浏览的内容"、一个选项组控件"目录"和一个命令按钮"确定"。

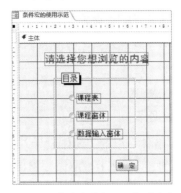

图 7-27 "条件宏的使用示范"的窗体

（5）需要注意的是，由于例 7.5 所创建的条件宏是通过变量[按键选项]的值来决定宏的执行的，因此为了能够在本实例的窗体中调用例 7.5 所创建的"条件宏示范"，就需要把选项组控件的名称重命名为"按键选项"，如图 7-28 所示，只有这样才能把从选项组读入的按键信息传递给条件宏，从而实现流程控制。至于标签控件和命令按钮这两个控件，它们的名称可以使用默认值。

（6）按照例 7.4 所介绍的方法，将窗体中命令按钮的"单击"属性值设置为"条件宏示范"，如图 7-29 所示。

图 7-28 设置选项组控件"属性表"

图 7-29 设置命令按钮单击事件

（7）最后将已设计好了的窗体名称命名为"条件宏的使用示范"，并进行保存。

如果想查看本实例窗体的运行效果，则可以在数据库工作界面中选择"窗体"对象，然后双击"条件宏的使用示范"，运行界面如图 7-26 所示，单击选项组控件之后的界面如图 7-23～图 7-25 所示。

7.2.5 创建嵌入宏

嵌入宏是嵌入在窗体、报表其控件的事件属性中的宏。创建嵌入宏有以下两种方法。

- 第一种方法，当使用控件向导创建控件时，为执行某种操作而对该控件的默认事件，Access 自动创建嵌入宏，如使用命令按钮向导创建"第一个记录"按钮后，该按钮的

"单击"事件属性值被自动设置为"嵌入的宏"。

- 第二种方法，对某个对象的某个事件属性使用宏生成器创建嵌入宏。

例 7.7 创建一个"含嵌入宏的窗体"，该窗体包含一个名为"用户"的下拉列表框、一个名为"口令"的文本框和一个标题为"确定"的命令按钮，对该命令按钮的单击事件创建嵌入宏。

操作步骤如下。

（1）打开"教务管理系统"数据库。

（2）单击"创建"选项卡中"窗体"组的"窗体设计"按钮，打开窗体设计视图，同时在功能区上显示"窗体设计工具—设计"选项卡；双击"窗体"选定器，打开窗体的"属性表"窗格。在其中修改窗体的部分属性值，将"记录选择器""导航按钮""分隔线"3 个属性值都设置为"否"，"弹出方式"和"居中方式"两个属性值都设置为"是"。

（3）在窗体"主体"节中创建一个名为"用户"的下拉列表框，再创建一个名为"口令"的文本框和一个标题为"确定"的命令按钮。

（4）在"确定"命令按钮的"属性表"窗格的"事件"列表中，单击"单击"右侧的⊡按钮，打开"选择生成器"对话框；或者在"单击"项中右击，在弹出的快捷菜单中选择"生成器"命令，也会打开"选择生成器"对话框。在"选择生成器"对话中选择"宏生成器"选项，并单击该对话框中的"确定"按钮，在"宏设计视图"中的"宏生成器"窗格内显示"添加新操作"组合框。

（5）单击该"添加新操作"右侧的下拉按钮，在弹出的下拉列表框中选择"If"选项，展开 If 块设计窗格。

（6）单击 If 块设计窗格的"条件表达式"占位符所在的文本框，在该文本框中输入"([用户]="普通用户" And [口令]="12345") Or ([用户]="管理员" And [口令]="admin")"。

（7）在该 If 块设计窗格中，单击 If 行下面"添加新操作"组合框右侧的下拉按钮，在弹出的下拉列表框中选择"OpenForm"选项，该 If 块设计窗格自动成为当前窗格并且由一个矩形框围住。在"窗体名称"组合框右侧的下拉列表框中选择"登录成功窗体"，其他属性采用默认值。

（8）单击当前 If 块设计窗格的右下角的"添加 Else "按钮，展开"Else "块设计窗格，该窗格自动成为当前窗格并且由一个矩形框围住。在该"Else "块设计窗格内，显示一个属于该"Else "块范围的"添加新操作"组合框，单击该组合框右侧的下拉按钮，在弹出的下拉列表框中选择"OpenForm"选项，该窗格自动成为当前窗格并且由一个矩形框围住。在"窗体名称"组合框右侧的下拉列表框中选择"登录失败窗体"，其他属性采用默认值。

（9）单击快速访问工具栏中的"保存"按钮，保存该嵌入宏。该嵌入宏在"宏生成器"窗格中的代码，如图 7-30 所示。

图 7-30 嵌入宏的代码

（10）单击"宏生成器"窗格右上角的"关闭"按钮，返回"窗体设计视图"。此时，"确定"命令按钮的"单击"事件属性值被自动设置为"[嵌入的宏]"。

（11）单击快速访问工具栏中的"保存"按钮，打开"另存为"对话框，在"窗体名称"文本框中输入"含嵌入宏窗体"。单击"另存为"对话框中的"确定"按钮，返回"窗体设计视图"。

（12）单击"窗体设计视图"右上角的"关闭"按钮。

7.2.6 创建数据宏

Access 2016 新增了数据宏。数据宏允许用户在表事件中添加逻辑。通过使用数据宏将逻辑附加到数据中来增加代码的可维护性，从而实现源表逻辑的集中化。数据宏包括 5 种宏，即插入后、更新后、删除后、删除前、更改前。

例 7.8 在"教务管理系统"数据库中，为"课程"表创建一个"更改前"的数据宏，用限制输入的"学分"字段的值不得超过 12。如果在"课程"表的"数据表视图"中的学分字段输入的值超过 12，则学分不允许通过。然后单击"保存"按钮，打开"Microsoft Access"提示对话框，如图 7-31 所示。

图 7-31 "Microsoft Access"提示对话框

操作步骤如下。

（1）打开"教务管理系统"数据库。

（2）在导航窗格中"表"对象列表的"课程"选项上右击，弹出快捷菜单，在该快捷菜单中选择"设计视图"命令，打开"课程"表的"设计视图"，并在功能区上显示"表格工具—设计"选项卡。

（3）单击"表格工具—设计"选项卡中"字段、记录和表格事件"组的"创建数据宏"下拉按钮，弹出"创建数据宏"下拉列表，如图 7-32 所示。

图 7-32　"创建数据宏"下拉列表

（4）在该下拉列表中选择"更改前"选项，打开"课程"表的"宏设计视图"，打开"宏工具—设计"选项卡。在"宏设计视图"中的"宏生成器"窗格内，显示"添加新操作"组合框。

（5）单击该"添加新操作"组合框右侧的下拉按钮，在弹出的下拉列表框中选择"If"选项，展开 If 块设计窗格，该 If 块设计窗格自动成为当前窗格并且由一个矩形框围住。

（6）单击 If 块设计窗格中的"条件表达式"占位符所在的文本框，在该文本框中输入"[学分]>12"；

（7）在该 If 块设计窗格中，单击"If"行面的"添加新操作"组合框右侧的下拉按钮，在弹出的下拉列表框中选择"RaiseError"选项，展开"RaiseError"操作设计窗格，该窗格自动成为当前窗格并且由一个矩形框围住。在"错误号"右侧文本框中输入"1000"（请注意，错误号 1000 是用户确定的，对 Access 无意义）。在"错误描述"右侧文本框中输入"学分不允许超过 12"。

（8）单击快速访问工具栏中的"保存"按钮（或者单击"宏工具—设计"选项卡中"关闭"组的"保存"按钮），保存该数据宏。该"宏生成器"窗格中的宏代码如图 7-33 所示。

图 7-33　"宏生成器"窗格中的宏代码

（9）单击"宏工具—设计"选项卡中"关闭"组的"关闭"按钮，返回"课程"表的"设计视图"。

（10）单击快速访问工具栏中的"保存"按钮。

（11）单击该"设计视图"右上角的"关闭"按钮。

7.2.7　创建自动运行名为 AutoExec 的独立宏

Access 设置了一个特殊的宏名 AutoExec，如果在 Access 数据库中创建了一个名为 AutoExec 的独立宏，那么在打开该数据库时先自动执行该 AutoExec 宏中的所有操作。适当设计 AutoExec 宏对象，可以在打开该数据库时执行一些系列的操作，为运行该数据库应用系统做好需要的初始化准备，如对初始变量赋予初值、打开应用系统的"登录"窗体等。创建 AutoExec 独立宏的方法与前文创建独立宏的方法类似，当保存该宏时，指定宏名称为 AutoExec。该宏保存后，在导航窗格的宏对象列表中便含有 AutoExec 选项。

7.3　运行宏

创建宏的目的是使用它。在创建完之后，可以直接运行某个宏，也可以运行宏组中的宏、事件过程中的宏，或者在一个宏中运行另一个宏，还可以为响应窗体、报表（或者窗体、报表的控件）上所发生的事件而运行宏。

7.3.1　直接运行宏

如果要直接运行宏，则执行下列操作之一。

（1）如果要从"宏"窗口运行宏，则单击"宏工具—设计"选项卡中"工具"组的"运行"按钮 。

（2）选择导航窗格中"宏"对象列表的某个宏名，然后再双击相应的宏名。

（3）单击"数据库工具"选项卡→"宏"组→"运行宏"按钮，打开"单步执行宏"对话框，然后在"宏名称"下拉列表中选择宏，单击"确定"按钮。

（4）使用 DoCmd 对象的 RunMacro 方法，在 Visual Basic 过程中运行宏。

7.3.2　运行含有子宏的宏

如果要运行宏组中的宏，则执行下列操作之一。

（1）将宏指定为窗体或报表的事件属性设置，或者指定为 RunMacro 操作的"宏名"参数。使用下列语法来引用宏：

含子宏的宏.子宏名

例如，在例 7.3 中创建并运行了一个名为"学生信息"的宏，在该宏中又包含了 3 个子宏，即"学生表"宏、"系统封面窗体"宏和"学生信息报表"宏，在命令按钮的"事件"选项卡中，将"单击"属性值设置为"学生信息.学生表"，表示当发生鼠标单击事件时会引发"学生信息"中"学生表"宏的运行。

（2）单击"数据库工具"选项卡→"宏"组→"运行宏"按钮，打开"单步执行宏"对话框，然后在"宏名称"下拉列表中选择宏。当宏名称出现在下拉列表时，Access 在每个宏组中以"宏组名.宏名"的格式为每个宏显示一项条目。

（3）在 Visual Basic 过程中运行宏组中的宏，方法是，使用 DoCmd 对象的 RunMacro 方法，并采用"含子宏的宏.子宏名"语法引用宏。

7.3.3 从另一个宏或者在 Visual Basic 过程中运行宏

如果需要从另一个宏或者在 Visual Basic 过程中运行宏，则需要向宏或者在 Visual Basic 过程中添加 RunMacro 方法，操作步骤如下。

（1）如果要在宏中添加 RunMacro 操作，则在"宏设计视图"下单击空白操作行中的"添加新操作"下拉按钮，从下拉列表框中选择"RunMacro"选项，并且将"宏名"参数设置为要运行的宏名。

（2）如果要在 Visual Basic 过程中添加 RunMacro 操作，则在过程中添加 DoCmd 对象的 RunMacro 方法，并指定要运行的宏名。

例如，使用 RunMacro 方法运行宏"My Macro"：

```
DoCmd.RunMacro "My Macro"
```

7.4 调试宏

在宏的运行过程中，如果发生了错误，或者无法打开相关的宏，此时就应该检查所设置的宏操作命令（包括操作参数）是否正确，然后再一步一步地反推，直到找出问题可能存在的位置，像这样一种循序反推、检查排错的过程称为单步调试（Debug），又被称为除错。宏的这种调试技术与许多高级程序设计语言中提供的程序单步调试是类似的。

一般来说，调试宏的具体方法如下。

（1）打开某个 Access 数据库后，在导航窗格中"宏"对象列表的某个宏名上右击（如"欢迎消息宏"），弹出快捷菜单，在该快捷菜单中选择"设计视图"命令，打开"宏设计视图"。

（2）单击"宏工具—设计"选项卡中"工具"组的"单步"按钮，先要确保已经单击"单步"按钮。

（3）单击"宏工具—设计"选项卡中"工具"组的"运行"按钮，打开"单步执行宏"对话框，如图 7-34 所示。

图 7-34 "单步执行宏"对话框

（4）"单步执行宏"对话框包含了丰富的提示信息，包括"宏名称""条件""操作名称""参数" 4 部分，同时该对话框中的文字显示将要运行的下一个宏操作的具体情况。另外，在"单步执行宏"对话框中还包含"单步执行""停止所有宏""继续" 3 个按钮，其作用如下。

- 单击"单步执行"按钮，将执行当前对话框中所显示的宏操作，同时暂停在准备执行下一个宏操作之前。
- 单击"停止所有宏"按钮，将终止当前宏的运行，同时自动关闭"单步执行宏"对话框。
- 单击"继续"按钮，将继续执行中断后的其余宏操作，直到宏运行完毕为止。

（5）根据需要单击"单步执行""停止所有宏""继续" 3 个按钮中的某一个按钮，观察当前宏操作运行的结果，直到完成整个宏的调试。

在例 7.1 中已经介绍了"记录定位宏"的创建过程，它一共包含 4 个宏操作命令（见图 7-2），其中，第 2 个宏操作命令为"GoToRecord"，其功能是把已经打开的"学生"表中的第 3 条记录作为当前记录。在例 7.1 中，由于创建"学生"表时已经输入了 78 条记录，因此在这种情况下，能够正确运行"GoToRecord"宏操作命令，不会出现运行错误问题。

假设把"记录定位宏"中"GoToRecord"宏操作命令的偏移量从"3"（见图 7-35）调整为"3000"，即把第 3000 条记录作为当前记录（见图 7-36）。由于表中仅有 78 条记录，因此在这种情况下再运行这个宏操作命令时，肯定会出错。

GoToRecord	
对象类型	表
对象名称	学生
记录	定位
偏移量	3

图 7-35 设置正确的"GoToRecord"宏操作命令

GoToRecord	
对象类型	表
对象名称	学生
记录	定位
偏移量	3000

图 7-36 设置有误的"GoToRecord"宏操作命令

例 7.9 对一个错误的宏进行调试。

操作步骤如下。

（1）打开"教务管理系统"数据库，选择"宏"对象。

（2）在导航窗格"宏"对象列表中选择"记录定位宏"选项，弹出快捷菜单，在该快捷菜单中选择"设计视图"命令。

（3）选择第 2 个宏操作命令"GoToRecord"，将偏移量从"3"调整为"3000"，即把第 3000 条记录作为当前记录（见图 7-36），然后单击快速访问工具栏中的"保存"按钮 。

至此，制作完宏调试查错的对象"有问题的记录定位宏"，下面开始进行单步调试模式，请留心屏幕上可能的出错提示。

（4）单击"宏工具—设计"选项卡中"工具"组的"单步"按钮 ，进入"有问题的记录定位宏"的单步调试模式。

（5）单击"宏工具—设计"选项卡中"工具"组的"运行"按钮 ，然后选择"单步执行宏"对话框（见图 7-37）中的单步命令来执行宏，此操作能够起到设置单步执行或者取消单步执行的作用。

图 7-37 "单步执行宏"对话框

（6）单击"单步执行"按钮，运行第一个宏操作命令"OpenTable"，此时运行情况正常。

（7）当"单步执行宏"对话框再次出现时，单击"单步执行"按钮，此时打开"Microsoft Access"提示对话框，提示"您不能转到指定的记录。"，如图 7-38 所示。

图 7-38 "Microsoft Access"提示对话框

（8）单击"确定"按钮，打开"单步执行宏"对话框，提示出错信息，如图 7-39 所示。

（9）最后单击"停止所有宏"按钮，至此宏调试过程以失败告终。

通过上述操作可以看到，出错原因就是第二个宏操作命令"GoToRecord"中设置了不合理的参数，只要在设置时让偏移量的值不超过实际记录的总数即可。

图 7-39　在"单步执行宏"对话框中提示出错信息

7.5　将宏转换为 Visual Basic 程序代码模块

Access 可以自动将宏转换为 Visual Basic 程序代码模块。转换后的模块使用 Visual Basic 代码运行与宏等价的操作。

将宏转换为 Visual Basic 程序代码模块的操作步骤如下。

例 7.10 将名为"记录定位宏"的宏转换为 Visual Basic 程序代码模块。

（1）打开某个 Access 数据库后，在导航窗格中"宏"对象列表的"记录定位宏"选项上右击，弹出快捷菜单，在该快捷菜单中选择"设计视图"命令，打开"记录定位宏"的"宏设计视图"，并且在"宏生成器"窗格中显示该宏的宏代码。

（2）单击"宏工具—设计"选项卡中"工具"组的"将宏转换为 Visual Basic 代码"按钮，如图 7-40 所示。此时打开"转换宏:记录定位宏"对话框，如图 7-41 所示。

图 7-40　单击"将宏转换为 Visual Basic 代码"按钮　　　图 7-41　"转换宏:记录定位宏"对话框

（3）单击"转换"按钮，Access 自动进行转换。

（4）转换完毕，打开"将宏转换为 Visual Basic 代码"对话框，提示"转换完毕！"的消息，单击"确定"按钮。

在导航窗格中的"模块"对象列表中添加了一个名为"被转换的宏—记录定位宏"的模块，如图 7-42 所示。

图 7-42 "被转换的宏—记录定位宏"的模块

习　题

一、填空题

1. 组成 Access 数据库的六大对象分别是＿＿、＿＿、＿＿、＿＿、＿＿、＿＿。

2. "宏设计视图"的操作目录有 4 种程序流程，分别是 ＿＿、＿＿、＿＿、＿＿。

3. 在设计宏时，如果想获得对某个常用宏操作的解释，则可以在选定该宏名的前提下，再按＿＿键。

4. 宏可以分为＿＿、＿＿、＿＿3 种类型。

5. AutoExec 宏是指能＿＿的宏。

6. 在宏的＿＿视图中，才能对宏进行添加、修改和删除操作。

7. 将相关的一系列宏集中组织在一起而构成的集合称为＿＿。

8. 条件宏的条件项是一个＿＿。

9. 为验证宏或宏组是否正确而采用的一种循序反推、检查排错的过程称为＿＿，又被称为除错。

10. 按钮的功能是＿＿，按钮的功能是＿＿。

二、单项选择题

1. 下列关于宏的说法错误的是（　　）。

A. 宏是若干个操作的集合

B. 每一个宏操作命令都有相同的宏操作参数

C. 宏操作命令不能自定义

D. 宏通常与窗体、报表中的命令按钮相结合来使用

2. 宏组是由（　　）组成的。

A. 若干个宏操作　　　B. 一个宏　　　C. 若个干宏　　D. 上述都不对

3. 下列叙述错误的是（　　）。

A. 宏能够一次完成多个操作

B. 可以将多个宏组成一个宏组

C. 可以用编程的方法来实现宏

D. 宏操作命令一般由动作名和操作参数组成

4. 宏操作命令 OpenForm 的功能是（　　　）。

A. 打开窗体 　　　　　　　　　　　　　B. 打开报表

C. 打开查询 　　　　　　　　　　　　　D. 打开表

5. 在宏、宏操作、宏组这 3 个概念中，组成关系由小到大依次排序是（　　　）。

A. 宏→宏操作→宏组 　　　　　　　　　B. 宏操作→宏→宏组

C. 宏→宏组→宏操作 　　　　　　　　　D. 宏组→宏→宏操作

6. 创建宏至少要定义一个"操作"，并且设置相应的（　　　）。

A. 宏操作参数 　　　　　　　　　　　　B. 条件

C. 命令按钮 　　　　　　　　　　　　　D. 备注信息

7. 要运行宏中的某一个子宏时，需要以（　　　）格式来指定宏名。

A. 宏名 　　　　　　　　　　　　　　　B. 子宏名.宏名

C. 子宏名 　　　　　　　　　　　　　　D. 宏名.子宏名

8. 用于最大化窗口的宏操作命令是（　　　）。

A. Minimize 　　　　　　　　　　　　　B. Requery

C. Maximize 　　　　　　　　　　　　　D. Restore

9. 能执行宏操作的是（　　　）。

A. 创建宏 　　　　　　　　　　　　　　B. 编辑宏

C. 运行宏 　　　　　　　　　　　　　　D. 创建宏组

10. 在一个宏的操作序列中，如果既包含带条件的宏，又包含无条件的宏，则带条件的宏操作是否执行取决于逻辑表达式的真假，而没有指定条件的操作则会（　　　）。

A. 无条件执行 　　　B. 有条件执行 　　　C. 不执行 　　　D. 出错

11. 在一个宏中允许包含多个操作，在运行宏时默认的执行顺序是（　　　）。

A. 从下到上 　　　B. 从上到下 　　　C. 随机 　　　D. 以上都不对

12. 打开查询的宏操作命令是（　　　）。

A. OpenQuery 　　　　　　　　　　　　B. OpenTable

C. OpenForm 　　　　　　　　　　　　D. OpenReport

13. 用来移动记录，并使它成为指定表中当前记录的宏操作命令是（　　）。

A. FindNext   B. GotoRecord

C. FindRecord   D. GotoControl

14. 在下列宏操作命令中，限制表、窗体或者报表中显示的信息的是（　　）。

A. ApplyFilter   B. Echo

C. MessageBox   D. Beep

15. 在下列宏操作命令中，控制计算机扬声器发出嘟嘟声的是（　　）。

A. ApplyFilter   B. Echo

C. MessageBox   D. Beep

三、多项选择题

1. 下列关于宏的说法正确的是（　　）。

A. 宏是 Access 数据库的一个对象

B. 宏的主要功能是使操作自动进行

C. 使用宏可以完成许多繁杂的人工操作

D. 只有熟悉掌握各种语法、函数，才能写出功能强大的宏命令

2. 下列有关宏运行的说法正确的是（　　）。

A. 宏除可以单独运行外，也可以运行子宏、另一个宏或事件过程中的宏

B. 可以为响应窗体、报表上所发生的事件而运行宏

C. 可以为响应窗体、报表中的控件上所发生的事件而运行宏

D. 用户不能为宏的运行指定条件

四、简答题

1. 什么是宏？它有什么作用？

2. "宏设计视图"由哪几部分组成？

3. 什么是宏组？它有什么作用？

4. 什么是条件宏？条件宏是如何运行的？

5. 运行宏的方法有哪几种？

五、实验题

1. 设计一个"登录成功窗体"，如图 7-43 所示，单击"继续"按钮后将关闭该窗体。

2. 设计一个"登录失败窗体"，如图 7-44 所示，单击"结束"按钮后将关闭该窗体。

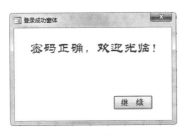

图 7-43 登录成功窗体

图 7-44 登录失败窗体

3. 设计一个条件宏，将其命名为"登录口令宏"，其参数如表 7-4 所示。

表 7-4 "登录口令宏"的参数设置

条 件	宏操作命令	参 数
([用户]="普通用户" And [口令]="12345") Or ([用户]="管理员" And [口令]="admin")	OpenForm	登录成功窗体
not (([用户]="普通用户" And [口令]="12345") Or ([用户]="管理员" And [口令]="admin"))	OpenForm	登录失败窗体

4. 设计一个"系统登录"窗体，如图 7-45 所示，要求使用登录口令宏，能够实现对输入数据的判断。

使用这个系统登录界面时，首先请在"用户名"右侧的组合框中选择用户（如"普通用户"或"管理员"），或者自行输入新的用户名，然后从"密码"文本框中输入相应的密码。如果用户名和密码都正确，则打开"登录成功窗体"（见图 7-43），否则打开"登录失败窗体"（见图 7-44）。

图 7-45 "系统登录"窗体

提示：在设计"系统登录"窗体时，"用户名"右侧的组合框控件的名称应该是"用户"，"密码"右侧的文本框控件的名称应该是"口令"，这两个控件的名称必须与表 7-4 中条件表达式中的变量名一致。

第 8 章

模块

Access 具有强大的界面功能，这使得用户能够方便地创建各种对象。尤其是利用宏可以执行简单的任务，如打开和关闭窗体、报表等。但宏的使用也有一定的局限性，一是宏只能处理一些简单的操作，二是宏对数据库对象的处理能力很弱。

通过模块的组织和 VBA 代码设计，能够极大地提高 Access 数据库应用的处理能力，解决复杂问题。

本章重点：

◎ 了解模块的基本概念
◎ 了解 VBA 编程环境
◎ 了解常量、变量运算符与表达式
◎ 了解 VBA 程序结构
◎ 掌握简单的数据库编程方法

8.1 模块的基本概念

模块是由声明、语句和过程组成的集合，这些集合作为一个已命名的单元存储在一起，能够对 Visual Basic 程序代码进行组织。模块是 Access 数据库中用于保存 VBA 程序代码的容器。

Access 的模块分为两种类型，分别是标准模块和类模块。在标准模块中，放置着能够提供给整个数据库中其他过程来使用的 Sub 过程和 Function 过程；在类模块中则包含了新对象的定义模块，一个类的每个实例都新建一个对象，在模块中定义的过程成为该对象的属性和方法。类模块可以单独存在，也可以与窗体和报表一起存在。

1. 类模块

窗体模块和报表模块都属于类模块，它们各自与某一个特定窗体或报表相关联，隶属于不同的窗体或报表。在窗体模块中包含在指定的窗体或者其控件上事件发生时触发的所有事件过程的代码；在报表模块中包含由在指定报表或者其控件上发生的事件触发的所有事件过程的代码。

在 Access 2016 中要掌握模块及 VBA 编程，必须先厘清事件和事件过程两个概念。

事件是一种特定的操作，可以在某个对象上发生或对某个对象发生，通常是用户操作的结果产生了事件。Access 可以响应多种类型的事件，如鼠标单击、数据更改、窗体打开或关闭及许多其他类型的事件。一个控件所具有的事件通过其"属性表"窗格中的"事件"选项卡来查看。

事件过程是一个自动执行的过程，是为响应由用户、程序代码引发的事件或由系统触发的事件而运行的过程，如可以为在窗体、报表或控件上发生的事件添加自定义的事件响应。

作为同属于类模块范畴的窗体模块和报表模块，它们通常都含有事件过程，而过程的运行用于响应窗体或报表中的事件。可以使用事件过程来控制窗体或报表的行为，以及它们对用户操作的响应，如单击某个命令按钮。

2．标准模块

标准模块一般用于存储与任何 Access 其他对象都无关的常规过程，以及可以从数据库任何位置运行的经常使用的过程。

标准模块通常提供了一些公共变量或过程用于类模块的过程调用，在各个标准模块内部也可以定义私有变量和私有过程仅供本模块内部使用。

标准模块与某个特定对象无关的类模块的主要区别在于其范围和生命周期。在没有相关对象的类模块中，声明或存在的任何变量、常量的值都仅在该代码运行中是可用的。

3．模块的组成

一个模块包括一个声明区域，以及一个或多个过程，如图 8-1 所示。

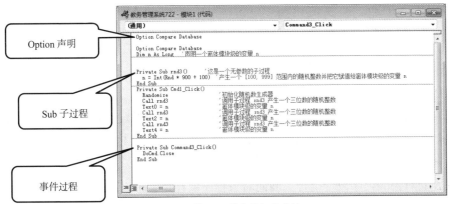

图 8-1　模块的组成实例

模块是由过程组成的，而过程是一段已经命名的语句序列，用于完成某个特定的操作，它可作为单元来执行。例如，Function、Property 和 Sub 都是过程类型。总是在模块级别定义过程的名称，所有可执行的代码必须包含在过程内。

（1）声明区域。

声明部分主要包括 Option 声明变量、常量或自定义数据类型的声明。

模块中可以使用的 Option 声明如下。

- Option Base1：声明模块中数组下标的默认下界为 1，不声明则默认下界为 0。
- Option Compare Database：声明模块中需要进行字符串比较时，将根据数据库区域确定的排序级别进行比较；不声明则按字符 ASCI 码值进行比较。
- Option Explicit：强制模块用到的变量必须先声明。

此外，有关变量、常量或自定义数据类型的声明语句格式将在 8.2.3 节中介绍。

（2）Sub 过程。

Sub 过程又被称为子过程。它执行一系列操作，无返回值。

Sub 过程的定义格式如下：

```
Sub 过程名(形参列表)
[VBA 程序代码]
End Sub
```

VBA 提供了一个关键字 Call，它用于调用子过程。此外，当引用过程名来调用子过程时，过程名后不能带有一对圆括号。

（3）Function 过程。

Function 过程又被称为函数过程。它执行一系列操作，有返回值。

Function 过程的定义格式如下：

```
function 过程(形参列表)
{VBA 程序代码}
End Function
```

8.2　VBA 程序设计基础

VBA（Visual Basic for Application）是 Microsoft 公司专门为了与 Office 应用相结合推出的可视化 Visual Basic 语言代码。由于 VBA 继承了 Visual Basic（简称 VB）的很多语法，因此可以像使用 VB 一样来编写 VBA 程序。VBA 是 VB 的子集。

VBA 是面向对象的程序设计语言。面向对象程序设计是一种以对象为基础，以事件来驱动对象的程序设计方法。

8.2.1　面向对象程序设计的基本概念

1．对象和对象名

对象是 VBA 应用程序的基础构件。在开发一个 Access 数据库应用系统时，必须先创建对象，然后围绕对象进行程序设计。在 Access 中，表、查询、窗体、报表等是对象，字段、报表中的控件（如标签、文本框、按钮等）也是对象。

Access 采用面向对象程序开发环境，其数据库窗口可以更加方便地访问和处理表、查询、报表、模块等对象。VBA 可以使用这些对象及范围更广泛的一些可编程对象。每个对象都有名称（对象名）、属性、方法、事件等。

2. 对象的属性

对于生活中的事物，我们都会这样描述：某个人的"身高"和"体重"是多少，某双鞋的"鞋号"是多少、它是什么"颜色"的等，这些描述都抽取了事物的特征，在 VBA 中就是对象的属性，即描述对象静态特征的一个数据项，数据内容就是属性值。

每个窗体对象都有高、宽、边框等静态特征，反映到程序代码中就是 Height、Width、Frame 等属性项，对于窗体上的控件也一样。在设计视图下，只要打开"属性表"窗格就可以看到窗体或控件的属性项和属性值的列表，属性值能被直接设置或修改。

但在 VBE（Microsoft Visual Basic Editor）窗口中，输入某一个对象名及 "." 后，在弹出的 "属性及方法" 下拉列表框中的属性名或方法名全都是英文的，如图 8-2 所示。

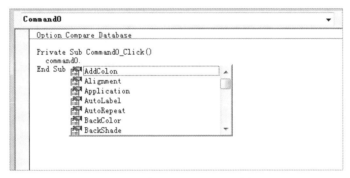

图 8-2　"属性及方法"下拉列表框

3. 对象的方法

对象为了达到某种目的必须执行的操作就是对象的方法。例如，窗口从一个位置移动到另外一个位置就是通过调用窗体的"Move"方法来完成的。方法其实就是该对象类内部定义的一个子过程或函数，可以有返回值，也可以没有返回值，调用时只能通过对象来调用。例如，将窗体 frmMain 移动到屏幕左上角，就是使用该窗体对象的"Move"方法 frmMain. Move 0。方法能够影响属性的值，如通过"Move"方法改变"Top"和"Left"等属性值。实际上很多属性值的改变都是利用方法来完成的。因为一个属性值的改变可能会涉及对象方面的变化，简单的赋值语句难以实现，而在方法中可以完成更多的相关处理。

事件是对象可以"标识"的动作，是对象对外部操作的响应。在程序执行时单击按钮会产生一个 Click 事件。

在 Access 数据库系统中，可以通过两种方式处理窗体报表或控件的事件响应，一种是设置事件属性；另一种是为某个事件编写 VBA 代码过程，完成指定动作。

每个对象都有一系列预先定义过的事件集。例如，按钮能响应单击、获取焦点，可以通"属性表"窗格中的"事件"选项卡查看。

8.2.2　VBA 编程环境

VBA 的编程环境为 Microsoft Visual Basic Editor（VBE）。

打开 VBE 工作界面主要有以下几种方法。

（1）在 Access 2016 工作界面中，单击"创建"选项卡中"宏与代码"组的"模块"按钮。

（2）单击"数据库工具"选项卡→"宏"→"Visual Basic"按钮。

（3）按 Alt+F11 组合键，同时该方法还可以用于数据库工作界面与 VBE 工作界面之间的切换。

（4）在 Access 2016 数据库的"模块"对象列表中双击想要查看或编辑的某个模块的名称，系统将自动打开 VBE 工作界面。图 8-3 是一个标准的 VBE 工作界面。

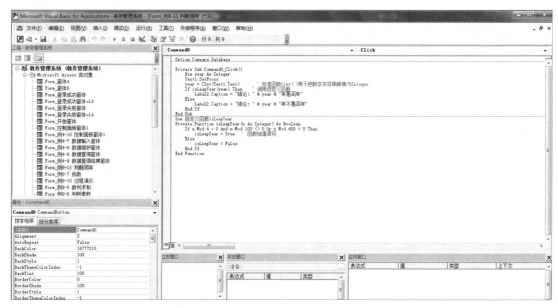

图 8-3　一个标准的 VBE 工作界面

8.2.3　常量、变量、运算符与表达式

在编写 VBA 代码时，需要用到程序设计基础知识，包括标准数据类型、用户自定义数据类型、常量、变量和数组等内容。

1．标准数据类型

类型表示变量的特性，用来决定保存哪种类型数据。在数据库中创建"表"对象时，已经使用了字段类型。VBA 也提供了丰富的数据类型，能够使用的标准数据类型包括 Byte、Boolean、Integer、Long、Currency、Single、Double、Date、String、Object、Variant（默认）等，如表 8-1 所示。

表 8-1　VBA 中的标准数据类型

标准数据类型	标准数据类型名称	存储长度	标准数据类型声明符	取值范围
Byte	字节类型	1 字节		0～255
Integer	整数类型	2 字节	%	−32,768～32,767
Long	长整数类型	4 字节	&	−2,147,483,648～2,147,483,647
Currency	货币类型	8 字节	@	−922,337,203,685,477.5808～922,337,203,685,477.5807
Single	单精度类型浮点型类型	4 字节	!	负数：−3.402823E38～−1.401298E-45 正数：1.401298E-45～3.402823E38
Double	双精度类型浮点型类型	8 字节	#	负数：−1.79769313486231E308～−4.94065645841247E-324 正数：4.94065645841247E-324～1.79769313486232E308
Boolean	布尔类型	2 字节		True 或 False
Date	日期/时间类型	8 字节		日期范围：100 年 1 月 1 日～9999 年 12 月 31 日 时间范围：0:00:00～23:59:59
String	字符串类型		$	定　长：0～6.4 万（2^16）个字符 不定长：0～20 亿（2^31）个字符
Variant	变体类型			是一种特殊的数据类型，除了包含 String 类型及用户定义数据类型，还可以包含任何其他类型的数据。Variant 也可以包含 Empty、Error、Nothing 及 Null 等特殊值
Object	对象类型	4 字节		

有关标准数据类型的详细说明。

（1）字节类型（Byte）。

Byte 类型的取值范围为 0～255，它不能表示负数，在存储二进制数据时可以使用 Byte 类型。例如，一个汉字是一个字符，在计算机内部是用两个字节的二进制整数来保存，如果需要原封不动地取出这两个字节的值，则使用 Byte 类型就很方便。

（2）整数类型（Integer）和长整数类型（Long）。

这两种类型的数据由于存储长度不同，因此所表示的整数范围也不同。需要说明的是，Integer 类型和 Long 类型除了使用日常的十进制整数表示，在 VBA 中还可以使用八进制整数和十六进制整数表示。

八进制整数的基本数字是 0～7，分别表示八进制整数中的 0 到 7，表示一个八进制整数是在该数值的最前面加上前缀&O、&0 或&。

十六进制整数的基本数字是 0～9 及 A～F，分别表示十六进制整数中的 0 到 15，表示一个十六进制整数是在该数值的最前面加上前缀&H。

例如，一个十进制整数 23，它对应的八进制整数为&O27（或者&27、&027），对应的十六进制整数为&H17。

（3）布尔类型（Boolean）。

希尔类型又被称为逻辑类型，它的值只有 True 和 False 两种，分别对应真和假。

```
Dim flag As Boolean          '声明 Boolean 类型的变量 flag
flag=True                    '给变量 flag 赋值为 True
```

当把其他的数值类型转换为 Boolean 值时，0 会被转换为 False，而非 0 的值会被转换为 True；当转换 Boolean 类型的值为其他的数据类型时，将 False 转换为 0，而将 True 转换为-1。

（4）货币类型（Currency）。

Currency 类型的数据表示格式为一个定点数。整数部分有 15 位数字，小数部分有 4 位数字，适用于货币计算与定点计算这种数据精度要求特别高的场合。

（5）日期/时间类型（Date）。

Date 类型是具有特殊格式的数字类型，必须由年、月、日，以及时、分、秒组成，Date 数据存储采用的是 8 字节的浮点数值形式，使用时必须以一对数字符号"#"括起来。例如：

```
Dim birthdate As Date              '声明 Date 类型的变量 birthdate
birthdate=#10/29/1990#             '给变量 birthdate 赋值为 1990 年 10 月 29 日
                                   '此处采用"月/日/年"的格式

birthdate=#1990-10-29 11:30:00 AM# '此处采用"月-日-年 时:分:秒"的格式
birthdate=#October 29，1990#
```

在 VBA 中，当前日期及时间可以通过 Now()、Date()和 Time()这 3 个函数获得。

（6）字符串类型（String）。

除整数和实数外，有一些数据本身就是字符形式的，如一个人的姓名（中文或英文）、电话号码（全部数字）、车牌号（中文、英文和数字混合）等，这些数据在 VBA 中都属于 String 类型。

String 类型的类型声明符为"$"，表示字符串时必须用一对双引号"""把里面的字符括起来，双引号中所包括的字符的个数是该字符串的长度，它不包括最外面的一对双引号。例如：

```
Dim txtName AsString * 4       '声明 String（包括 4 个字符）类型变量 txtName
txtName="张三"                  '给变量 txtName 赋值为"张三"
Dim txtDepart   As   String    '声明 String 类型变量 txtDepart
txtDepart="计算机信息工程学院"     '给变量 txtDepart 赋值为"计算机信息工程学院"
```

由于大小写英文字母的 ASCII 码值不同，因此大小写不一致的英文字符串是有区别的，如"tTian"与"Ttian"就是两个不同的字符串，这两个字符串的长度都为 5；另外，字符串中出现的汉字与英文字符一样计算，一个汉字也算一个字符，如"VBA 程序设计"这个字符串的长度是 7。需要注意的是，长度为 0 的字符串称为空串，即该字符串中没有包含任意一个字符，记为""，注意区分空串与空格字符串的区别。

（7）变体类型（Variant）。

Variant 类型是所有没被显式声明（如 Dim、Private、Public 或 Static 等语句）为其他类型变量的数据类型。Variant 类型并没有数据类型声明字符。

Variant 是一种特殊的数据类型，除了包含 String 类型及用户定义数据类型，还可以包含任何其他类型的数据。为了更有适应性，可以使用 Variant 类型来替换任何数据类型。如 Variant 变量的值是整数，它可以用字符串来表示数字或使用它实际的值来表示，这将由上下文来决定。例如：

```
Dim MyVar As Variant              '声明 Variant 类型变量 MyVar
Dim intVar As Integer             '声明 Integer 类型变量 intVar
intVar = 3                        '给变量 intVar 赋初值为 3
MyVar = 2                         '给变量 MyVar 赋初值为 2
Print intVar+MyVar                '输出两个变量的和，结果为 5，此处把 MyVar 当成 Integer 类型变量
```

（8）对象类型（Object）。

Object 类型变量存储为 32 位（4 个字节）的地址形式，其为对象的引用。利用 Set 语句，声明为 Object 类型的变量可以赋值为任何对象的引用。

2．用户自定义数据类型

除了上文介绍的标准数据类型，VBA 还提供了用户自定义数据类型，它由包括多个标准数据类型的数据项组合而成，与 C 语言中的结构类型（Struct）类似。

用户自定义数据类型的定义需要用到 Type 语句，语法格式如下：

```
Type  自定义数据类型名
元素名 1[ (下标) ] As  类型名
元素名 2[ (下标) ] As  类型名
……
End Type
```

补充说明如下。

（1）Type 语句只能在模块级使用。使用 Type 语句声明了一个用户自定义数据类型后，就可以在该声明范围内的任何位置声明该类型的变量。可以使用 Dim、Private、Public、ReDim 或 Static 来声明用户自定义数据类型的变量。

（2）在标准模块中，用户自定义数据类型按缺省设置是公用的。可以使用 Private 关键字来改变其可见性。而在类模块中，用户自定义数据类型只能是私有的，且使用 Public 关键字也不能改变其可见性。

（3）在 Type...End Type 中不允许使用行号和行标签。

下面来看一个实例。

```
Type StudentData
Name As String * 4                '姓名字段
Score (1 To 3) As Integer         '定义一维 Integer 类型数组 Score，表示 3 门功课的成绩
```

```
College As String                        '所在院系
End Type
```

这里定义了一个由 Name（学号）、Score（成绩）和 College（所在院系）3 个数据项组成的用户自定义数据类型，类型名为 StudentData。

如果要使用用户自定义数据类型中的数据，则应该先显式地使用关键字 Dim 来声明该类型的变量，然后在使用变量时，在变量名与各数据项名之间用小数点"."分隔。例如：

```
Dim stu As StudentData                   '声明 StudentData 类型的变量 stu
stu.Name = "张三"                        '给变量 stu 中的 Name 数据项赋值
stu.Score (1) = 85                       '给变量 stu 中的 Score 数组元素 Score(1)赋值
stu.Score (2) = 90
stu.Score (3) = 95
stu.College = "传播学院"
```

可以使用关键字 With 来简化上述程序中变量名重复的部分。例如：

```
Dim stu As StudentData
With stu
.Name = "张三"
.Score (1) = 85
.Score (2) = 90
.Score (3) = 95
.College ="传播学院"
End With
```

3. 常量

在 VBA 中，尽管有各种不同类型的数据，但归根结底可以分为常量与变量两种基本类型，每种数据类型都声明了属于该类型的常量与变量。

例如，这样一些数据，圆周率 π 的常用值为 3.14、自然对数的底 e 为 2.71828，在数学中都是把它们看成常数来处理的；同样地，在 VBA 中，对于在程序运行过程中始终保持不变的量称为常量，常量又被称为常数。VBA 有 3 种常量，分别是普通常量、符号常量和系统常量。

（1）普通常量。

各种数据类型中都声明了本类型所属的常量，一方面可以是直接给出的，另一方面也可以在这个常数值之后跟上类型声明符来显式地声明常量的类型。

① Byte 类型、Integer 类型和 Long 类型。

这 3 种类型的常量除了可以采用与日常习惯一致的十进制整数表示，也可以采用八进制整数或十六进制整数表示。

例如，100、100&、−12、32000、23、&O27、&H17 都是合法的常量，其中前 5 种数据采用的是十进制表示法，而&O27 采用的是八进制表示法，&H17 采用的是十六进制表示法。100 和 100&是两种不同类型的常量，其中，100 可以看成 Byte 类型或 Integer 类型的常量，

100&可以看成长整数类型的常量，因为它后面跟着类型声明符"&"；虽然 100 和 100&的数值相同，但所占用的存储空间不同。对于 Byte 类型来说，100 占用 1 字节；对于 Integer 类型来说，100 占用 2 字节，而属于 Long 类型的 100&占用 4 字节。

② Single 类型和 Double 类型。

这两种类型的常量可以采用与日常习惯一致的十进制整数表示，如 3.1415926、0.45 和-1.23 都属于 Single 类型的常量，如果是纯小数，则可以省略整数部分的零，如 0.5 可以写成".5"，而 0.45#则为 Double 类型的常量。

除了采用上述定点小数的表示法，还可以采用指数表示法，如 3.14159E0、0.0314159E2 和 314.159E-2 则为 Single 类型的常量，其中，E 表示 10 的多少次方；而 1.35D-2 则表示 Double 类型的常量，其中，D 既表示 10 的多少次方，又表示它是 Double 类型的常量。

③ String 类型。

字符串常量要使用一对双引号""""括起来，双引号是字符串的定界符，如"12315"和"现代教育技术"都是合法的 String 类型常量。

④ Boolean 类型。

Boolean 类型的值只能是 True（真）或 False（假）两种，而"True"则是 String 类型常量，注意这两者的区别。

⑤ Date 类型。

Date 类型的声明符为一对"#号"，如#1990-10-29 18:48:00#、#10/29/1990#、#18:48:00#、#October 29，1990#都是合法的 Date 类型常量。

（2）符号常量。

符号常量在 VBA 编程中使用得比较多，通常是在程序的开头采用符号常量声明一个常数，声明的语法格式如下：

Const 符号常量名 [As 类型名]= 常数值

常量名由用户指定，但是不能与系统中的关键字同名；同时，在常量声明完成之后，不能再对其进行更改或赋予新值。例如：

```
Const PI = 3.14
Const SystemName ="Access 2016"
Const BuildDate = #2001-10-15#
Const conAge As Integer = 34            '定义常量 conAge 为 Integer 类型，其值为 34
```

（3）系统常量。

除了普通常量和符号常量，VBA 还提供了供程序和控件定义的系统常量，这些系统常量都是预先定义好了的，用户可以直接使用，如表示回车换行符的 vbCrLf、表示黑颜色的 vbBlack 等。

4．变量

变量是指在程序运行过程中值会发生变化的数据，如气温的高低、股价的涨跌等。

（1）变量的命名。

变量的命名方法与数据库中"表"对象里字段的命名方法类似。合法的变量名必须符合以下规则。

- 以汉字或英文字母开头，后面可以包含英文字母、汉字、数字或下画线。
- 不能是 VBA 系统中已有的关键字。
- 变量名的长度不能超过 255 个字符。
- 在同一个作用范围内变量名必须唯一，如同一个事件过程中不能有两个同名的变量存在。

变量名就是一个数据的代号，尽量做到见名知义；另外，对于变量名中出现的英文字母，采用不同大小写字母表示的变量名代表的是同一个变量，这与字符串中的大小写字母的含义是不一样的。

（2）变量的声明。

在 VBA 中规定，使用变量前必须先声明再使用，除非是带有特定类型声明符的变量。一般来说，在程序中声明变量要使用关键字 Dim，语法格式如下：

```
Dim 变量名 1[ As 类型名 2 ],变量名 2 [ As 类型名 2 ],……
```

例如：

```
Dim StudID As String,StudScore As Integer
Dim StudFlag As Boolean
```

上面定义了 String 类型的变量名 StudID，Integer 类型的变量名 StudScore，Boolean 类型的变量名 StudFlag。

变量名除了使用 Dim 来声明，还有一种简便的方法，那就是在变量名的后面紧跟类型声明符，使用了哪种类型的声明符，就表示该变量是什么类型的。例如：

```
age%=18              '%表示该变量是 Integer 类型
grade!=9.875         '!表示该变量是 Single 类型
```

（3）使用 Option Explicit 声明变量。

在 VBA 中允许在对变量未进行任何声明的情况下就使用一个变量，这种方式称为隐式声明，默认的设置就是隐式声明，这与前面通过 Dim 或者使用类型声明符来声明变量完全不同。在 VBA 中凡未经声明的变量都是 Variant 类型的，因此若需要指明变量是哪种具体数据类型时就需要额外处理（如类型转换等），否则存在出错的隐患。

因此，建议在使用变量时还是遵守"先声明再使用"的原则（显式声明），这里提供一条强制要求显式声明的语句 Option Explicit，方法就是在每个程序的开头添加这条设置语句。例如：

```
Option Explicit          '设置变量的显式声明
Dim MyVar As Integer     '声明 MyVar 是 Integer 类型的变量
MyVar = 10               '对变量 MyVar 赋值，能正确执行
YourVar = 20             '变量 YourVar 未经声明，使用时会报错
```

（4）变量的缺省值。

除 Object 类型外，其他数据类型的变量都有缺省值（又被称为默认值）。变量一经声明，大部分数据类型（包括 Byte、Integer、Long、Single 和 Double）的变量的初始值都为 0，Boolean 类型的初始值为 False，String 类型的初始值为空串（长度为 0 的字符串，记为""），Date 类型的初始值为 0 时 0 分 0 秒，即使没有对上述变量赋值，它们的初始值仍能被直接使用。

（5）数据类型之间的转换函数。

在 VBA 编程中，经常需要将某种类型的数据转换为另一种类型的数据。例如，通过文本框控件接收的数据为 String 类型，即使在 "取款金额" 文本框中输入 1234，但程序中接收到的是 String 类型的"1234"，而不是 Integer 类型的 1234，这里就需要进行数据类型的转换。

VBA 提供了一些常用的数据类型转换函数，语法格式如下：

```
类型转换函数名（expression）
```

上式中的 expression 表示自变量参数的类型，每个函数都可以强制将一个表达式转换成某种特定数据类型，如表 8-2 所示。

表 8-2　数据类型之间的转换函数

函数	返回值类型	expression 参数范围
CBool()	Boolean 类型	任何有效的字符串或数值表达式
CByte()	Byte 类型	0～255
CCur()	Currency 类型	−922,337,203,685,477.5808～922,337,203,685,477.5807
CDate()	Date 类型	任何有效的日期表达式
CDbl()	Double 类型	负数：−1.79769313486231E308～−4.94065645841247E−324 正数：4.94065645841247E−324～1.79769313486232E308
CInt()	Integer 类型	−32,768～32,767，小数部分四舍五入
CLng()	Long 类型	−2,147,483,648～2,147,483,647，小数部分四舍五入
CSng()	Single 类型	负数：−3.402823E38～−1.401298E−45 正数：1.401298E−45～3.402823E38
CStr()	String 类型	依据 expression 参数返回 Cstr
CVar()	Variant 类型	如果为数值，则范围与 Double 类型的范围相同；如果不为数值，则范围与 String 类型的范围相同

5. 数组

单个变量只能保存一个值，而数组所表示的是一组具有相同数据类型的值，与数学中所说的数列有些相似。使用数组之前必须先声明，语法格式如下：

```
Dim 数组名（[下界] To 上界）As 类型名
```

在数组中所有的元素都共用一个数组名，它的命名方法与变量的命名方法相同，数组中不同的元素是通过不同的数组下标来区别的。

数组中每个元素都有一个 Integer 类型的索引值，称为下标，下标的取值范围是在定义数组时的下界到上界之间的连续整数，其中，上界和下界的值不能超过 Long 类型的最大表示（-2,147,483,648～2,147,483,647）。

例如：

```
'定义一个 Integer 类型的数组 StudScore，下标范围为 1~3，共有 3 个数组元素
'分别表示为 StudScore (1)、StudScore (2)和 StudScore (3)
Dim StudScore (1 To 3 ) As Integer
StudScore (1) = 85          '给数组元素 StudScore (1)赋值为 85
StudScore (2) = 90
StudScore (3) = 95
'定义 60 个学生的姓名，数组类型为 String，下标范围为 1~60
Dim StudName (1 To 60 ) As String
```

在定义数组时，如果没有指定下界，则此时系统默认的下界值为 0，例如：

```
Dim matrix (4) As Single     '定义 Single 类型的数组 matrix，下标范围为 0~4，共有 5 个元素
```

如果不习惯使用缺省值为 0 的下标值，则可以将缺省值指定为 1，设置方法就是在每个代码文件的开始位置添加如下语句：

```
Option Base 1
```

上述定义的是一维数组，即数组中只有一个下标在变化，VBA 还支持多维数组，最多可以定义 60 维数组，但数组越多所占用的存储空间也会越大。

例如：

```
Dim array1 ( 1 To 3,1 To 4) As Integer
```

定义一个二维数组，第一下标（又被称为行下标）变化范围为 1~3，第二下标（又被称为列下标）变化范围为 1~4，整个二维数组共有 12 个元素（3×4=12）。

```
Dim array2 ( 1 To 3, 5, 2 To 6 ) As Single
```

定义一个三维数组 array2，第一下标变化范围为 1~3，第二下标变化范围为 0~5，第三下标变化范围为 2~6，整个三维数组共有 90 个元素（3×6×5=90）。

有时，数组的大小不得而知，声明的数组太大，会浪费内存空间，声明的数组太小又不够用，在这种情况下 VBA 允许声明动态数组。声明动态数组实际上就是声明一个空维数组，与上面声明一维数组或多维数组的方法相同，但括号中的维数空着不写。由于动态数组在声明时没有指定元素的数目，如果此时立即使用，则系统将会提示下标出错，因此要专门通过 ReDim 语句来指定数组的确切大小，实际上就是给数组重新分配内存空间，允许在一个过程中多次使用 ReDim 语句。

例如：

```
Dim ArrayA ( ) As Integer              '声明一个动态数组 ArrayA
......
                                       '给数组 ArrayA 中的各元素赋值
......
ReDim ArrayA ( 1 To 30 ) As Integer    '将数组修改为一维数组，共有 30 个元素

ReDim ArrayA ( 1 To 30 , 1 To 2 ) As Integer '将数组修改为二维数组，共有 60 个元素
```

在使用动态数组时，如果只是简单地使用上述的方法用 ReDim 重新指定数组的大小，则数组原来保存的值将会全部丢失，究其原因在于系统重新为数组分配了内存单元。

为了解决这个问题，可以使用带有 Preserve 关键字的 ReDim 语句改变数组的大小，同时又保存了原来的数值。例如：

```
Dim ArrayB( ) As Integer               '声明一个动态数组 ArrayB
......
                                       '给数组 ArrayB 中的各元素赋值
......
ReDim ArrayB ( 1 To 6 ) As Integer     '指定一维数组，共有 6 个元素
......
' 重新指定一维数组，共有 16 个元素，前 6 个元素保持了原来的值
ReDim Preserve ArrayB ( 1 To 16 ) As Integer
```

6. 数据库对象变量

利用 Access 2016 创建的数据库对象及其属性，都可以被看成 VBA 程序代码中的变量及其特定的值来进行引用。在 Access 2016 中，窗体与报表对象的引用语法格式如下：

```
Forms！窗体名! 控件名 [ .属性名 ]
Reports！报表名! 控件名 [ .属性名 ]
```

这里的 Forms 和 Reports 分别对应窗体的集合和报表的集合，感叹号"!"作为分隔符，如果省略上述语法格式最后面的属性名，则为控件的基本属性。

例如，在"教务管理系统"数据库中有一个名为"数据输入窗体"的窗体，上面有一个用来接收学号字段的文本框控件"学号"，则对该窗体中文本框控件"学号"的引用可以这样写：

```
Forms！数据输入窗体! 学号 = "0301001"
```

如果对象名称中含有空格或标点符号，则要使用一对中括号"[]"把名称括起来：

```
Forms！数据输入窗体! [学号] = "0301001"
```

可以使用关键字 Set 创建控件对象的变量。当需要多次引用对象时，这样处理起来更加方便。假设要多次引用"数据输入窗体"窗体上文本框控件"学号"的值时，可以这样写：

```
Dim txtStudID As Control                '定义控件类型变量
Set txtStudID = Forms！数据输入窗体! 学号  '指定引用窗体控件对象
```

txtStudID = "0301001"	'操作对象变量

7. VBA 中的运算符与表达式

VBA 提供了许多运算符来完成各种不同类型数据的运算，根据运算对象的不同，把这些运算符分为四大类，即算术运算符、关系运算符、逻辑运算符和字符串连接运算符。

（1）算术运算符。

VBA 提供的算术运算符如表 8-3 所示。

表 8-3　算术运算符

运算符	含　义	优先级	实　例
^	幂运算	1	2^3=8，（-2）^3= -8
-	取相反数	2	-2，-2^2= -4，(-2)^2=4
*	乘法	3	4*8=32，2.5*4=10.0
/	除法	3	10 / 4 = 2.5，10/5=2，10/3=3.3333333
\	整数整除	4	10\3 = 3，9.6 \ 5 =2，9.3 \ 5 =1，(-10.6)\(-2)=5
Mod	求模（取余）	5	10 Mod 3=1，(-10) Mod 3= -3，9.6 Mod 3.2=1
+	加法	6	3+2=5，3.1+2.5=5.6
-	减法	6	5-3=2，5.6-3.1=2.5

补充说明如下。

① 对于除法运算符"/"来说，如果得到的结果能够整除，则结果不含小数点，否则会出现小数点。如 3.6 / 0.6 =6，3.6/6=0.6。

② 对于整数整除运算符"\"来说，实际上就是求两个整数相除之后得到的整数商，不含小数。如果在被除数或除数中出现了实数，则在运算之前先按照四舍五入的要求把实数转换为整数，再进行两个整数的整除运算。

③ 对于求模运算"Mod"来说，实际上就是求两个整数相除之后所得的余数。如 a Mod b，如果 a 或 b 中出现了实数，则先按照四舍五入的原则统一转换为整数，最后结果的符号位与 a 相同。

④ 在表 8-3 的 8 种算术运算符中，只有取相反数运算符"-"是单目运算符（又被称为一元运算符），其他 7 种运算符都是双目运算符（又被称为二元运算符）。

⑤ 8 个算术运算符的优先级如表 8-3 所示，数值越小的则优先级越高。例如：

15 \ 4 Mod 2 = (15 \ 4) Mod 2=3 Mod 2=1

⑥ 除了整数和实数可以参与上述的算术运算，Data 类型的数据也可以进行加法和减法的运算，其中，加法是指一个 Date 类型数据与一个整数相加；减法可以是两个 Date 类型数据相减，或者是一个 Date 类型数据减去一个整数。例如：

1990-10-29 # + 3 = # 1990-11-1
1990-10-29 # - 3 = # 1990-10-26
#1990-10-29# - # 1990-10-26 # = 3

（2）关系运算符。

关系运算符用来比较两个操作数之间的大小关系，因此又被称为比较运算符。关系运算符全部都是双目运算符，运算形式为"a 关系运算符 b"，如果表达式成立，则返回值为 True（真），否则返回值为 False（假）。VBA 提供的关系运算符如表 8-4 所示。

表 8-4　关系运算符

运算符	含　义	实　例
>	如果 a>b 成立，则返回值为 True，否则返回值为 False	5>3 返回值为 True
>=	如果 a≥b 成立，则返回值为 True，否则返回值为 False	5>=3 返回值为 True
<	如果 a<b 成立，则返回值为 True，否则返回值为 False	5<3 返回值为 False
<=	如果 a≤b 成立，则返回值为 True，否则返回值为 False	5<=3 返回值为 False
=	如果 a=b 成立，则返回值为 True，否则返回值为 False	5=3 返回值为 False
<>	如果 a≠b 成立，则返回值为 True，否则返回值为 False	5<>3 返回值为 True
Like	用来比较两个字符串，如果符合模式匹配条件，则返回值为 True，否则返回值为 False	"abc"Like "a*"返回值为 True "a" Like "abc"返回值为 False

（3）逻辑运算符。

逻辑运算符用来逻辑判断，VBA 提供的逻辑运算符如表 8-5 所示。

表 8-5　逻辑运算符

a	b	Not a	a And b	a Or b	a Xor b
True	True	False	True	True	False
True	False	False	False	True	True
False	True	True	False	True	True
False	False	True	False	False	False

补充说明如下。

① 在表 8-5 的 4 种逻辑运算符中，只有 Not（逻辑非运算符）是单目运算符，其他 3 种运算符 And（逻辑与运算符）、Or（逻辑或运算符）和 Xor（逻辑异或运算符）都是双目运算符。

② 逻辑表达式的结果属于 Boolean 类型，结果非真即假，只能是 True 或 False 中的一个。

③ 这 4 种逻辑运算按优先级从高到低依次为 Not > And > Or > Xor。

（4）字符串连接运算符。

VBA 提供了字符串连接运算，可以采用"&"运算符和"+"运算符实现字符串的合并。

- "&"运算符：强制两个表达式做字符串的首尾连接。
- "+"运算符：如果两个表达式都是字符串，则做字符串的首尾连接，否则做算术运算的加法。

表 8-6 显示了两个表达式取值类型的不同排列，因此得到的最后结果也不相同。在具体编程时，如果希望执行两个字符串的连接运算，建议统一使用"&"运算符；如果希望将字符串当成数值类型（整数或实数）参与运算，则建议使用各自的类型转换函数先把字符串转换为数

值类型，再进行运算。

表 8-6　两种连接运算符的使用结果

操作数 a	操作数 b	a + b 的结果	a & b 的结果
"100"	"200"	"100200"	"100200"
100	200	300	"100200"
"100"	200	300	"100200"
100	"200"	300	"100200"
"100CUBA"	200	报错，数据类型不匹配	"100CUBA200"

（5）表达式和优先级。

把一些操作对象（如常量、变量或函数），通过上述运算符连接在一起所构成的式子称为表达式。当一个表达式出现了多种不同类型的运算符时，到底先做哪个后做哪个，这在 VBA 中是有规定的。在一个表达式中，运算进行的先后顺序取决于运算符的优先级，即优先级高的先做，优先级低的后做，如果两个运算符的优先级一样，则按照从左到右的顺序来执行。

各种运算符的优先级在 VBA 中是这样规定的。

① 优先级由高到低的顺序为：算术运算符 ＞ 字符串连接运算符 ＞ 关系运算符 ＞ 逻辑运算符。

② 所有关系运算符的优先级是相同的，因此在运算时按照从左到右的顺序来执行。

③ 括号 "()" 的优先级最高，因此允许用添加括号 "()" 的方法来改变运算符的执行顺序。

下面来看几个实例。

计算表达式 12*3/4-7 mod 2+2>3 的值。

根据对运算符优先级的分析，上式等价于下式：

((12*3/4)-(7 mod 2)+2)>3 = ((36/4)-(1)+2)>3 = (9-1+2)>3=10>3 = True

分别计算表达式(12<5) +3 和 (12>5) +3 的值。

在 VBA 中，如果 Boolean 类型的数据（True 或 False）参与运算，将 True 转换为-1，而将 False 转换为 0。因此本实例两个表达式的求解过程如下：

(12<5)+3 = (False)+3 = 0 +3 = 3
(12>5)+3 = (True)+3 = (-1)+3 = 2

从键盘上分别输入 3 个大于 0 的实数 a、b 和 c，如何判断这 3 个实数是否能够构成三角形？

根据构成三角形三边的关系，该判断条件可以这样写：

a+b > c And b+c > a And c+a > b

8．常用标准函数

常用标准函数（又被称为内部函数）是指 VBA 系统已经定义好了的函数，用户可以直接使用而不必再声明。常用标准函数的语法格式如下：

函数名(参数 1,参数 2,……)

其中，函数名必不可少，在函数之后的括号中包含了运行该函数所需要的参数。根据某个函数所含参数的个数，可以把函数分为无参函数和有参函数。无参函数是指没有参数的函数，而有参函数的参数个数则可多可少，可以是一个或多个；函数的参数可以是常量、变量或表达式，要求各个参数之间使用逗号 "," 分隔。

VBA 提供了大量常用标准函数，按其功能可以划分为数学函数、字符串函数、日期/时间函数、转换函数、验证函数等。

为了方便叙述，本节用 N、M 表示数值（包括整数与实数）表达式，用 C 表示字符表达式，用 D 表示日期表达式。

（1）数学函数。

数学函数是指用于完成数学计算方面的函数。表 8-7 列出了一些常用的数学函数。

表 8-7　一些常用的数学函数

函数名	含　　义	实　　　例
Abs(N)	求绝对值	Abs(−3.14)=3.14
Sgn(N)	求符号函数	Sgn(−5)=−1，Sgn(5)=1，Sgn(0)=0
Sqr(N)	求算术平方根	Sqr(3)=1.73205080756888
Round(N,M)	对实数进行四舍五入	Round(3.456)=3，Round(3.456，2)=3.46
Int(N)	求参数的整数部分	Int(5.6)=5，Int(−5.6)= −6，Int(−5)= −5
Fix(N)	求参数的整数部分	Fix(5.6)=5，Fix(−5.6)= −5，Fix(−5)= −5
Sin(N)	求正弦函数	Sin(1)= 0.841470984807897
Cos(N)	求余弦函数	Cos(1)= 0.54030230586814
Tan(N)	求正切函数	Tan(1)=1.5574077246549
Exp(N)	求以 e 为底的指数函数，即 e^n	Exp(2)= 7.38905609893065
Log(N)	求以 e 为底的自然对数，即 $\ln N$	Log(2)= 0.693147180559945
Rnd(N)或 Rnd	求随机数	位于(0，1)之间的纯小数

补充说明如下。

① 对于三角函数来说，这里的参数是以弧度值为单位的，而不是以度为单位的，因此在已知度数求某个三角函数值时，需要先将度数转换为弧度再计算。

② Sqr(N)函数用于求算术平方根，运行时函数的参数不能为负数。

③ 对于取整函数 Int(N)和 Fix(N)，当参数 N 的值大于或等于 0 时，这两个函数的值完全相同，都是对参数 N 进行截尾取整。如果参数 N 的值为负数，则两者含义不同。Int(N)返回的是小于或等于 N 的最大整数；而 Fix(N)则返回的是大于或等于 N 的最小整数。使用时注意两者的区别。

④ Sgn(N)函数用于求 N 的符号值，即 N>0 则返回值为 1，N=0 则返回值为 0，N<0 则返回值为-1。

⑤ Rnd(N)函数用于产生一个随机位于区间(0，1)内的纯小数，这里的参数 N 称为随机数种子，它的值决定了 Rnd 生成随机数的方式。

- N<0：每次都以 N 作为随机数的种子，得到相同的结果。
- N>0：每次产生一个新的随机数。
- N=0：产生与最近随机数相同的数，且生成的随机数序列相同。

在 Rnd(N)函数中，如果省略参数 N，则变为 Rnd()函数，默认参数是大于 0 的。

假设 A 和 B 是两个正整数，同时 A≤B，要产生[A，B]之间的随机整数，可以使用以下公式：

Int (Rnd*(B-A+1)) + A

要产生位于[100，300]之间的随机整数，则可以使用以下的公式：

Int (Rnd*201)+100

⑥ 在使用随机数生成 Rnd()函数之前，需要对随机数发生器进行初始化，以便产生不同的随机数，在 VBA 中使用 Randomize 语句来初始化，该函数的语法格式如下：

Randomize [数值表达式]

例如：

Randomize Timer   '通过 Timer()函数返回的秒数来充当随机数种子

（2）字符串函数。

字符串函数是指用于字符串处理方面的函数。表 8-8 列出了一些常用的字符串函数。

表 8-8　一些常用的字符串函数

函数名	含　义	实　例
Asc(C)	求参数的第一个字符的 ASCII 码值	Asc("ABC")=65
Chr(N)	求 ASCII 码值 N 所对应的字符	Chr(65)= "A"
Len(C)	求字符串的长度	Len("大学生 CUBA")=7
Trim(C)	删除字符串左右两边连续的空格	Trim(" Abc ")= "Abc"
Ltrim(C)	删除字符串左边的连续空格	Ltrim(" Abc ")= "Abc "
Rtrim(C)	删除字符串右边的连续空格	Rtrim(" Abc ")=" Abc"
Left(C,N)	求字符串最左边的连续 N 个字符	Left("Abc123",3)= "Abc"
Right(C,N)	求字符串最右边的连续 N 个字符	Right("Abc123",3)= "123"
Mid(C,M,N)	求字符串的子串	Mid("Abc123",3， 2)= "c1"
Instr(N,C1,C2)	从第 N 个位置开始，返回字符串 C2 在字符串 C1 中最早出现的位置	Instr(3,"abcabcabc","a")=4

续表

函数名	含 义	实 例
Replace(C,C1, C2,[N1] [,N2])	在字符串 C 中从 N1 开始，将 C2 替代 C1（有 N2 则替代 N2 次），若省略 N1 则从头开始	Replace("AbcAbc","bc", "$")="A$A$"
Space(N)	产生 N 个空格的字符串	Space(4)=" "
String(N,C)	产生由 C 的首字符重复 N 遍构成的字符串	String(4,"AB")="AAAA"
Ucase(C)	把字符串中的小写字母全部转换为大写字母	Ucase("Abc123")="ABC123"
Lcase(C)	把字符串中的大写字母全部转换为小写字母	Lcase("Abc123")="abc123"

（3）日期/时间函数。

日期/时间函数是指专门用来处理日期和时间的函数。表 8-9 列出了一些常用的日期/时间函数。

表 8-9　一些常用的日期/时间函数

函数名	含 义	实 例
Date 或 Date( )	返回系统日期	Print Date 屏幕显示 2007-12-21
Time 或 Time( )	返回系统时间	Print Time 屏幕显示 2:52:35
Now	返回系统日期和时间	Print Now 屏幕显示 2007-12-21 2:53:35
Year(C | N)	返回年份，参数可以是 C 或 N	Year ("2007-12-01") = 2007
Month(C | N)	返回月份	Month ("2007-12-01") = 12
MonthName(N)	返回月份名	MonthName(5)="五月"
Day(C | N)	返回日期序号	Day ("2007-12-01") = 1
Hour(C | N)	返回小时（0～23）	Hour (Time) = 3
Minute(C | N)	返回分钟（0～59）	Minute (Time) = 5
Second(C | N)	返回秒（0～59）	Second (Time) = 37
DateSerial(年,月,日)	返回一个日期形式的数据	DateSerial(1990,10,29)=# 1990-10-29#
DateSerial(C)	同上，参数要求是字符串	DateSerial("1990,10,29")=# 1990-10-29#
WeekDay(C|N)	返回星期代号（1～7），星期日为 1，星期六为 7	WeekDay("1990,10,29")=2
WeekDayName(N)	将星期代号（1～7）转换为星期名称	WeekDayName(5)="星期四"

（4）转换函数。

转换函数是指用来实现不同类型数据之间的转换的函数。表 8-10 列出了一些常用的转换函数。

表 8-10　一些常用的转换函数

函数名	含 义	实 例
Val (C)	将字符串转换为数值	Val("123")=123，Val("123abc12")=123
Str (N)	将数值转换成字符串	Str(123.45) = "123.45"
Cint (N)	将 N 四舍五入取整	Cint(8.6) = 9，Cint(8.4) = 8

函数名	含　义	实　　例
Hex (N)	将十进制数转换为十六进制数	Hex(23)=17，Hex(−23)= &HFFE9
Oct (N)	将十进制数转换为八进制数	Oct(23)=27，Oct(−23)=&O 177751

补充说明如下。

① Str()函数在将非负数转换为字符串之后，会在结果字符串的最左边增加空格来表示符号位。例如，Str(123.45)的结果不是"123.45"，而是" 123.45"，此时 Len(Str(123.45))的结果应该是"7"，即转换后的字符串长度是"7"；而 Str(−123.45)的结果是"−123.45"，该串的长度也是"7"。

② 使用 Val()函数将字符串转换为数值时，如果遇到字符串中出现非数值以外的符号，则转换立即停止，函数返回的是停止转换前的结果；如果第一个字符就不符合要求，则返回值为0。例如，Val("2007CUBA")的返回值为"2007"，而 Val("CUBA2007")的返回值为"0"。

③ 虽然 Cint(N)函数的功能是将 N 四舍五入取整，但要特别注意下面表达式的值却与理论不符。

- Cint(2.5) = 2
- Cint(3.5) = 4
- Cint(4.5) = 4
- Cint(5.5) = 6

（5）验证函数。

在对输入的数据进行类型验证时，可以使用 VBA 提供的一些常用的验证函数（见表 8-11）。例如，利用文本框控件输入一个数据，如果想要判断它是否是数值类型（整数或实数），则可以使用 IsNumeric( )函数来判断。

表 8-11　一些常用的验证函数

函数名	返回值	说　　明
IsNumeric()	Boolean 类型	判断表达式的结果是否为数值，若是数值则返回值为 True，否则返回值为 False
IsDate()	Boolean 类型	判断表达式是否是日期类型的，若是则返回值为 True，否则返回值为 False
IsNull()	Boolean 类型	判断表达式的结果是否为无效数据（Null），若是则返回值为 True，否则返回值为 False
IsEmpty()	Boolean 类型	判断某个变量是否已经初始化，若是则返回值为 True，否则返回值为 False
IsArray()	Boolean 类型	判断变量是否为一个数组，若是则返回值为 True，否则返回值为 False
IsError()	Boolean 类型	判断表达式是否为一个错误值，若是则返回值为 True，否则返回值为 False
IsObject()	Boolean 类型	判断标识符是否是 Object 类型的变量，若是则返回值为 True，否则返回值为 False

8.2.4　VBA 程序结构

一条语句就是能够完成某项操作的一个命令，程序就是由许多条语句按照一定的顺序组织而成的。VBA 中的程序语句按照不同的功能可以分为两大类型。

- 一类是声明语句（如声明变量、定义符号常量或过程定义）。
- 另一类是执行语句，它能够实现各种流程控制，此时它又可以细分为顺序结构、选择结构和循环结构。

顺序结构是指按照语句的书写顺序来执行程序。尽管在 VBA 中存在过程调用这种语法现象，但在主调过程或者被调过程内部，程序的执行流程仍然是按照语句的书写顺序来执行的。

下面从算法这个最基本的概念入手，详细介绍 VBA 中的各种语法知识。

1　算法及算法的表示

学习程序设计的目的不只是学习一种特定的语言，而是学习程序设计的一般方法。一旦有了正确的算法，也就掌握了程序设计的灵魂，再学习有关的程序设计语言，就能顺利地编写出程序了，用一句话来总结，那就是"算法+数据结构=程序"。

（1）算法的概念。

从事各种工作和活动，都必须事先想好要进行的步骤，然后按部就班地执行，才能避免产生紊乱。事实上，并不只是"算法"方面的问题才有算法。广义来说，为了解决一个问题而采取的方法和步骤就称为算法。也就是说，给定初始状态或输入数据，经过计算机程序地有限次运算，能够得出所要求、所期望的终止状态或输出数据。

（2）算法的特点。

一个算法应该具有以下几个特点。

① 有穷性。

一个算法应该包含有限次的操作步骤，而不能是无限的，这里所说的有穷性往往是指在一个合理的范围之内。如果让计算机执行一个历时 100 年才能完成的算法，这虽然也是有穷的，但超过了有效的限额，人们也不会将它视为有效的算法。

② 确定性。

算法中的每一个步骤都必须是确定的，而不应该是含糊的、模棱两可的。对算法含义的理解应该是唯一的，不能产生二义性。

③ 有零个输入或多个输入。

输入是指在执行算法时需要从外界获取必要的信息。例如，使用银行 IC 卡在 ATM 机上取钱，当 ATM 机识别银行 IC 卡之后，就会要求用户输入密码，这就是输入数据。根据处理的问题的不同，输入的数据有多有少，如编写一个从键盘上输入任意两个自然数，求它们之间的最大公约数，它的输入数据就有两个；如果要求判断 123 是否是素数（质数），则可以不用输入。

④ 有一个或多个输出。

算法的目的是求解，而求解的结果必须依赖输出才能得到。我们可以同时求出两个自然数的最大公约数及最小公倍数，此例中肯定就会有两个输出结果；而判断 123 是否是素数，它只能有一个结果，那就是"是素数"或者"不是素数"。

⑤ 可行性。

算法中的运算都必须是可以实现的，即算法要执行的运算和操作都是最基本的，它们能够精确地执行。

（3）算法的表示方法。

为了表示一个算法，可以使用不同的方法来描述，常用的方法有自然语言、传统的流程图、N-S 流程图、伪代码、PAD 图等。限于篇幅，不再展开介绍，请查阅有关程序设计方面的书籍。下面列举一个实例，看一看如何将两个变量 x 和 y 的值互换，要求设计一个这样的算法。

就像两个杯子里装着不同的饮料，在不允许互换杯子的情况下，要求把两个杯子里的饮料互换，怎么互换呢？在生活当中这难不倒我们，因为再找来一个空杯子就可以把这个互换饮料的问题解决了。

在这个变量互换的问题中，两个变量 x 和 y 就相当于两个已经装了不同饮料杯子，我们可以引入第三个中间变量（称其为 t，就相当于那个空杯子），问题就能实现了。

使用自然语言可以这样描述算法。

① 将变量 x 的值保存在中间变量 t 中，即 x→t。

② 将变量 y 的值转存到变量 x 中，即 y→x。

③ 将中间变量 t 的值保存在变量 y 中，即 t→y。

如果用伪代码来表示上述这一段算法，则描述如下：

```
Begin
    x → t;
    y → x;
    t → y;
End
```

由此可以看出，在编程时，只有先拿出算法，才有可能将编程进行下去。

2. 书写代码的规则

在正式开始编程之前，应该先对 VBA 的程序结构有一个清楚的了解。

（1）不区分字母大小写。

VBA 中所有的命令动词、关键字、常量名、变量名及对象属性等，在书写时都是不区分字母大小写的，但在表示字符串数据时，字母大小写是不等价的，如"CUBA"与"Cuba"就是两个不同的字符串。

（2）使用注释。

在程序的适当位置添加注释，目的就在于增加程序的可读性，它对维护程序有好处。

在 VBA 程序中有两种形式的注释语句，一种是通过 Rem 语句来说明的注释，另一种是使用单引号 "'" 来描述的注释。

如果要在其他语句行的后面使用 Rem 关键字，则必须使用冒号 ":" 将 Rem 关键字与它前面的语句分隔；也可以使用一个单引号 "'" 来代替 Rem 关键字，此时若注释跟在其他语句行的后面，则使用时不必添加冒号 ":"。无论采用上述哪种形式的注释，注释的内容可以与程序语句写在同一行，也可以单独占一行。

例如：

```
'定义姓名变量与成绩变量，此处注释内容独占一行
Dim StudName As String,StudScore As Integer
StudName = "张三"          '给姓名赋值，此处使用了单引号注释
StudScore = 85             :Rem 给成绩赋值，此处使用了 Rem 注释，在 Rem 前面添加冒号分隔
```

（3）将长语句分行书写。

当一条语句太长时，正常书写往往超出了窗口的宽度，会出现水平滚动条，此时 VBA 提供了下画线续行符 "_"，可以将长语句分成多行来书写，这样在屏幕显示或打印时的可读性会更好些。需要注意的是，续行符不能把一个完整的单词或者一对双引号括起来的字符串分为两行，并且在同一行内，续行符后面不能添加注释。

当用户试图使用 Close()方法关闭含有 Null 字段的窗体时，显示一条错误消息，代码如下：

```
If IsNull(Me![Field1]) Then
    If MsgBox("'Field1' must contain a value." _
        & Chr(13) & Chr(10) _
    & "Press 'OK' to return and enter a value." _
    & Chr(13) & Chr(10) _
    & "Press 'Cancel' to abort the record.", _
        vbOKCancel, "A Required field is Null") = _
        vbCancel Then
        DoCmd.Close
    End If
End If
```

（4）缩进式书写。

采用缩进式书写程序有助于阅读，VBA 已经提供了自动缩进的功能。当进行缩进时，除了按 Tab 键进行缩进，还可以使用"编辑"工具栏进行缩进。

3. 赋值语句

赋值语句用于为变量指定一个值或表达式，通常利用赋值号 "=" 进行连接，赋值语句

的语法格式如下：

> [Let] 变量名 = 值 或 表达式

赋值语句的执行过程是先把赋值号 "=" 右侧表达式的值计算出来，再赋给左边的变量名，这里可以省略关键字 Let。例如：

```
Dim n As Integer
n = 123
```

定义一个 Integer 类型变量 n，然后给变量 n 赋值为 123。

4．交互式输入与输出函数

在 Access 2016 中，有许多控件可用于数据的输入与输出，本节主要介绍交互式输入与输出函数，一个是产生输入对话框的 InputBox()函数，另一个是产生输出消息对话框的 MsgBox() 函数。

（1）输入对话框 InputBox()函数。

执行 InputBox()函数后会在一个对话框中显示提示，等待用户输入正文或单击按钮，最后返回包含在文本框中的数据，这些数据是 String 类型的。

InputBox()函数的语法格式如下：

> InputBox (prompt [,title] [,default] [,xpos] [,ypos] [,helpfile,context])

参数说明如下。

① prompt 是必需的。作为对话框消息出现的字符串表达式。prompt 的最大长度大约是 1024 个字符，由所用字符的宽度决定。如果 prompt 包含多行，则可以在各行之间使用回车符（Chr(13)）、换行符（Chr(10)）、回车符与换行符的组合（Chr(13) & Chr(10)）或系统常量 vbCrLf 来分隔。

② title 是可选的，用于显示对话框标题栏中的字符串表达式。如果省略 title，则把应用程序名放在标题栏中。

③ default 是可选的，用于显示文本框中的字符串表达式，在没有其他输入时作为缺省值。如果省略 default，则文本框为空。

④ xpos 是可选的，为数值表达式，成对出现，指定对话框的左边与屏幕左边的水平距离。如果省略 xpos，则对话框会在水平方向居中。

⑤ ypos 是可选的，为数值表达式，成对出现，指定对话框的上边与屏幕上边的距离。如果省略 ypos，则对话框被放置在屏幕垂直方向距下边大约三分之一的位置。

⑥ helpfile 是可选的，为字符串表达式，识别帮助文件，用该文件为对话框提供上下文相关的帮助。如果已提供 helpfile，则也必须提供 context。

⑦ context 是可选的，为数值表达式，由帮助文件的作者指定给某个帮助主题的上下文编号。如果已提供 context，则也必须要提供 helpfile。如果同时提供了 helpfile 与 context，用户

可以按 F1 键（Windows）查看与 context 相应的帮助主题。

　　需要注意的是，在使用 InputBox() 函数时，如果省略了中间某些位置上的参数，则必须加入相应的逗号 "," 分界符。

　　例 8.1　下面这段代码用于从键盘上输入一个自然数，设置的默认值为 123，运行结果如图 8-4 所示。

```
Private Sub Command0_Click()
    Dim n As Integer
n = InputBox("请输入一个自然数",  "提示",  123)
End Sub
```

图 8-4　运行结果（1）

（2）输出消息对话框（以下简称"消息框"MsgBox() 函数）。

　　当 MsgBox() 函数在执行时，能够在对话框中显示消息，等待用户单击按钮，并返回一个 Integer 类型的按键数据告诉用户单击哪一个按钮。

　　MsgBox() 函数的语法格式如下：

MsgBox (prompt [,buttons] [,title] [,helpfile,context])

参数说明如下。

　　① prompt 是必需的，为字符串表达式，作为显示在对话框中的消息。prompt 的最大长度大约为 1024 个字符，由所用字符的宽度决定。如果 prompt 包含多行，则可以在各行之间使用回车符（Chr(13)）、换行符（Chr(10)）、回车符与换行符的组合（Chr(13) & Chr(10)）将各行分隔。

　　② buttons 是可选的，用来指定显示按钮的数目及形式，使用的图标样式，缺省按钮是什么及对话框的强制回应等。如果省略 buttons，则 buttons 的缺省值为 0。

　　③ title 是可选的，在对话框标题栏中显示的字符串表达式。如果省略 title，则把应用程序名放在标题栏中。

　　④ helpfile 是可选的，为字符串表达式，识别用来向对话框提供上下文相关帮助的文件。如果提供了 helpfile，则也必须提供 context。

　　⑤ context 可选的。数值表达式，由帮助文件的作者指定给某个帮助主题的上下文编号。如果提供了 context，则也必须提供 helpfile。

　　MsgBox() 函数中 buttons 参数的常用值如表 8-12 所示。

表 8-12　MsgBox() 函数中 buttons 参数的常用值

常　　数	值	说　　明
vbOKOnly	0	只显示 OK 按钮
VbOKCancel	1	显示 OK 按钮及 Cancel 按钮
VbAbortRetryIgnore	2	显示 Abort、按钮 Retry 按钮及 Ignore 按钮
VbYesNoCancel	3	显示 Yes 按钮、No 按钮及 Cancel 按钮
VbYesNo	4	显示 Yes 按钮及 No 按钮
VbRetryCancel	5	显示 Retry 按钮及 Cancel 按钮
VbCritical	16	显示 Critical Message 图标
VbQuestion	32	显示 Warning Query 图标
VbExclamation	48	显示 Warning Message 图标
VbInformation	64	显示 Information Message 图标
vbDefaultButton1	0	第一个按钮是缺省值
vbDefaultButton2	256	第二个按钮是缺省值
vbDefaultButton3	512	第三个按钮是缺省值
vbDefaultButton4	768	第四个按钮是缺省值
vbApplicationModal	0	应用程序强制返回；应用程序一直被挂起，直到用户对消息框做出响应才继续工作
vbSystemModal	4096	系统强制返回，全部应用程序都被挂起，直到用户对消息框做出响应才继续工作
vbMsgBoxHelpButton	16384	将 Help 按钮添加到消息框
vbMsgBoxSetForeground	65536	指定消息框作为前景窗口
vbMsbBoxRight	524288	将文本设置为右对齐
vbMsgBoxRtlReading	1048576	指定文本在希伯来语和阿拉伯语系统中从右到左显示

　　第一组值（0～5）描述了对话框中显示的按钮的类型与数目；第二组值（16，32，48，64）描述了图标的样式；第三组值（0，256，512）说明哪一个按钮是缺省值；第四组值（0，4096）决定对话框的强制返回性。将这些数字相加并生成 buttons 参数值时，只能从每组值中选取一个数字。

　　注意：这些常数都是 VBA 指定的，允许在程序代码中使用这些常数名称，而不必使用实际数值；另外，在使用 MsgBox() 函数时，如果省略了中间某些位置上的参数，特别是省略了中间位置上的参数，则必须加入相应的逗号","分界符。

　　MsgBox() 函数的返回值如表 8-13 所示。

表 8-13　MsgBox() 函数的返回值

常　　数	值	说　　明
vbOK	1	OK
vbCancel	2	Cancel
vbAbort	3	Abort
vbRetry	4	Retry

续表

常　数	值	说　明
vbIgnore	5	Ignore
vbYes	6	Yes
vbNo	7	No

例 8.2 下面语句所产生的运行结果如图 8-5 所示。

```
Private Sub Command1_Click()
MsgBox "请注意观看所演示的消息框 ",  vbInformation,  "提示"
End Sub
```

图 8-5　运行结果（2）

例 8.3 在下面的程序中，使用了 InputBox() 和 MsgBox() 两个函数。由于输出语句过长，因此为了使语句的表达更清楚，这里使用了续行符 "_"：

```
Private Sub Command2_click()
    Dim m As Integer, n As Integer
    m = InputBox("请输入一个整数",  "提示")
    n = m + 1100
    MsgBox "你输入的数据是 " & m & ", " & vbCrLf & vbCrLf & _
        "加上 1100 得到的结果是 " & n,  vbInformation,  "提示"
End Sub
```

在 "提示" 对话框中输入数据，如图 8-6 所示，最后运行结果如图 8-7 所示。

图 8-6　输入数据

图 8-7　运行结果（3）

5. 选择结构

在日常生活和工作中，常常需要根据不同的情况，选择不同的处理方法。例如，根据周末的天气情况决定是否去郊游、根据考试成绩的好坏决定是否需要补考；再如，在求解一元二次方程 $ax^2+bx+c=0$ 时，需要根据判别式 $b^2-4 \times a \times c$ 的值来判断是否有实根、是否有两个相同的实根、是否有两个不同的实根。

选择结构又被称为分支结构，它的特点是根据所给的条件进行判断，如果条件为真，则执行相应的语句，否则执行另外的语句或者不执行语句。

VBA 提供了多种不同形式的条件语句和相应的选择性控件。

（1）If...Then...End If 语句。

该语句被称为条件判断语句，它有以下两种语法格式。

第一种语法格式如下：

```
If 条件表达式 Then 语句1 [ Else 语句2 ]
```

这是一种单行书写语句，适合于简单的判断处理，由于是一行写完，因此不需要以 End If 结束。例如：

```
If Score >= 60 Then Print "合格" Else Print "不合格"
If Score > =80 And Score <90 Then c2=c2+1
```

第二种语法格式如下：

```
If 条件表达式 1 Then
      语句组 1
[ ElseIf 条件表达式 2 Then
      语句组 2 ]
……
Else
      语句组 n
End If
```

这是一种常用的多行块方式的语句结构，适合多条语句和复杂的判断处理，它最简单的使用形式就是 If...Then...End If。

在条件语句中，Then 和 Else 后面的语句组也可以包含另一个条件语句，这就形成条件语句的嵌套。在使用条件语句嵌套时，一定要注意 If 和 ElesIf 与 End If 的配对关系。

例 8.4 输入一个考生的成绩分数 x，把学生百分制的成绩转换为五分制成绩，即 x 在[90，100]之间为"优"、x 在[80，89]之间为"良"、x 在[80，89]之间为"良"、x 在[70，79]之间为"中"、x 在[60，69]之间为"及格"、x 在 60 分以下为"不及格"。

要求在本实例的代码中，使用 InputBox()函数在对话框中输入成绩，使用 MsgBox()函数在对话框中输出成绩的鉴定结果。

① 在"VBA 编程"数据库中，新建一个名为"成绩鉴定"的窗体。

② 编写 Cmd 命令按钮的单击事件过程的 VBA 程序代码。

```
Private Sub Cmdlclick()
Dim cj As Integer
cj=cint(InputBox("请输入百分制成绩分数:"))'在对话框中输入成绩
If cj>=90 Then
Msgbox "优"
    ElseIf   cj>=80 Then
```

```
        Msgbox "良"
        ElseIf   cj >=70 Then
        Msgbox "中"
        ElseIf   cj >=60 Then
        Msgbox "及格"
        ElseIf
        Msgbox "不及格"
    End If
End Sub
```

条件判断语句可以嵌套书写，但是要注意层次不宜太多，而且处于同一层次的代码在书写时要注意整齐，尽量提高代码的可读性。

（2）Select Case...End Select 语句。

Select Case...End Select 语句又被称为条件分支语句，其语法格式如下：

```
Select Case  变量名或者表达式
[ Case   条件值 1
[ 语句组 1 ]]
[ Case   条件值 2
[ 语句组 2 ]]
……
  [ Case Else
[ 语句组 n ]]
End Select
```

条件分支语句的执行流程如下。

首先计算"变量名或者表达式"的值，它可以是 String 类型、数值变量或表达式，然后依次测试每个 Case 表达式的值，如果条件符合，则仅执行与该 Case 相关联的语句组，执行完成后直接退出到 End Select 处；如果结构中有 Case Else 子句（也可以没有），则变量与所有指定的条件值经过测试后都不符合时，此时将执行 Case Else 子句中的语句组。如果某个 Case 子句中没有包含任何语句，则表示在该 Case 子句指定条件满足时不执行任何操作。

在 Case 子句中出现的条件值可以是下述 4 种情况中的一种。

```
Case  固定值                    ' 如 Case 100 或者 Case "0301001"
Case  下限值 To  上限值          ' 如 Case "a" To "z"或者 Case 1 To 10
Case Is  关系运算符  固定值      ' 如 Case Is >=100
Case  值 1,值 2,…,值 n          ' 如 Case "0","9","+","-","*","/"
```

在这 4 种情况中，只要变量等于 Case 子句中指定的值，或者是在指定的范围内，那么就是符合条件的，紧接着就是执行对应的那组语句。

例 8.5　某商场进行购物打折优惠活动，根据每个顾客一次性购物的购物金额来给予不同的折扣，优惠政策如下。

① 购物金额不足 1500 元的没有优惠。

② 若 1500 元≤购物金额<2000 元，则九五折优惠。

③ 若 2000 元≤购物金额<2500 元，则九折优惠。

④ 若 2500 元≤购物金额<4000 元，则八五折优惠。

⑤ 若购物金额≥4000 元，则八折优惠。

代码如下：

```
Option Explicit                              '要求变量显式声明
Private Sub Command1_Click()
Dim x As Single, discount As Single
    x = InputBox("请输入购物金额:")
        Select Case x
        Case Is < 1500
Msgbox"不优惠"
            discount = 0
        Case Is < 2000
            Msgbox "九五折优惠"
            discount = 0.95
        Case Is < 2500
            Msgbox "九折优惠"
            discount = 0.9
        Case Is < 4000
            Print "八五折优惠"
            discount = 0.85
        Case Else
            Print "八折优惠"
            discount = 0.8
    End Select
    Msgbox "优惠后应收金额为:"; discount * x
End Sub
```

运行上述代码，要求在文本框中输入购物金额为 4000 元，单击"确定"按钮，如图 8-8 所示。打开"Microsoft Access"对话框，提示"八折优惠"，单击"确定"按钮，如图 8-9 所示。打开"Microsoft Access"对话框，提示"优惠后应后金额为：3200 元，如图 8-10 所示。

图 8-8　输入购物
金额

图 8-9　提示"八折
优惠"

图 8-10　提示"优惠后应收金额为
3200"元

（3）用于选择结构的标准函数。

除了上面介绍的两种语句结构，VBA 还提供了以下 3 个标准函数来完成选择操作。

① IIf()函数。

IIf()函数的语法格式如下：

IIf(条件表达式,表达式 1,表达式 2)

IIf()函数根据条件表达式的值来决定函数的返回值，如果条件表达式的值为 True（真），则函数返回表达式 1 的值，否则返回表达式 2 的值。

例如，求变量 a 和 b 的最小值并保存在变量 aMinb 中。

aMinb = IIf (a<=b, a, b)

② Switch()函数。

Switch()函数的语法格式如下：

Switch(条件表达式 1,值 1 [,条件表达式 2,值 2 [···,条件表达式 n,值 n]])

Switch()函数分别根据条件表达式 1、条件表达式 2、···、条件表达式 n 的值来决定函数的返回值。条件表达式是从左向右计算判断的，而值则会在第一个相关的条件表达式为 True 时作为函数的返回值返回。

如果其中有部分不成对的，则会产生一个运行错误。例如，根据变量 x 的值为变量 y 赋值，赋值原则如下。

若 x>0，则 y=1；若 x=0，则 y=0；若 x<0，则 y=-1

y = Switch (x>0,1,x=0,0,x<0,-1)

另外，本实例还可以直接利用符号函数 Sgn()来完成：y=Sgn (x)。

③ Choose()函数。

Choose()函数的语法格式如下：

Choose(索引式，选项 1[,选项 2,··· [,选项 n]])

Choose()函数根据索引式的值来返回选项列表中的某个值。如果索引式的值为 1，则函数返回选项 1 的值；如果索引式的值为 2，则函数返回选项 2 的值；依次类推。这里，只有在索引式的值位于 1 和可选项的数目之间时，函数才能返回其后面的选项值；当索引式的值小于或大于列出的可选项数目时，函数返回无效值（Null）。

例如，根据变量 x 的值确定变量 y 的值。

y = Choose (x, 1, 3, 5)

综上所述，在选择结构中介绍的 3 个标准函数由于具有选择性，因此被广泛应用于查询、宏及计算控件的设计中。

6．循环结构

在 VBA 程序设计中，顺序结构和选择结构在程序的执行过程中，一般来说每条语句只能执行一次，而要使某些语句能够反复地执行，则只能通过循环结构来实现。

（1）For...Next 循环。

For...Next 循环的语法格式如下：

```
For   循环变量=初值  To  终值 [ Step  步长 ]
    循环体
    [ 条件语句序列
        Exit For
结束条件语句序列 ]
Next [ 循环变量 ]
```

该循环的执行过程如下。

① 给循环变量赋初值。

② 使用循环变量的当前值与终值进行比较，以确定循环是否继续执行。

- 当步长>0 时，如果循环变量的当前值≤终值，则循环继续，执行步骤 3；否则循环结束，退出循环体。
- 当步长=0 时，如果循环变量的当前值≤终值，则为死循环，否则一次也不会执行循环。
- 当步长<0 时，如果循环变量的当前值≥终值，则循环继续，执行步骤 3；否则循环结束，退出循环体。

③ 执行循环体。

④ 循环变量的当前值=循环变量的当前值+步长，程序跳转至步骤 2。

注意：如果步长的值为 1，可以省略 Step 关键字。在循环体中如果遇到 Exit For 语句，将强制提前结束循环，执行 Next 后面的语句。

例 8.6 计算 sum=1+2+3+…+100。代码如下：

```
Private Sub Command0_Click()
    Dim i As Integer, sum As Integer
    sum = 0
    For i = 1 To 100 Step 1
        sum = sum + i
    Next i
    MsgBox "数列求和  1+2+…+100 的结果是  " & sum,   vbOKOnly,   "提示"
End Sub
```

运行结果如图 8-11 所示。

图 8-11　运行结果（4）

例 8.7 从键盘上输入一个自然数，判断它是否是素数。

素数又被称为质数，它只能被 1 和本身整除，而不能被其他任意一个整数整除。

代码如下：

```
Private Sub Command0_Click( )
    Dim value As Integer
Dim n As Integer
Text1.SetFocus                  '下面有 SetFocus 方法的说明
    If IsNumeric(Text1.Text) Then
        value = Val(Text1.Text)
        For n = 2 To value - 1
            If value Mod n = 0 Then
                Exit For
            End If
        Next
        If value = n Then
            lblResult.Caption = "结论：    " & value & "是素数"
        Else
            lblResult.Caption = "结论：    " & value & "不是素数"
        End If
    Else
        lblResult.Caption = "输入的不是自然数，无法判断"
    End If
End Sub
```

使用 SetFocus 方法可以将焦点移动到特定的窗体、活动窗体上特定的控件及活动数据表的特定字段上。在本实例中，将光标定位在输入数据的文本框中。

在设计窗体时，除了使用一个命令按钮 Command0，还使用了一个文本框 Text1（用于接收输入数据）和两个标签控件，Label1（用于显示标题文字"请输入一个自然数"）和 Label2（用于显示最后判断的结果，设计时缺省值为空）。

运行程序后打开"判断素数"对话框，如图 8-12 所示，如果在文本框中输入的不是素数，则运行结果如图 8-13 所示。如果在文本框中输入的不是自然数，则运行结果如图 8-14 所示。

图 8-12　"判断素数"对话框

图 8-13　运行结果（5）

图 8-14　运行结果（6）

（2）Do...Loop 循环。

Do...Loop 循环又被称为条件型循环，一般用于循环未知的场合。该循环具有很强的灵活性，它可以根据需要决定是条件满足时执行循环体，还是条件满足时退出循环体，它有以下两种语法格式。

语法格式 1：

```
Do [ While | Until  条件表达式 ]
    循环体
    [ 条件语句序列
    Exit Do
    结束条件语句序列 ]
Loop
```

该循环结构是先判断条件后再执行循环，若条件不成立，则一次也不会执行循环。

如果使用 While 关键字，则条件表达式的值为 True（真）时执行循环体，直到条件表达式的值为 False（假）时结束循环；如果使用 Until 关键字，则条件表达式的值为 False 时执行循环体，直到条件表达式的值为 True 时终止循环。

注意：当条件表达式的类型为数值类型（整数或实数）时，0 表示 False，非 0 表示 True；在循环执行过程中，如果遇到 Exit Do 语句，则强制提前结束循环，执行 Loop 后面的语句。

语法格式 2：

```
Do
    循环体
    [ 条件语句序列
    Exit Do
    结束条件语句序列 ]
Loop [ While | Until  条件表达式 ]
```

该循环结构是先执行循环体后再判断循环条件，即使循环条件不成立，循环体也至少执行一次。

如果使用 While 关键字，则条件表达式的值为 True 时再次执行循环体，直到条件表达式的值为 False 时终止循环；如果使用 Until 关键字，则条件表达式的值为 False 时执行循环体，直到条件表达式的值为 True 时终止循环。

注意：当条件表达式的类型为数值类型（整数或实数）时，0 表示 False，非 0 表示 True；

在循环执行过程中，如果遇到 Exit Do 语句，则强制提前结束循环，执行 Loop 后面的语句。

例 8.8　求出 1~100 范围内既能被 3 整除，又能被 7 整除的最小整数。代码如下：

```
Private Sub Command1_Click()
    Dim n As Integer
    n = 1
    Do
        If n Mod 3 = 0 And n Mod 7 = 0 Then      '判断是否同时能被 3 和 7 整除
            Label1.Caption = "最小值为" & n         '提前结束循环
            Exit Do
        End If
        n = n + 1
    Loop While n <= 100
End Sub
```

在设计本实例窗体时,除了使用一个命令按钮 Command1,还使用了一个标签控件 Label1,用于把运行结果显示在标签上，运行结果如图 8-15 所示。

图 8-15　运行结果（7）

例 8.9　计算 sum=1+2+3+…+100。

在例 8.6 中，我们已经使用 For...Next 循环实现了程序，现在使用 Do...Loop 循环实现程序。代码如下：

```
Option Explicit
Private Sub Command1_Click()
    Dim i As Integer, sum As Integer
    sum = 0
    Do While i <= 100                    '本实例使用 Do...Loop 循环
        sum = sum + i
        i = i + 1
    Loop
    Print "sum=" & sum
End Sub
```

（3）While...Wend 循环。

While...Wend 循环又被称为当型循环，常用于循环次数不定的情况，它可以根据条件的成立与否，决定程序的流程。

While...Wend 循环的语法格式如下：

```
While 条件表达式
```

循环体

Wend

该循环的执行过程如下。

首先计算条件表达式的值，判断条件是否成立。如果条件表达式的值为 True，则执行循环体，否则终止循环。当遇到 Wend 语句时，将控制返回 While 语句，同时对条件表达式进行再次测试，如果条件表达式的值仍为 True，则继续执行循环体；如果条件表达式的值为 False，则退出循环，执行 Wend 后面的语句。

注意：只有当条件表达式的值为 Truc 时，才能执行循环体；如果条件表达式的值是数值类型（整型或实数），0 表示 False，非 0 表示 True。

While 循环可以嵌套，但每个 While 和最近的 Wend 相匹配，不允许交叉嵌套。

例 8.10 计算 Sum=1+2+3+…+100。代码如下：

```
Option Explicit
Private Sub Command1_Click()
    Dim i As Integer，    sum As Integer
    sum = 0
    While i <= 100           '本实例使用 While...Wend 循环
        sum = sum + i
        i = i + 1
    Wend
    Print "sum=" & sum
End Sub
```

8.2.5 过程调用与参数传递

过程（又被称为子程序）是完成特定功能的一组程序代码，它以一个名称来标识（过程名），用它来实现本过程的调用。

过程的作用有两个：一个是将一个复杂的任务分割为相对小的、功能特定的小任务，从而使复杂的任务更容易理解和实现，更容易维护；另一个是实现代码的重用，通过调用以避免代码的重复编写。

VBA 中的过程分为两类：一类是由系统提供的，包括内部函数与事件过程；另一类是用户根据需要自行定义的过程（通用过程），它可以单独创建，能够提供给事件过程或其他的通用过程使用。

当用户对一个对象发出一个操作时，就会产生一个事件，然后自动调用与该事件有关的事件过程；事件过程是在响应事件时执行的一段程序代码，由系统提供，用户不能增加或删除，如单击命令按钮时，就会激发鼠标单击事件过程；这部分内容已经在"第 7 章"进行了介绍，本节重点介绍用户编写的通用过程。

通用过程分为两种类型：Sub 子过程和 Function()函数。

1．Sub 子过程的定义和调用

Sub 子过程是由一系列的程序语句封装组成的一个独立的、有特定功能的单元，凡是需要都可以从其他的程序中对该 Sub 过程进行调用。

（1）定义 Sub 子过程。

定义一个子过程需要使用关键字 Sub，语法格式如下：

```
[ Public | Private ][ Static ] Sub 子过程名（[ 形参表 ]）
[子过程语句]
[ Exit Sub ]
[子过程语句]
End Sub
```

说明如下。

① 使用关键字 Public 定义的是公共子过程，它能够使得该子过程被所有模块中的其他过程调用；使用关键字 Private 定义的是私有过程，只能使该子过程适用于同一模块中的其他过程。

② 形参表中允许包含一个参数或多个参数，当然也可以没有参数，没有参数的过程称为无参子过程，反之则称为有参子过程。在有参子过程中，各个参数之间使用逗号"，"分隔；在定义子过程时必须声明各个参数所属的数据类型，不指明数据类型的参数一般会被默认为 Variant 类型；简单变量或数组都能作为参数，如果是数组形式，则在数组名后面必须加上一对空的括号"( )"。

③ 形参表中的参数需要声明是 ByVal 属性还是 ByRef 属性，如果省略不写则缺省值为 ByRef 属性。使用 ByVal 属性决定了参数的传递方式是按值传递的；如果指定的是 ByRef 属，则参数传递方式是按地址传递的。

④ 在定义子过程时所使用的参数表称为形参表，在调用子过程时使用的参数表称为实参表。

⑤ 在调用子过程阶段，对于 ByVal 的参数，按值传递的只是实参的副本，即使在子过程中改变了形参的值，所做的修改只能影响当前形参的值而不影响实参的初始值，这是因为形参属于局部变量，在子过程定义阶段不对其分配内存单元，直至子过程被调用时才分配，而且这个内存单元与实参是两个不同的内存单元；在调用结束后，原先分配的存储单元被自动释放。对于 ByRef 的参数，它不需要在调用时再为其分配内存单元，因为按地址传递时本身就是传递实参的内存地址，通过所得到的内存地址可以访问实参的值，任何对 ByRef 形参值的修改实际上就是对实参值的修改。

⑥ 在子过程定义中不允许嵌套定义，即不能在一个子过程体内再出现另一个子过程的定义。

⑦ 在子过程中遇到 Exit Sub 语句时能直接退出子过程。

（2）调用 Sub 子过程。

子过程在完成定义之后，可以供其他过程调用，即在过程中执行这里所定义的子过程。调用子过程的方法有两种，一种是将过程名放在一个 Call 语句中，另一种是将过程名作为语句来使用。

语法格式 1：

> Call 子过程名([实参表])

语法格式 2：

> 子过程名 [实参表]

从本质上来说，调用子过程就是一个利用实参替换形参的过程，调用时要求实参在参数个数、参数类型、参数顺序这几个方面与形参保持一致；对于有参子过程来说，实参表中各个参数之间使用逗号 "," 分隔。当然，VBA 也允许通过关键字 Optional 设置可选参数，通过关键字 ParamArray 设置不定参数数量的参数。

例 8.11 执行下面程序的运行结果。

```
Private Sub Command0_Click ( )
    Dim a As Integer, b As Integer
    a = 3: b = 5
    Debug.Print                       '打印一个空行
    Debug.Print "调用开始前的数据:"
    Debug.Print " a=" & a & " , b=" & b
    Debug.Print "-----------------"
    Call Proc(a, b)                   '调用 Proc 子过程
    Debug.Print "调用结束后的数据:"
    Debug.Print " a=" & a & " , b=" & b
End Sub
```

Rem 子过程 Proc 的定义部分，代码如下：

```
Private Sub Proc ( ByVal m As Integer, ByRef n As Integer )
    m = 30
    n = 50
    Debug.Print "调用进行中的数据:"
    Debug.Print " m=" & n & " , m=" & n
    Debug.Print "-----------------"
End Sub
```

在定义子过程 Proc 时，声明了两个形参 m 和 n，其中，m 是按值传递的，n 是按地址传递的。在事件过程 Private Sub Command1_Click ()中调用自定义子过程 Proc()所使用的命令为 Call Proc(a,b)。

在这里也可以使用 Proc a,b 命令来调用。由于按值传递与按地址传递的差异，最后的运行结果如图 8-16 所示。

图 8-16　运行结果（8）

2．Function()函数的定义和调用

Function()函数也是由一系列的程序语句封装组成的一个独立的、有特定功能的单元，需要时可以对它进行调用。与调用 Sub 子过程不同的是，函数在其代码调用执行完毕之后会返回一个结果值，调用的程序能得到该值并对它进行其他运算，而子过程不能提供返回值。

（1）定义 Function()函数。

定义一个函数需要使用关键字 Function，语法格式如下：

```
Function 函数名 ( [ 形参表 ] ) [ As 返回值的类型]
[ 函数语句 ]
[ 函数名=表达式 ]
[ Exit Function ]
End Function
```

注意：函数定义中的形参表与定义 Sub 子过程时的形参表是一样的要求。

由于函数有一个返回值，因此在函数体内必须依靠赋值语句"函数名=表达式"，才能把函数的返回值传递出去。这条赋值语句可以出现在函数体内的任意位置，它本身并不代表退出函数；如果没有这条赋值语句，函数会根据返回值的数据类型自动返回一个缺省值。如果返回值是数值类型（整数或实数），则返回值为 0；如果返回值是 String 类型则返回空串。

（2）调用 Function()函数。

调用 Function()函数的语法格式如下：

```
函数名([实参表])
```

在调用方面，函数调用与子过程调用对参数的传递是一样的。

例 8.12　编写一个函数，用来判断某年是否是闰年。

判断闰年的条件如下。

- 四年一闰，百年不闰。
- 四百年又闰。

第一句话说的是如果年份值能够被 4 整除，同时不能被 100 整除，则该年是闰年；第二句话说的是如果年份值能够被 400 整除，则该年是闰年。

代码如下：

```
Private Sub Command0_Click()
```

```
        Dim year As Integer
        year = CInt(Text1)                    ' 标准函数 CInt( )用于把数字字符串转换为 Integer 类型
        If isLeapYear(year) Then              ' 调用自定义函数
            Label2.Caption = "结论：" & year & "年是闰年"
        Else
            Label2.Caption = "结论：" & year & "年不是闰年"
        End If
    End Sub
    Rem  自定义函数 isLeapYear
    Private Function isLeapYear(n As Integer) As Boolean
        If n Mod 4 = 0 And n Mod 100 <> 0 Or n Mod 400 = 0 Then
            isLeapYear = True'函数赋值语句
        Else
            isLeapYear = False
        End If
    End Function
```

在设计本实例的窗体时，除了使用一个命令按钮 Command0，还使用了一个文本框 Text1（用于输入年份值）和两个标签控件，Label1（用于显示标题文字"输入年份值"）和 Label2（用于显示最后判断的结果，设计时缺省值为空）。运行结果如图 8-17 所示。

图 8-17　运行结果（9）

8.2.6　VBA 常用操作方法

在 VBA 程序设计中经常会用到一些操作，介绍如下。

1. OpenForm 操作

可以使用 OpenForm 操作打开"窗体视图"中的窗体、窗体设计视图、打印预览视图或数据表视图，也可以为窗体选择数据项或窗口模式，并限制窗体所显示的记录。

Open Form 操作的语法格式如下：

```
DoCmd.OpenForm (FormName,View,FilterName,WhereCondition,DataMode,WindowMode,OpenArgs)
```

有关参数说明如下。

- FormName 参数：字符串表达式，表示当前数据库中窗体的有效名称。
- View 参数：可以是 AcFormView 常量之一，即 acDesign、acFormDS、acFormPivotChart、acFormPivotTable、acNormal（默认值）和 acPreview。如果将该参数留空，将假定为默认常量（acNormal）。

- FilterName 参数：字符串表达式，表示当前数据库中查询的有效名称。
- WhereCondition 参数：字符串表达式，表示不包括词 WHERE 的有效 SQL WHERE 子句。
- DataMode 参数：窗体的数据输入模式，它只应用于在"窗体视图"或"数据表视图"中打开的窗体，可以是下列 AcFormOpenDataMode 常量之一。如果将该参数留空（将假定为默认常量，即 acFormPropertySettings），则 Access 在由窗体的 AllowEdits、AllowDeletions、AllowAdditions 和 DataEntry 属性设置的数据模式中打开窗体。
  - ➤ acFormAdd：用户可以添加新记录，但是不能编辑现有记录。
  - ➤ acFormEdit：用户可以编辑现有记录和添加新记录。
  - ➤ acFormPropertySettings：默认。
  - ➤ acFormReadOnly：用户只能查看记录。
  - ➤ indowMode 参数：打开窗体时所采用的窗口模式，可以是下列 AcWindowMode 常量之一。
  - ➤ acDialog：将窗体的 Modal 和 PopUp 属性设置为"是"。
  - ➤ acHidden：窗体隐藏。
  - ➤ acIcon：打开窗体并在 Windows 工具栏中最小化。
  - ➤ acWindowNormal：默认值，窗体采用它的属性所设置的模式。
- OpenArgs 参数：字符串表达式，用于设置窗体的 OpenArgs 属性，此后该设置可用于窗体模块中的代码，如 Open 事件过程。OpenArgs 属性也可以在宏和表达式中引用。

需要注意的是，语法格式中的可选参数可以留空，但是必须包含参数的逗号。如果位于末端的参数留空，则在指定的最后一个参数后面不必使用逗号。

例 8.13　在"窗体视图"中打开一个名为"数据输入窗体"的窗体，并在 Windows 任务栏中最小化。

```
DoCmd.OpenForm "数据输入窗体", , , , , acIcon
```

2. GoToRecord 操作

使用 GoToRecord 操作可以使打开的表、窗体或查询结果集中的指定记录变成当前记录。

GoToRecord 操作的语法格式如下：

```
DoCmd.GoToRecord (ObjectType,ObjectName,Record,Offset)
```

有关参数说明如下。

- ObjectType 参数：可以是 AcDataObjectType 常量之一，即 acActiveDataObject（默认值）、acDataForm、acDataFunction、acDataQuery、acDataServerView、acDataStoredProcedure、acDataTable。
- ObjectName 参数：字符串表达式，表示所选类型的对象的有效名称。
- Record 参数：可以是 AcRecord 常量之一，即 acFirst、acGoTo、acLast、acNewRec、acNext（默认值）、acPrevious。

- Offset 参数：数值表达式，如果将 Record 参数指定为 acNext 或 acPrevious，则该表达式表示向前或向后移动的记录数。如果将 Record 参数指定为 acGoTo，则该表达式表示移动到的记录编号。该表达式的值必须在有效记录数范围中。

需要注意的是，如果将 ObjectType 和 ObjectName 参数留空（将默认常量 acActiveDataObject 作为 ObjectType 的值），则假设使用活动对象。语法格式中的可选参数允许留空，但是必须包含参数的逗号。如果有一个或多个位于末端的参数留空，则在指定的最后一个参数后面不必使用逗号。

下面的实例使用 GoToRecord 方法将"数据输入窗体"窗体中的第 3 条记录变为当前活动对象。

```
DoCmd.GoToRecord acDataForm,"数据输入窗体",acGoTo,3
```

例 8.14 在已打开的"学生"表中，利用 GoToRecord 方法，把指定的第 3 条记录变成当前记录。

```
DoCmd.GoToRecord acDataTable,"学生",acGoTo,3
```

3. Close 操作

使用 Close 操作可以关闭指定的 Access 窗口，如果没有指定窗口，则关闭活动窗口。

Close 操作的语法格式如下：

```
DoCmd.Close(ObjectType,ObjectName,Save)
```

有关参数说明如下。

- ObjectType 参数：可以是 AcObjectType 常量之一，即 acDataAccessPage 、acDefault（默认值）、acDiagram、acForm、acFunction、acMacro、acModule、acQuery、acReport、acServerView、acStoredProcedure、acTable。如果关闭"Visual Basic 编辑器"（VBE）中的一个模块，则必须在 ObjectType 参数中使用 acModule。
- ObjectName 参数：字符串表达式，为所选类型的对象的有效名称。
- Save 参数：可以是下列 AcCloseSave 常量之一。
  - acSaveNo：不保存更改。
  - acSavePrompt ：默认值，如果正在关闭"Visual Basic 编辑器"（VBE）模块，则该值会被忽略。模块将关闭，但不会保存对模块的更改。
  - acSaveYes：保存更改。

如果将 ObjectType 和 ObjectName 参数留空（将默认常量 acDefault 作为 ObjectType 的值），则 Access 将关闭活动窗口。如果指定 Save 参数并将 ObjectType 和 ObjectName 参数留空，则必须包含 ObjectType 和 ObjectName 参数的逗号。

例 8.15 使用 Close 操作关闭已打开的"学生"表浏览窗口，在不进行提示的情况下，保存所有对"学生"表的更改。

```
DoCmd.Close acTable,"学生",acSaveYes
```

综上所述，为了获得更多对应 DoCmd 方法的 Access 操作的详细信息，可以在"帮助"索引中查找操作的名称。

8.2.7 简单的数据库编程

下面将详细介绍如何在"模块"对象中创建 VBA 程序的一般方法，将从标准模块和类模块进行介绍。

1. 在标准模块对象中创建 VBA 程序

模块（Module）对象是 Access 2016 七种对象中的一种，在模块对象中可以创建公用（Public）的程序代码。简单来说，就是可以让其他程序共同使用的程序代码。

创建"模块"对象的操作步骤如下。

（1）打开"教务管理系统"数据库。

（2）单击"创建"选项卡中"宏与代码"组的"模块"按钮。

（3）打开一个名为"Microsoft Visual Basic for Applications"的窗口，这个窗口就是 VBA 的编辑窗口 VBE。

在 VBE 窗口左侧的"工程资源管理器"窗格选择"模块 1"，然后在右侧的"代码"窗口中输入下面这段程序代码，完成后如图 8-18 所示。

```
Public Sub jwgl_open_form()
    DoCmd.OpenForm "数据输入窗体"
End Sub
```

上述代码的过程名为 jwgl_open_form，不需要形参，在过程语句中使用了 DoCmd 对象。确切来说，使用了 DoCmd 对象的 OpenForm() 方法，用来打开数据库中一个名为"数据输入窗体"的已有窗体。

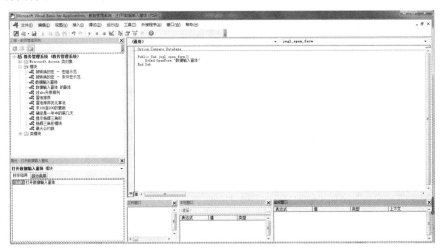

图 8-18　在 VBA 编辑窗口中输入代码

（4）代码输入完毕，单击快速访问工具栏中的"保存"按钮，在打开的"另存为"对话框中输入此模块的名称，然后单击"确定"按钮。

（5）按 Alt+F11 组合键，从 VBE 窗口切换至 Access 数据库窗口，可以看到在模块对象中增加了一个名为"数据输入窗体"的模块，如图 8-19 所示。

图 8-19 在"模块"对象中增加一个名为"数据输入窗"的模块

2. 执行模块中的 VBA 程序代码

下面来查看"数据输入窗体"模块的执行情况。

执行"jwgl_open_form"子过程。操作步骤如下。

（1）打开"教务管理系统"数据库，选择模块对象。

（2）在"数据输入窗体"模块名上双击，打开 VBE 窗口，从"代码"窗口右上角的程序下拉列表框中选择"jwgl_open_form"过程名。

（3）单击工具栏中的"运行"按钮，可以看到"数据输入窗体"已经被打开。

3. 在类模块中创建 VBA 程序

对于类模块，在窗体或报表的"设计视图"中打开 VBE 窗口有以下两种方法。

（1）先打开某个对象的"属性表"窗格。在该窗格中选择"事件"选项卡。在"事件"选项卡中，选定某个事件（如单击），如图 8-20 所示。单击该事件属性栏右侧的按钮，打开"选择生成器"对话框。选择"代码生成器"选项，如图 8-21 所示。

单击"确定"按钮，打开 VBE 窗口，进入 VBE 环境。此时，系统已经为对象的该事件自动设置了事件过程的模板。这是进入 VBE 环境最方便的方法之一。因为由系统自动生成，可以避免用错过程名。

（2）右击某个控件，在弹出的快捷菜单中选择"事件生成器"命令，打开"选择生成器"对话框。选择"代码生成器"选项，单击"确定"按钮，打开 VBE 窗口，进入 VBE 环境。此时，系统已经为该对象的默认事件自动创建了事件过程的模板，命令按钮的默认事件是 Click。

图 8-20 选定单击事件

图 8-21 选择"代码生成器"选项

下面通过实例介绍如何编写自己的事件处理过程。

例 **8.16**　在例 8.12 中已经讨论了如何判断某年是否是闰年的方法，尽管已经给出了程序代码，但是如何编写程序来实现具体操作呢？

操作步骤如下。

（1）打开数据库，打开新建窗体的"设计视图"，在窗体上分别添加一个文本框控件 Text1，两个标签控件 Label1 和 Label2，Label2 用于显示判断结果，如图 8-22 所示。

（2）在设计视图上添加一个命令按钮，如图 8-23 所示。

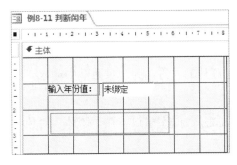

图 8-22　添加文本框控件和标签控件

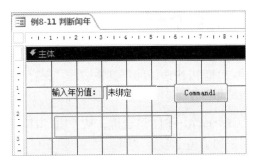

图 8-23　添加一个命令按钮

（3）当打开"命令按钮向导"对话窗时单击"取消"按钮，终止向导，如图 8-24 所示。

（4）在命令按钮上右击，从弹出的快捷菜单中选择"属性"命令，打开"属性表"窗格，然后选择"事件"选项卡，单击"单击"属性最右侧的 按钮，如图 8-25 所示。

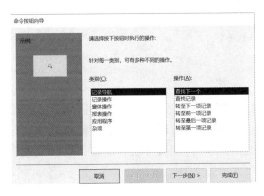

图 8-24　单击"取消"按钮

图 8-25　修改按钮的事件

（5）打开"选择生成器"对话框，选择"代码生成器"选项，单击"确定"按钮。

（6）打开 VBE 窗口，如图 8-26 所示，在 VBE 窗口右侧的"代码"窗口中输入例 8.12 中的程序代码。

图 8-26　VBE 窗口

（7）单击快速访问工具栏中的"保存"按钮，在打开的"另存为"对话框中输入"例 8-12 判断闰年"窗体名，然后单击"确定"按钮。

（8）按 Alt+F11 组合键，从 VBE 窗口切换至 Access 数据库窗口，在"窗体"对象中可以看到添加了一个名为"例 8-12 判断闰年"的窗体。

（9）双击"窗体"对象的"例 8-12 判断闰年"的窗体，打开"例 8-12 判断闰年"对话框，在文本框中输入年份值，单击"判断闰年"按钮，运行结果如图 8-27 所示。

图 8-27　运行结果（10）

8.2.8　调试 VBA 程序

在编写完程序之后通常会存在诸多问题，或者测试后发现错误，这些都需要开发人员寻找错误发生的地方并修改，即调试程序。在 VBE 编程环境中提供了设置运行断点、跟踪程序的每一步活动、监视变量的值和在代码中添加调试语句 4 种调试方法，能够帮助开发人员较快地定位错误。

在 VBE 编程环境中，常用的调试方法如下。

- 设置运行断点。

在猜测可能发生错误的过程中设置断点，然后执行程序，当执行到断点所在的语句时，设置运行断点程序会中断（运行暂停），这时可以观察一些重要变量和属性的值，是否符合逻辑。

断点是指在过程的某个特定语句上设置一个位置点以中断程序的执行。

在 VBE 编程环境中，设置好的"断点"行是以"酱色"亮条显示的，如图 8-28 所示。

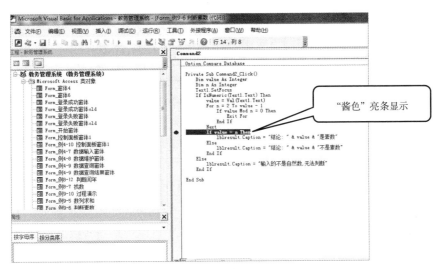

图 8-28　设置"断点"

- 跟踪程序的每一步活动。

在程序处于中断模式下，可以控制程序语句一步一步地执行，从而找到错误语句。

- 监视变量的值。

对关键的变量进行实时监视，观察变量值是否发生了预期变化。这是最有效的调试方法，因为程序的主体任务就是对数据的加工程序是否成功也就取决于保存数据的变量是否完成了预期的运算。

- 在代码中添加调试语句。

不影响程序正常的操作流程而输出关键的中间处理结果。例如，可以使用 Debug Print 语句在立即窗口中输出中间结果。

下面简单介绍调试工具栏。

在 VBE 编程环境中，选择"视图"→"工具栏"→"调试"命令，打开"调试"工具栏，如图 8-29 所示。

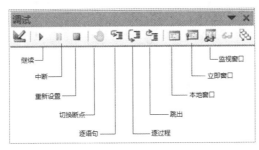

图 8-29　"调试"工具栏

- "继续"按钮：用于在调试运行的"中断阶段程序"，继续运行至下一个断点位置或结束程序。
- "中断"按钮：用于暂时中断程序运行，进行分析。此时，在程序中断位置会以"酱色"亮条显示。

- "重新设置"按钮：用于中止程序调试运行，返回编辑状态。
- "切换断点"按钮：用于设置/取消"断点"。
- "逐语句"按钮（按 F8 键）：用于单步跟踪操作。即每操作一次，程序执行一步。本操作在遇到调用过程语句时，会跟踪到被调用过程内部去执行。
- "逐过程"按钮（按 Shift+F8）：其功能基本与"逐语句"按钮的功能相同。但本操作遇到调用过程语句时，不会跟踪到被调用过程内部，而是在本过程内单步执行。
- "跳出"按钮（按 Crl l+Shift+F8 组合键）：用于被调用过程内部正在调试运行的程序，提前结束被调过程代码的调试，返回调用过程调用语句的下一条语句。
- "本地窗口"按钮：用于打开"本地窗口"对话框，如图 8-30 所示。其内部自动显示出所有当前过程中的变量声明及变量值，从中可以观察一些数据信息。
- "立即窗口"按钮：用于打开"立即窗口"对话框，如图 8-31 所示。在中断模式下，在"立即窗口"对话框中可以安排一些调试语句，而这些调试语句是根据显示在"立即窗口"对话框区域的内部范围来执行的。例如，如果输入 Print variablename，则输出的就是局域变量的值。

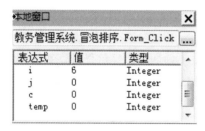

图 8-30 "本地窗口"

图 8-31 "立即窗口"对话框

- "监视窗口"按钮：用于打开"监视窗口"对话框。在中断模式下，在"监视窗口"对话框区域上右击会弹出快捷菜单，选择"编辑监视"命令或"添加监视"命令，打开"编辑监视"对话框或"添加监视"对话框。在"添加监视"对话框的"表达式"文本框中添加监视表达式，如图 8-32 所示。

图 8-32 "添加监视"对话框

通过在"监视窗口"对话框中增加监视表达式的方法，可以使用户动态了解一些变量或表达式的值的变化情况，从而对代码的正确与否有清楚的判断。

调试 VBA 程序，除了打开"调试"工具栏，单击其中的调试工具按钮，还可以使用菜单中的命令来完成相应操作。

习　题

一、填空题

1. Access 的模块分为两种类型，分别是_____和_____。

2. 每个 VBA 对象都有其____、_____、_____。

3. Byte 类型的数据范围是_____的整数。

4. 在 VBA 编程中检测字符串长度的函数名是_____。

5. 在 VBA 中，没有显式声明或使用符号来定义的变量，其数据类型默认是_____。

二．单项选择题

1. 在 Access 数据库中，如果要处理具有复杂条件或循环结构的操作，则应该使用的对象是（　　）。

A. 窗体　　　　　　　　B. 模块　　　　　　　　C. 宏　　　　　D. 报表

2. 能被"对象所识别的动作"和"对象可执行的活动"分别称为对象的（　　）。

A. 方法和事件　　　　　　　　　　　　B. 事件和方法

C. 事件和属性　　　　　　　　　　　　D. 过程和方法

3. 发生在控件接收焦点之前的事件是（　　）。

A. Enter　　　　　　　　　　　　　　B. Exit

C. GetFocus　　　　　　　　　　　　D. LostFocus

4. 在 VBA 中，如果没有显式声明或用符号来定义变量的数据类型，变量的默认数据类型为（　　）。

A. Boolean　　　　　　　　　　　　B. Int

C. String　　　　　　　　　　　　D. Variant

5. 下列数据类型不属于 VBA 的是（　　）。

A. 长整型　　　　　　　　　　　　B. 布尔型

C. 变体型　　　　　　　　　　　　D. 指针型

6. 下列变量名合法的是（　　）。

A. 4A　　　　　　　　　　　　　　B. A−1

C. ABC_1　　　　　　　　　　　　D. private

7. 在 VBA 中定义符号常量使用的关键字是（　　）。

A. Const　　　　　　　　　　　　B. Dim

C. Public
D. Static

8. 当使用 Dim 语句定义数组时，在默认情况下数组下标的下限为（　　　）。

A. 0
B. 1

C. 2
D. 3

9. Dim S(10) As Integer 语句的含义是（　　　）。

A. 定义了一个整型变量且初值为 10

B. 定义了 10 个整数构成的数组

C. 定义了 11 个整数构成的数组

D. 将数组的第 10 个元素设置为整型

10. 定义了二维数组 A(2 To 5,5)，该数组的元素个数为（　　　）。

A. 20
B. 24
C. 25
D. 36

11. 在模块的声明部分使用"Option Base 1"语句，然后定义二维数组 A(2 To 5,5)，则该数组的元素个数为（　　　）。

A. 20
B. 24
C. 25
D. 36

12. VBA 程序的多条语句可以写在一行中，其分隔符必须使用（　　　）。

A. :
B. '
C. ;
D. ,

13. 在 VBA 程序中，可以实现代码注释功能的是（　　　）。

A. 方括号（[ ]）

B. 冒号（:）

C. 双引号（"）

D. 单引号（'）

14. VBA 程序流程控制的方式有（　　　）。

A. 顺序控制和分支控制

B. 顺序控制和循环控制

C. 循环控制和分支控制

D. 顺序、分支和循环控制

15. 假设窗体的名称为 fmTest，则把窗体的标题设置为"Access Test"的语句是（　　　）。

A. Me="Access Test"

B. Me.Caption="Access Test"

C. Me.text="Access Test"

D. Me.Name="Access Test"

16. Access 的控件对象可以设置某个属性来控制对象是否可用（不可用时显示为灰色状态），需要设置的属性是（　　　）。

A. Default　　　　　　　B. Cancel　　　　　C. Enabled　　　D. Visible

17. 在窗体中有一个标签控件 Label0 和一个命令按钮 Command1，Command1 的事件代码如下：

Private Sub Command1_Click()

　　　Label0.Left=Label0.Left+100

End Sub

运行窗体，单击命令按钮，运行结果是（　　　）。

A. 标签向左加宽　　　　　　　　　　B. 标签向右加宽

C. 标签向左移动　　　　　　　　　　D. 标签向右移动

18. 下列不是分支结构的语句是（　　　）。

A. If...Then...End If　　　　　　　　B. While...Wend

C. If...Then...Else...End If　　　　　　D. Select...Case...End Select

19. 下列不属于 VBA 函数的是（　　　）。

A. Choose()　　　　　　　　　　　B. If()

C. IIf()　　　　　　　　　　　　　D. Switch()

20. 在窗体中添加一个命令按钮 Command1，然后编写如下事件代码：

Private Sub Command1_Click()

　　　A=75

　　　If A>60 Then I=1

　　　If A>70 Then I=2

　　　If A>80 Then I=3

　　　If A>90 Then I=4

　　　MsgBox I

End Sub

运行窗体，单击命令按钮，消息框的输出结果是（　　　）。

A. 1　　　　　　　　　B. 2　　　　　　　　C. 3　　　　　　　　D. 4

21. 由 "For I=1 To 16 Step 3" 语句决定的循环结构，其循环体将被执行（　　　）。

A. 4 次

B. 5 次

C. 6 次

D. 7 次

22. 由 "For i=1 To 9 Step −3" 语句决定的循环结构，其循环体将被执行（　　　）。

A. 0 次

B. 1 次

C. 4 次

D. 5 次

23. 运行下列程序，结果是（　　　）。

  For m=10 To 1 Step 0

   k=k+3

  Next m

A. 形成死循环

B. 不执行循环体，即结束循环

C. 出现语法错误

D. 执行一次循环体后结束循环

24. 如果有以下窗体单击事件过程：

Private Sub Form_Click()

  result=1

  For i=1 To 6 Step 3

   result=result*i

  Next i

  MsgBox result

End Sub

运行窗体，单击窗体，则消息框的输出结果是（　　　）。

A. 1

B. 4

C. 15

D. 120

25. 在窗体中有一个命令按钮 Command1 和一个文本框 Text1，编写如下事件代码：

Private Sub Command1_Click()

  For i=1 To 4

   x=3

   For j=1 To 3

    For k=1 To 2

     x=x+3

    Next k

            Next j

        Next i

        Text1.Value=Str(x)

End Sub

运行窗体，单击命令按钮，输出结果是（   ）。

A. 6   B. 12   C. 18   D. 21

三、多项选择题

1. VBA 中的数据包括（   ）3 种。

A. 常量   B. 字节   C. 变量   D. 数组

2. 下列（   ）是算术运算符。

A. Mod   B. /   C. ^   D. not

四、简答题

1. VBA 中定义了哪些标准数据类型？它们各自的存储长度及取值范围各是多少？

2. VBA 中定义的常量分为哪 3 种？

3. 变量的命名规则有哪些？

4. 算法有哪 5 个特点？

5. 在编写 VBA 代码时要注意哪几点？

6. 在 VBA 中定义 Sub 子过程与定义 Function()函数有何不同？

7. VBA 中的模块有哪几类？

五、实验题

1. 任意输入 3 个实数，要求按从小到大的顺序排列。

2. 求 100～200 之间的所有素数。

3. 从键盘上输入 10 个整数，利用冒泡排序法对它们进行降序排列。

第 9 章

数据库应用系统开发案例

使用 Access 2016 进行数据库应用系统的开发是本课程学习的高级阶段。整个开发过程，既需要综合应用本书前文所介绍的 Access 2016 相关知识，也需要了解有关软件工程的知识。本章首先简要介绍了软件工程的基础知识与数据库应用系统开发步骤，通过大学生科技创新项目管理系统开发案例分析，详细介绍了按照软件工程的设计思想，实现 Access 2016 数据库应用系统开发的全过程。

本章重点：

- ◎ 了解软件工程基础知识
- ◎ 掌握数据库应用系统开发步骤
- ◎ 掌握大学生科技创新项目管理系统开发案例的开发步骤

9.1 软件工程基础

9.1.1 软件工程基本概念

1. 软件

软件是计算机程序及与程序开发维护和使用相关的各种文档资料。软件是计算机系统中最重要的部分。已经占到系统总费用的 90%以上。

与其他物资产品相比，软件具有以下几个特性。

（1）软件是一种逻辑实体，具有抽象性。与其他物资产品具有明显的差异。人们可以把它记录在内存、磁盘和光盘上，但却无法看到软件本身的形态，必须通过阅读、运行和测试，才能了解它的功能、性能等特性。

（2）软件产品的生产工作与成本主要在研发阶段和推出以后的维护阶段。一旦研制开发成功，就可以大量复制软件产品。由于软件质量控制的复杂性，软件后期的维护成本在整个生产成本中占有相当重的份额。

（3）软件的使用不存在损坏、消耗等问题。随着运行环境及需求的变化，软件出现功能退化，需要进行版本的升级。当版本升级的成本变得难以接受时，软件就会被抛弃。

（4）软件必须具备可维护性（Maintainability）、独立性（Dependability）、效率性（Efficiency）和可用性（Usability）。

（5）软件开发主要依靠人的脑力劳动，成本高、风险大。

（6）软件开发目前还没有摆脱手工作坊式的开发方式，开发效率低。

2. 软件危机

在 20 世纪五六十年代，计算机的主要应用是科学计算，大多数软件都是由使用它们的用户懂得某种编程语言和熟悉计算机硬件的程序员编写程序，并由用户使用和维护程序。软件开发严重依赖少数程序员的个体技术，开发工作成为程序员任意发挥个人才能的活动，不存在系统化的开发方法和管理。当时也开发了许多卓越的软件，发挥了巨大的作用。到了 20 世纪 60 年代末期，随着软件规模不断扩大，人们已经开始意识到编程技术已经满足不了软件需求的发展，解决问题的方法往往是在项目中安排更多的程序员，但没有找出解决问题的办法，结果是程序员越来越高，费用越来越高，交付时间越来越长，问题越来越多，出现了"软件危机"。

软件危机是指在计算机软件开发和维护过程中遇到的一系列严重问题，由北大西洋公约组织（NATO）的计算机科学家于 1968 年在一次国际学术会议上首次提出。软件危机表现在以下几个方面。

（1）由于软件开发人员没有准确理解用户的需求，开发出来的软件产品不符合用户的实际需要，用户对已开发的软件不满意的情况时有发生。

（2）软件质量保证技术（审查、复审及测试）没有贯穿到软件开发的全过程中，开发出来的软件产品质量差。

（3）对软件开发成本和进度的估计不太精准。完成时间延迟，实际成本比估计成本有大幅度增加，导致软件价格昂贵。

（4）软件的可维护性差。

（5）文档资料不完整、不合格。

3. 软件工程

软件工程是将系统的、规则的、可计量的方法应用到软件的开发、操作及维护中。也就是说，将工程学应用到软件开发中。

软件工程的研究内容包括软件开发方法、软件开发过程、软件开发工具和环境、软件开发管理。通过软件工程的方法开发出来的软件产品能够达到利用较低的成本，按时完成开发任务，满足用户的需求；开发出来的软件产品具有较高的可靠性、可维护性、可移植性。

4. 软件的生命周期

软件的生命周期是指一个软件从提出开发要求直到软件报废为止的整个时期。软件的生命周期大体分为建立需求（可行性分析和项目开发计划、需求分析）、设计（总体设计、详细设计）实现（编码）、测试和维护等阶段。

目前，主要的软件生命周期模型有瀑布模型、增量模型、螺旋模型、喷泉模型和原型模型。

5. 软件开发工具与软件开发环境

软件开发工具是辅助和支持软件人员研制和维护工作的软件。使用软件开发工具可以提高软件生产率和改进软件的质量。软件开发工具既包括操作系统、编译程序、解释程序和汇编程序等成熟的传统软件工具，又包括支持需求分析、设计、编码、测试、维护等软件生存周期各阶段的开发工具和管理工具。

软件开发环境是一组相关的软件工具的集合，将它们组织在一起，可以支持某种软件开发的整个生命周期。

9.1.2 结构化分析方法

软件生命周期的第一阶段是建立需求，即要做需求分析。需求分析中的重要内容是功能需求和数据需求，对系统中的功能和数据进行规格定义。结构化分析方法是面向数据流进行需求分析的一种方法。

结构化分析方法使用数据流图（Data Flow Diagram，DFD）、数据字典（Data Dictionary，DD）等工具利用图形来表达需求，适合于数据处理类型软件的需求分析。这种方法按照软件内部数据传递、变换的关系，自顶向下逐层分解，直至找到满足功能要求的所有可实现的软件为止。

1. 数据流图

数据流图是用图形描述数据从输入到输出的变换的方法。它表示了系统内部信息流向和系统的逻辑处理功能。数据流图有 4 种基本符号，如图 9-1 所示。

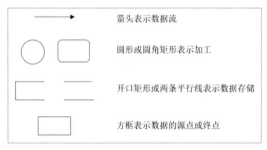

图 9-1 数据流图基本符号

许多应用软件系统往往需要通过数据库来存储数据。对于数据库在需求分析时期使用 E-R 图表示数据库中的数据。

2. 数据字典

数据字典就是对在数据流图中每一个图形元素的详细规格定义，通常包括数据流、数据元素、数据结构、数据存储、处理逻辑、源点及汇点几部分的数据内容。

3. 软件需求规格说明书

软件需求规格说明书是需求分析阶段需要提供的文档，包含引言、术语定义、用户需求、系统体系结构、系统需求等内容。软件需求规格说明书将成为开发者进行软件设计和用户进行软件验证的基本依据，是用户和开发者双方在软件正式开发之前对需要开发的软件的一个共同认可的软件规格定义。

9.1.3 结构化设计方法

完成对软件系统的需求分析之后，接下来进行软件系统的设计。对于较大规模的软件项目，软件设计往往被分为两个阶段。首先是前期的总体设计，然后是后期的详细设计。

1. 总体设计

总体设计用于确定软件系统的基本框架，主要工作包括以下几个方面。

（1）系统构架设计：确定系统的基本结构，将一个大的软件系统分解为许多小的软件子系统。

（2）软件结构设计：将各个子系统进一步分解为诸多功能模块、定义每个模块的功能、定义模块接口、确定模块之间的调用与返回关系、进行模块结构的优化。

模块是一个高内聚、低耦合、具有特定功能并且接口简单的功能黑盒子，每个模块的内部实现细节对于其他模块来说是隐藏的。要求模块功能完整、大小适中、接口简单、作用受限、布局合理。

（3）公共数据结构设计：确定模块共同使用的公共变量、数据文件及数据库中数据的构造。

（4）数据库结构设计：逻辑结构设计（设计数据表、规范数据表、关联数据表、设计数据视图）和物理结构设计（数据存储结构、数据索引与聚集、数据完整性）。

2. 详细设计

详细设计就是在总体设计的基础上，在编码以前确定每个模块内部的程序算法、内部的数据结构与接口的细节和一组测试用例，以达到在编码阶段可以直接翻译成使用某种程序设计语言编写的程序。详细设计采用了自顶向下、逐步求精的结构化程序设计方法。

9.1.4 软件测试的方法

软件测试的目的是发现软件中隐藏的错误。软件测试最基本的方法是黑盒测试法与白盒测试法。

1. 黑盒测试法

黑盒测试（功能测试）是把有待测试的程序模块看作一个黑盒子，只对程序模块接口处的输入数据与输出数据进行测试。是基于程序的外部功能规格而进行的测试。因此，黑盒测试又被称为功能测试。

2. 白盒测试法

白盒测试（结构测试）是对程序的内部算法检查是否都与算法设计说明保持一致的测试。

是基于程序的内部结构与处理过程而进行的测试。

3．软件测试过程

软件测试的阶段过程与软件开发的阶段过程刚好相反，首先根据详细设计阶段制订的测试计划进行单元模块测试，然后根据概要设计阶段制订的测试计划进行系统集成测试，最后才根据需求分析阶段制订的测试计划进行用户确认测试。

（1）单元模块测试。

单元模块测试是对单元模块进行模块接口测试、局部数据结构测试、执行路径测试、错误处理测试和边界测试。单元模块测试一般以白盒测试为主，以黑盒测试为辅。

（2）系统集成测试。

系统集成测试是要将经过测试的模块组织起来，在装配过程中，要对每个需要集成到系统中的模块进行进一步的检测，从中发现将要组织成为系统的模块是否能够按照软件的结构设计要求进行组装，诸多模块之间是否具有良好的协作性，它们是否能够协同工作。

（3）用户确认测试。

用户确认测试（有效性测试、验收测试）的任务是验证软件的功能、性能及其他特性等，是否与用户的要求保持一致，并得到用户确认。

4．测试用例设计

测试用例设计就是确定一组最可能发现某个错误或某类错误的测试数据。白盒测试用例设计主要采用的是逻辑覆盖设计方法，包括语句覆盖、判定覆盖、条件覆盖、判定条件覆盖、条件组合覆盖和路径覆盖等几种覆盖强度各不相同的逻辑覆盖形式。黑盒测试采用了等价类划分、边界值分析、错误推测等设计技术。

9.1.5　程序的调试

程序调试是指发现程序中的错误和出现错误的位置并进行修改。在调试中常用的方法有输出存储器内容、在程序中插入输出语句和使用自动调式工具。

9.2　数据库应用系统开发步骤

按照软件工程方法，一个数据库应用系统的开发要经过 6 个阶段，即应用系统需求分析阶段、数据库概念结构设计阶段、数据库逻辑结构设计阶段、数据库物理结构设计阶段、应用系统实施阶段、应用系统运行与维护阶段。

1．应用系统需求分析阶段

应用系统需求分析阶段主要的工作是要解决用户需要系统提供哪些信息（数据的名称、类型、取值的范围、数据之间的关系）；应用系统具有什么信息处理功能、对信息处理的时间与安全的要求。特别要注意数据库中存储的数据应该面向多种应用的需要。在应用系统需求分析阶段广泛使用结构化分析方法。

2．数据库概念结构设计阶段

数据库概念结构设计阶段要将应用系统需求分析阶段得到的用户需求抽象转换成概念模型，完成将客观世界的具体需求抽象为信息世界的结构的工作。数据库概念结构设计阶段广泛使用 E-R 图。对于规模较大的应用系统，一次难以画出完整的 E-R 图，可以使用结构化方法，由上而下，逐步细化 E-R 图。

3．数据库逻辑结构设计阶段

概念模型是独立于任何一种数据模型的信息结构，在数据库逻辑结构设计阶段要将概念模型转化为数据模型，完成由信息世界到机器世界的转化。现在广泛使用的是基于关系模型的关系数据库管理系统，那么该阶段具体工作就是将 E-R 图转换成关系模型。为了得到一个性能优良的关系数据库模型，需要考虑关系的规范化和优化、关系的完整性约束和安全性约束问题。

4．数据库物理结构设计阶段

数据库在物理设备上的存储结构与存取方法称为数据库的物理结构，数据库物理结构设计阶段要对给定的数据模型选定一个适合应用要求的物理结构。在关系数据库中，主要工作考虑索引机制和数据库配置。

5．应用系统实施阶段

应用系统实施阶段将要按照数据库逻辑结构设计和数据库物理结构设的要求，使用数据库管理系统创建数据库结构、装载原始数据和进行系统应用程序开发。

6．应用系统运行与维护阶段

应用系统运行与维护阶段的主要工作是数据库的备份与故障恢复、数据库的安全管理、数据库的性能调整和重组等。

9.3 大学生科技创新项目管理系统开发案例

下面是一个大学生科技创新项目管理系统开发案例，通过这个简单的案例来说明按照软件工程的设计思想开发一个数据库应用系统的全过程。

9.3.1 应用系统需求分析

1．项目概述

"大学生科技创新项目"是一项培养和提高在校大学生的创新能力和开拓精神，激发大学生勤奋学习、崇尚科学、追求真知的积极性，培养大学生科学研究的基本方法和严谨的科研作风，开拓大学生知识视野，活跃校园学术氛围的科技项目。为了提高项目管理的效率，使项目管理规范化和信息化。同时示范 Access 2016 数据库应用系统开发方法，拟在 Windows 10 + Access 2016 环境下开发单机版本的大学生科技创新项目管理系统，供项目管理人员使用。

2．系统需求

本系统主要实现大学生科技创新项目的项目管理、教师管理、学生管理。

（1）项目管理。

项目管理的基本信息如下。

① 需要提供的项目信息：项目名称、项目负责人姓名、项目所在学院、指导教师姓名、评审教师姓名、结题时间、资助经费（元）、经济效益（元）、社会效益（论文数量）。

② 需要实现的功能：项目信息的维护（录入、修改、删除）；项目查询（按各属性单项查询、按多属性组合查询和查询结果报表）。

（2）教师管理。

① 需要提供的教师信息：姓名、职称、专业、所在院系、评审项目、指导项目。

② 需要实现的功能：教师信息的维护（录入、修改、删除）；教师信息查询（按各属性单项查询、按多属性组合查询和查询结果报表）。

（3）学生管理。

① 需要提供的学生信息：姓名、专业、所在院系、主持项目名称、成绩排名。

② 需要实现的功能：学生信息的维护（录入、修改、删除）；学生信息查询（按各属性单项查询、按多属性组合查询和查询结果报表）。

（4）其他。

① 安全要求：对用户提供身份认证。

② 可靠性要求：在一般情况下不出故障。

③ 易用性要求：使用图形工作界面，符合当前流行软件风格。

④ 硬件：微型计算机。

⑤ 软件：Windows 10、Access 2016。

⑥ 数据库：大学生科技创新项目管理系统。

3．系统数据字典

（1）系统层次方框图：如图 9-2 所示。

（2）数据流图：限于篇幅，只给出系统顶层数据流图，如图 9-3 所示。

（3）数据字典：限于篇幅，只给出出现在系统顶层数据流图的数据字典。

① 数据流数据字典：如表 9-1 所示。

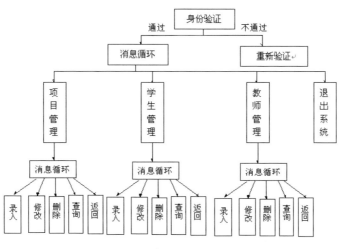

图 9-2　系统层次方框图

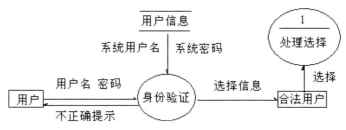

图 9-3　系统顶层数据流图

表 9-1　数据流数据字典

名　　称	用　户　名
别名	
描述	用户登录系统时输入的用户名
定义	用户名=2{汉字}4
位置	用户登录输入

名　　称	密　码
别名	
描述	用户登录系统时输入的密码
定义	用户密码=4{数字}4
位置	用户登录输入

名　　称	系统用户名
别名	
描述	系统用户信息表中的用户名
定义	用户名=2{汉字}4
位置	系统用户信息表

名　　称	系 统 密 码
别名	
描述	系统用户信息表中的密码
定义	用户名=2{汉字}4
位置	系统用户信息表

名　　称	不 正 确 提 示
别名	出错提示
描述	非法用户登录系统时显示的信息
定义	不正确提示=非法用户，请重新登录系统
位置	身份验证

名　　称	选　　择
别名	用户选择
描述	合法用户登录系统后选择实用功能
定义	用户选择=[项目管理|学生管理|教师管理|退出系统]
位置	合法用户

名　　称	选 择 信 息
别名	
描述	是合法用户
定义	用户选择=项目管理+学生管理+教师管理+退出系统
位置	身份验证

② 数据处理数据字典：如表 9-2 所示。

表 9-2　数据处理数据字典

名称	身 份 验 证
别名	
描述	验证用户合法性
输入	用户名、密码、系统用户名、系统密码
输出	出错提示、用户选择界面
处理	用户名、密码是否与系统用户信息表中的用户名、密码一致

9.3.2　数据库概念结构设计

由需求得出实体-属性图，如图 9-4 所示；实体-联系图，如图 9-5 所示。

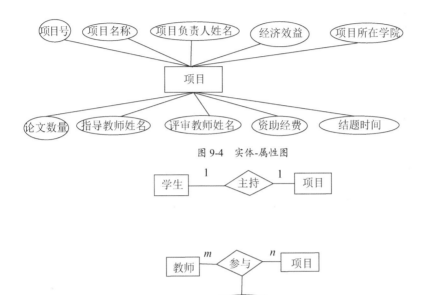

图 9-4　实体-属性图

图 9-5　实体-联系图

9.3.3　数据库逻辑结构设计

将 E-R 图转换为关系数据模型时一般每一个实体转换为一个关系（二维表），关系的属性是该实体的属性加上与之一对一联系中另一方实体的关键字，多对多联系要产生一个新的关系，关系的属性由联系所涉及的实体的关键字加上联系的属性组成。分别得出"学生"表，如表 9-3 所示；"教师"表，如表 9-4 所示；"项目"表，如表 9-5 所示；"参与"表，如表 9-6 所示。

表 9-3　"学生"表

学　　　号	姓　　　名	专　　　业	所　在　院　系	成绩排名/名
2003001001	容荣	计算机科学	计算机学院	1
2004002013	李秋奇	教育管理	教育学院	4
2002020130	马虎	英语教育	外语学院	9
2002021130	关键	音乐	音乐学院	2
2002020137	迟伟	计算机教育	计算机学院	1

表 9-4　"教师"表

教　工　号	姓　　　名	专　　　业	职　　　称	所　在　院　系
1000	孔力	计算机	副教授	计算机学院

续表

教 工 号	姓　名	专　业	职　称	所 在 院 系
1030	姜红彬	教育	教授	教育学院
1203	金建国	外语	讲师	外语学院
1350	杨立新	音乐	讲师	音乐学院
1720	贾斌宾	计算机	讲师	计算机学院
1005	钱南昌	计算机	教授	计算机学院
1890	雷雨	外语	副教授	外语学院
1234	范玲	外语	副教授	外语学院

表 9-5　"项目"表

项目号	项目名称	主持人学号	所在院系	指导教师号	评审教师号	结题时间	资助经费/元	经济效益/元	论文数量/篇
200501	智能黑板控制系统	2003001001	计算机学院	1000	1005	2021/03/21	1000	2000	1
200702	农民工子女教育调查与研究	2004002013	教育学院	1030	0		500	0	2
200603	英语专业二外学习观念调查	2002020130	外语学院	1203	1234	2021/3/12	300		1
200704	"青春之声"歌曲创作	2002021130	音乐学院	1350	0		500	0	0
200404	数据库考试软件设计	2002020137	计算机学院	1720	1000	2021/04/01	300	0	2

表 9-6　"参与"表

教 工 号	项 目 号	参 与 类 别
1000	200501	指导
1030	200702	指导
1203	200603	指导
1350	200704	指导
1720	200404	指导
1005	200501	鉴定
1890	200603	鉴定
1000	200404	鉴定

通过进一步分析发现，可以对各表进行改进，成为表9-7、表9-8、表9-9、表9-10、表9-11。

表9-7 "学生"表

学 号	姓 名	专 业	所在院系号	成绩排名/名
2003001001	容荣	计算机科学	1	1
2004002013	李秋奇	教育管理	2	4
2002020130	马虎	英语教育	3	9
2002021130	关键	音乐	4	2
2002020137	迟伟	计算机教育	1	1

表9-8 "教师"表

教工号	姓 名	专 业	职 称	所在院系号
1000	孔力	计算机	副教授	1
1030	姜红彬	教育	教授	2
1203	金建国	外语	讲师	3
1350	杨立新	音乐	讲师	4
1720	贾斌宾	计算机	讲师	1
1005	钱南昌	计算机	教授	1
1890	雷雨	外语	副教授	3
1234	范玲	外语	副教授	3

表9-9 "参与"表

教 工 号	项 目 号	参 与 类 别
1000	200501	指导
1030	200702	指导
1203	200603	指导
1350	200704	指导
1720	200404	指导
1005	200501	鉴定
1890	200603	鉴定
1000	200404	鉴定

表9-10 "项目"表

项目号	项目名称	主持人学号	所在院系号	结题时间	资助经费/元	经济效益/元	论文数量/篇
200501	智能黑板控制系统	2003001001	1	2021/03/21	1000	2000	1
200702	农民工子女教育调查与研究	2004002013	2		500	0	2
200603	英语专业二外学习观念调查	2002020130	3	2006/12/12	300		1

续表

项目号	项目名称	主持人学号	所在院系号	结题时间	资助经费/元	经济效益/元	论文数量/篇
200704	"青春之声"歌曲创作	2002021130	4		500	0	0
200404	数据库考试软件设计	2002020137	1	2006/01/15	300	0	2

表 9-11 "院系"表

院系号	院系名称
1	计算机学院
2	教育学院
3	外语学院
4	音乐学院
5	体育学院
6	物理学院
7	数学学院
8	化学学院
9	地理学院
10	中文学院
11	历史学院

9.3.4 数据库物理结构设计

数据库物理结构设计阶段要将数据库逻辑结构阶段的关系（二维表）转换成 Access 2016 的表结构。

1．表结构

5 个表的表结构如表 9-12、表 9-13、表 9-14、表 9-15、表 9-16 所示。

表 9-12 "学生"表的表结构

字段名	数据类型	字段大小	是否主键
学号	文本	10	是
姓名	文本	8	
专业	文本	20	
所在院系号	文本	20	
成绩排名	数字	整型	

表 9-13 "教师"表的表结构

字段名	数据类型	字段大小	是否主键
教工号	文本	4	是

续表

字段名	数据类型	字段大小	是否主键
姓名	文本	8	
专业	文本	20	
职称	文本	20	
所在院系号	文本	2	

表 9-14　"参与"表的表结构

字段名	数据类型	字段大小	是否主键
教工号	文本	4	
项目号	文本	6	
参与类别	文本	4	

表 9-15　"项目"表的表结构

字段名	数据类型	字段大小	是否主键
项目号	文本	6	是
项目名称	文本	20	
主持人学号	文本	10	
所在院系号	文本	2	
结题时间	日期/时间		
资助经费	数字	整数	
经济效益	数字	整数	
论文数量	数字	整数	

表 9-16　"院系"表的表结构

字段名	数据类型	字段大小	是否主键
院系号	文本	2	是
院系名称	文本	20	

2．创建数据库和表、输入原始记录、建立表与表之间的关系

创建"大学生科技创新项目管理系统"数据库，新建相关表与表之间的关系。各表的"数据表视图"如图 9-6、图 9-7、图 9-8、图 9-9、图 9-10 所示，各表之间的关系如图 9-11 所示。

图 9-6　"学生"表的"数据视图"

图 9-7　"教师"表的"数据视图"

图 9-8　"项目"表的"数据视图"

图 9-9　"院系"表的"数据视图"

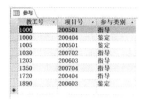

图 9-10　"参与"表的"数据视图"

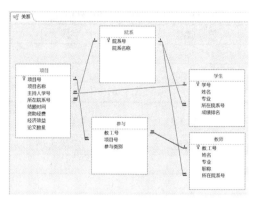

图 9-11　各表之间的关系

9.3.5　应用系统实施阶段

应用系统实施阶段要根据应用系统需求阶段的功能需求分析，设计应用系统的主要功能模块。

1．系统结构

（1）系统模块。

本系统模块结构如图 9-12 所示。Access 应用系统的功能模块由数据库对象中的查询、窗体、报表、宏和模块实现。

图 9-12　系统模块结构

（2）用户界面。

身份验证由一个自动启动的登录窗体完成，成功登录系统后启动自定义菜单，菜单实现消息循环，组织系统的功能模块的执行。

2．项目管理模块的设计

（1）项目的添加、修改和删除。

① 打开"大学生科技创新项目管理系统"数据库，在 Access 工作界面的功能区上选择"创建"选项卡，然后在"窗体"组中单击"窗体向导"按钮，打开"窗体向导"对话框。在"表/查询"下拉列表中选择"表:项目"选项，在"可用字段"列表框中选中相应字段，单击 ➤➤ 按钮，将"可用字段"列表框中除"所在院系号"外的其他字段移动至"选定字段"列表框，如图 9-13 所示。

② 单击"下一步"按钮，选中"纵栏表"单选按钮，如图 9-14 所示。

图 9-13　移动字段（1）

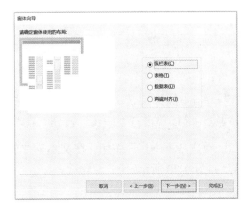

图 9-14　选中"纵栏表"单选按钮

③ 单击"下一步"按钮，在文本框中输入窗体标题"项目管理"，选中"修改窗体设计"单选按钮，如图 9-15 所示，单击"完成"，打开窗体的"设计视图"。

④ 在窗体的"设计视图"中，单击"窗体设计工具—设计"选项卡中"控件"组的"组合框"按钮，在"主体"节的合适位置添加"组合框"控件，在打开的"组合框向导"对话框中，选中"使用组合框获取其他表或查询中的值"单选按钮，如图 9-16 所示。

图 9-15　选中"修改窗体设计"
单选按钮

图 9-16　选中"使用组合框获取其他表或查询中的值"单
选按钮

⑤ 单击"下一步"按钮，在列表框中选择"表:院系"选项，如图 9-17 所示。

⑥ 单击"下一步"按钮，将"可用字段"列表框中的所有字段移动至"选定字段"列表框，如图 9-18 所示。

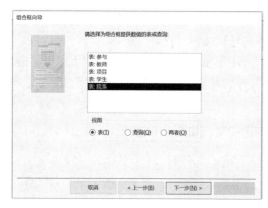

图 9-17　选择"表:院系"选项　　　　　　　　图 9-18　移动字段（2）

⑦ 单击"下一步"按钮，根据需要选择排序方式。继续单击"下一步"按钮，根据需要调整列宽。继续单击"下一步"按钮，在"组合框向导"对话框中进行如图 9-19 所示的设置。

⑧ 单击"下一步"按钮，在文本框中输入"所在院系"，为组合框指定标签，单击"完成"按钮，如图 9-20 所示。

图 9-19　选中"将该数值保存在这个字段中"单选按钮　　　图 9-20　为组合框指定标签

⑨ 在"主体"节中添加 7 个"命令按钮"控件，如图 9-21 所示，实现对应的功能。

图 9-21　"项目管理"窗体视图

（2）其他管理模块设计。

限于篇幅，省略其他 4 个管理模块窗体的设计过程。读者可自行完成。

3. 信息查询模块的设计

（1）学生主持项目情况查询模块。

① 打开"大学生科技创新项目管理系统"数据库，在 Access 工作界面的功能区上选择"创建"选项卡，然后在"窗体"组中单击"窗体设计"按钮，打开窗体的"设计视图"。

② 在窗体的"窗体页眉"节添加一个"标签"控件，显示"学生主持项目情况查询"。在窗体的"主体"节添加一个名为"学号"的"组合框"控件，在该控件中显示"学生"表中的"学号"字段，对应的"标签"控件显示"请选择学生的学号"，如图 9-22 所示。

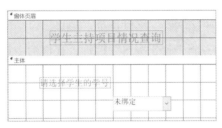

图 9-22 添加"标签"控件和"组合框"控件

③ 在选择"使用控件向导"选项状态下，继在"主体"节中添加一个"命令按钮"控件，打开"命令按钮向导"对话框，分别选择"窗体操作"选项、"打开窗体"选项，如图 9-23 所示。

④ 单击"下一步"按钮，在列表框中选择要打开的窗体"学生管理"，如图 9-24 所示。

图 9-23 选择要执行的操作　　　　　　图 9-24 选择要打开的窗体"学生管理"

⑤ 单击"下一步"按钮，选中"打开窗体并查找要显示的特定数据"单选按钮，如图 9-25 所示。

⑥ 单击"下一步"按钮，指定用来匹配数据的字段，如图 9-26 所示。

图 9-25　选中"打开窗体并查找要显示的特定数据"单选按钮　　　图 9-26　指定用来匹配数据的字段

⑦ 单击"下一步"按钮，确定在该命令按钮上显示的文本为"查询学生信息"，如图 9-27 所示，单击"完成"按钮，"命令按钮"控件添加完成。

⑧ 按上述步骤，再添加一个"命令按钮"控件，在该命令按钮上显示的文本为"查询项目信息"，如图 9-28 所示。根据选定的学号打开对应的"项目管理"窗体，保存窗体。

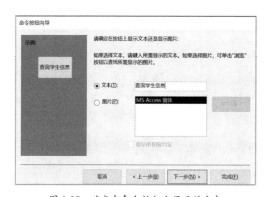

图 9-27　确定在命令按钮上显示的文本

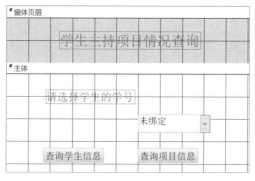

图 9-28　添加一个"命令按钮"控件

（2）其他查询模块设计。

限于篇幅，省略其他查询模块窗体的设计过程。读者可自行完成。

4．信息汇总报表模块的设计

创建一个"各院系已结题项目汇总"报表，对已结题的项目按院系汇总，报表中要包含"院系名称""项目名称""结题时间""资助经费""经济效益""论文数量" 6 个字段，因为报表中包含的字段来自多个表，而且只需要显示已结题的项目，因此需要先创建一个查询，包含已结题项目的"院系名称""项目名称""结题时间""资助经费""经济效益""论文数量" 6 个字段，再以该查询作为记录源创建报表。

① 打开"大学生科技创新项目管理系统"数据库，创建"各院系已结题项目查询"，该查询的设计视图如图 9-29 所示。

② 在报表的设计视图中，以"各院系已结题项目查询"作为记录源，设计报表，如图 9-30 所示。

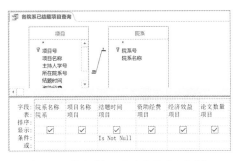

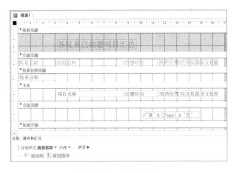

图 9-29　创建"各院系已结题项目查询"　　　　图 9-30　设计报表

③ 按 Ctrl+S 组合键，打开"另存为"对话框，在"报表名称"文本框中输入"各院系已结题项目汇总"，然后单击"确定"按钮，保存完成。在"报表视图"查看"各院系已结题项目汇总"报表，如图 9-31 所示。

图 9-31　"各院系已结题项目汇总"报表

5．切换面板模块设计

① 打开"大学生科技创新项目管理系统"数据库，在"数据库工具"选项卡中，添加"切换面板"组，将"切换面板管理器"按钮添加到"切换面板"组，如图 9-32 所示。

图 9-32　将"切换面板管理器"按钮添加到"切换面板"组

② 创建"切换面板"窗体，如图 9-33 所示。

图 9-33　创建"切换面板"窗体

③ 单击"管理"按钮，打开"管理"面板，如图 9-34 所示。单击"项目管理"按钮，打开"项目管理"窗体（见图 9-21），单击其他按钮，打开对应的窗体。单击"返回"按钮，重新返回"切换面板"窗体。

④ 单击"查询"按钮，打开"查询"面板，如图 9-35 所示。单击"学生主持项目情况"按钮，打开"学生主持项目情况查询"窗体，如图 9-36 所示，单击其他按钮，打开对应的窗

体。单击"返回"按钮，重新返回"切换面板"窗体。

⑤ 单击"报表"按钮，打开"报表"面板，如图 9-37 所示。单击"各院系已结题项目"按钮，打开"各院系已结题项目汇总"报表（见图 9-31）。单击"返回"按钮，重新返回"切换"面板窗体。

图 9-34 "管理"面板

图 9-35 "查询"面板

图 9-36 "学生主持项目情况查询"窗体

图 9-37 "报表"面板

6. 登录模块设计

登录模块用于检查用户的合法性，合法用户允许登录系统，非法用户不允许登录系统。登录模块也是一个窗体，其功能的实现可以使用 VBA 编程。

① 打开"大学生科技创新项目管理系统"数据库，在窗体的"设计视图"中添加两个"文本框"控件和两个"命令按钮"控件，如图 9-38 所示。

② 设置"文本框"控件的属性。将第一个"文本框"的"名称"属性设置为"用户名"，对应的标签修改为"用户名"；将第二个"文本框"的"名称"属性设置为"密码"，"输入掩码"属性设置为"密码"，对应的标签修改为"密码"。设置字号并对齐控件，如图 9-39 所示。

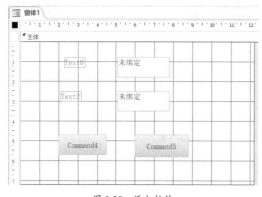

图 9-38 添加控件

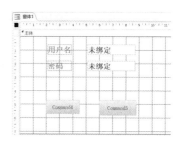

图 9-39 设置"文本框"控件的属性

③ 将"Command4"按钮的"标题"属性设置为"登录","名称"属性设置为"登录",设置"单击"事件,当单击该按钮时,执行 VBA 代码,实现登录操作。

代码如下:

```
Private Sub 登录_Click()
Dim i    As Integer
用户名.SetFocus
If 用户名.Text = "admin" Then
        密码.SetFocus
        If Me!密码 = "123456" Then
                DoCmd.OpenForm "切换面板"
                DoCmd.Close acForm, "登录"
        Else
                If i >= 2 Then
                        MsgBox ("非法用户")
                        DoCmd.Close
                        DoCmd.Quit
                End If
                DoCmd.Beep
                MsgBox ("密码不正确!请重新输入")
                i = i + 1
                密码.Text = ""
        End If
Else
        If i >= 2 Then
                MsgBox ("非法用户")
                DoCmd.Close
                DoCmd.Quit
        End If
        DoCmd.Beep
        MsgBox ("用户名不正确!请重试!")
        i = i + 1
        用户名.Text = ""
    End If
End Sub
```

当单击"登录"按钮时,判断用户输入的用户名、密码与代码中设置的用户名、密码是否相符,如果是合法用户,则打开"切换面板"窗体,否则重新输入,允许输入 3 次。如果是非法用户,则退出数据库系统。

④ 将"Command5"按钮的"标题"属性设置为"取消","名称"属性设置为"取消",设置"单击"事件,当单击该按钮时,执行 VBA 代码,实现取消操作。

代码如下:

```
Private Sub 取消_Click()
DoCmd.Close
```

End Sub

⑤ 设置"命令按钮"控件中文字的字号和对齐方式，如图 9-40 所示。

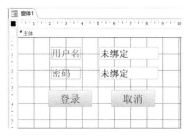

图 9-40　设置"命令按钮"控件的属性

⑥ 关闭窗体，同时以"登录"名保存。

7. 启动窗体设置

① 打开"大学生科技创新项目管理系统"数据库，选择"文件"→"选项"命令，在打开的"Access 选项"对话框中，选择"当前数据库"选项，在对话框右侧的"应用程序标题"文本框中输入"大学生科技创新项目管理系统"，在"显示窗体"下拉列表框中选择"登录"选项，取消勾选"显示导航窗格"复选框，如图 9-41 所示。

图 9-41　"Access 选项"对话框

② 单击"确定"按钮，打开"大学生科技创新项目管理系统"提示对话框，如图 9-42 所示，单击"确定"，关闭数据库后，再重新打开，会直接打开"登录"窗体，如图 9-43 所示。

图 9-42　"大学生科技创新项目管理系统"提示对话框

图 9-43　"登录"窗体

习　题

1. 简述按照软件工程思想开发应用系统的全过程。

2. 修改"大学生科技创新项目管理系统"数据库，增加查询与报表功能。

3. 结合实际设计一个数据库应用系统。

附录 A

常用运算符

运　算　符	功　　能
&	将字符串串接起来
*	计算两个数的乘积
+	计算数值的和
−	计算两个数值的差
/	计算浮点数除法
^	求一个数字的某次方
=	对一个变量或属性赋值
AddressOf	一个一元运算符，它将其后面的过程的地址传递给一个 API 过程，该 API 过程在参数表对应位置中需要一个函数指针
And	该运算符用来做两个表达式结果的逻辑与
<	小于（用来比较表达式）
<=	小于或等于（用来比较表达式）
=	等于（用来比较表达式）
<>	不等于（用来比较表达式）
>	大于（用来比较表达式）
>=	大于或等于（用来比较表达式）
Eqv	两个表达式结果的逻辑等价
Imp	做两个表达式结果的逻辑隐含式
Is	比较两个对象引用
Like	字符串的方式比较
Mod	对两个数作除法并且只返回余数
Not	做两个表达式结果的逻辑非
Or	做两个表达式结果的逻辑或
Xor	做两个表达式结果的逻辑异或

常用函数

函　数	功　能
Abs(number)	返回参数的绝对值，其类型和参数相同
Asc(string)	返回字符串中首字母的 ASCII 码的值
Atn(number)	返回指定数的反正切值
CBool(expression)	如果表达式的值为 0，则返回结果为 False，否则为 True
CByte(expression)	将表达式转换为 Byte 数据类型
CCur(expression)	将表达式转换为 Currcncy 数据类型
CDate(expression)	将表达式转换为 Date 数据类型
CDbl(expression)	将表达式转换为 Doubel 数据类型
CDec(expression)	将表达式转换为 Decimal 数据类型
CInt(expression)	将表达式转换为 Integer 数据类型
CLng(expression)	将表达式转换为 Long 数据类型
CSng(expression)	将表达式转换成 Single 数据类型
CStr(expression)	将数值转换为 String 数据类型
CVar(expression)	将表达式转换为 Variant 数据类型
Chr(charcode)	返回指定字符码所代表的字符
Cos(number)	返回一个 Double，指定一个角的余弦值
Count(expression)	计数
CurDir[(drive)]	返回当前的路径
Date()	返回系统日期
DateAdd(interval, number, date)	返回加上了一段时间间隔的日期
DateDiff(interval, date1, date2[, firstdayofweek[, firstweekofyear]])	返回两个指定日期间的时间间隔
DatePart(interval, ate[,firstdayofweek[, firstweekofyear]])	返回一个包含已知日期的指定时间部分的日期
DateSerial(year, month, day)	将指定的年月日转换为 Date 类型的表达式
DateValue(date)	将字符串类型转换为日期类型
Day(date)	指定的日期转换为该月的第几天
DAvg(expr, domain, [criteria])	可以计算特定记录集（一个域）内一组值的平均值
Dir[(pathname[, attributes])]	检查某些文件或目录是否存在

函　　数	功　　能
DCount(expr, domain, [criteria])	计算特定记录集（一个域）中的记录数
DFirst(expr, domain, [criteria])	从表或查询的特定字段中返回一个随机记录
DLast(expr, domain, [criteria])	从表或查询的特定字段中返回一个随机记录
DLookup(expr, domain, [criteria])	从指定记录集（一个域）获取特定字段的值
DoEvents()	转让控制权，以便让操作系统处理其他的事件
DMin(expr, domain, [criteria])	用于确定指定记录集（一个域）中的最小值
DMax(expr, domain, [criteria])	用于确定指定记录集（一个域)中的最大值
DSum(expr, domain, [criteria])	计算指定记录集（一个域）中的一组值的总和
DStDev(expr, domain, [criteria])	估算全体记录集（一个域）中一组值的标准差
DStDevP(expr, domain, [criteria])	估算全体抽样记录集（一个域）中一组值的标准差
DVar(expr, domain, [criteria])	估算全体记录集（一个域）中一组值的方差
DVarP(expr, domain, [criteria])	估算全体抽样记录集（一个域）中一组值的方差
EOF(filenumber)	检测文件尾
Error[(errornumber)]	显示错误信息
Exp(number)	返回 Double，指定 e（自然对数的底）的某次方
EuroConvert(number, sourcecurrency, targetcurrency, [fullprecision, triangulationprecision])	将数值转换为欧元或者将欧元转换为某个参与货币
Eval(stringexpr)	计算一个结果为文本字符串或数值表达式的值
Format(expression[, format[, firstdayofweek[, firstweekofyear]]])	格式化输出
FreeFile[(rangenumber)]	返回一个已打开文件的文件模式及文件句柄
FV(rate, nper, pmt[, pv[, type]])	计算某项投资的未来价值
GetAttr(pathname)	获得文件及目录或文件夹的属性
Hex(number)	得到某个数值的十六进制的值
Hour(time)	将指定的时间转换为小时数
IIf(expr, truepart, falsepart)	根据表达式的值，返回两部分中的其中一个
Input(number, [#]filenumber)	一次读取文件中的一个字符，并将它显示在"立即窗口"对话框中
InputBox(prompt[, title] [, default] [, xpos] [, ypos] [, helpfile, context])	输入用户数据
InStr([start,]string1, string2[, compare])	查找某个字符串在另一个字符串中首次出现的位置
InstrRev(stringcheck, stringmatch[, start[, compare]])	返回一个字符串在另一个字符串中出现的位置，从字符串的末尾算起
Int(number)	返回参数的整数部分，当参数为负数时，返回小于或等于该参数的最大整数

函　　数	功　　能
Fix(number)	返回参数的整数部分，当参数为负数时，则返回大于或等于该参数的最小整数
IPmt(rate, per, nper, pv[, fv[, type]])	计算每期的付款中有多少是属于利息的
IsDate(expression)	判断表达式是否可以转换为日期格式
IsEmpty(expression)	检查变量是否已经初始化
IsError(expression)	检查数值表达式的结果是否为错误代号
IsNull(expression)	检查变量值是否为 Null
IsNumeric(expression)	判断变量的值是否可以为数值
IsObject(identifier)	判断标识符是否代表对象变量
Join(sourcearray[, delimiter])	返回一个字符串，该字符串是通过连接某个数组中的多个子字符串而创建的
Left(string, length)	获取某个字符串最左边的几个字符
Len(string | varname)	计算某个字符串的长度（字符数）或某个变量的大小（位数）
Loc(filenumber)	返回在打开的文件中当前读/写的位置
LOF(filenumber)	计算已打开文件的大小
Log(number)	计算某个数的自然对数值
LTrim(string)	删除某个字符串开头的空格
RTrim(string)	删除某个字符串结尾的空格
Trim(string)	将两头空格全部删除
Mid(string, start[, length])	获取某个字符串中的几个字符
Minute(time)	转换指定的时间，获取小时后面的分钟数
Month(date)	获取某个日期的月份
MsgBox(prompt[, buttons] [, title] [, helpfile, context])	在对话框中显示消息，等待用户单击按钮，并返回一个 Integer 告诉用户单击哪一个按钮
Now()	返回系统当前的日期与时间
Oct(number)	将某个数值转换为八进制表达式
Rate(nper, pmt, pv[, fv[, type[, guess]]])	计算某项贷款的利率
Right(string, length)	返回某个字符串右边算起的几个字符
Rnd[(number)]	随机生成一个 1～6 的随机整数
Second(time)	转换指定的时间，获取分钟后面的秒数
Seek(filenumber)	返回当前文件位置
Sgn(number)	判断某个数的正负号
Sin(number)	求出一个角的正弦值
Space(number)	生成一个字符串，字符串的内容为空格，长度为指定的长度
Str(number)	将一个数字类型转成字符串类型
Sqr(number)	计算某个数的平方根
String(number, character)	生成一指定长度，且只含单一字符的字符串

续表

函　　数	功　　能
Tab[(n)]	确定在文件或"立即窗口"对话框中的输出位置
Tan(number)	求出一个角的正切
Time()	返回当前系统时间
Val(string)	返回字符串中所含的数值
VarType(varname)	返回变量的数据类型
Weekday(date, [firstdayofweek])	将日期转换为星期几
Year(date)	返回某个日期的年份

附录 C

常用宏操作命令

命　　令	功　　能
AddMenu	窗体或报表的自定义菜单栏，可替换窗体或报表的内置菜单栏
ApplyFilter	从表中检索记录
Beep	使扬声器发出嘟嘟声
CancelEvent	取消一个事件
Close	关闭指定的窗口，如果没有指定窗口，则关闭活动窗口
CopyObject	将指定的数据库对象复制到另外一个 Access 数据库中
DeleteObject	可删除指定的数据库对象
DoMenuItem	执行一个菜单命令
Echo	指定是否打开回响
FindNext	查找下一个符合 FindRecord 操作或"在字段中查找"对话框中指定条件的记录
FindRecord	查找第一个符合 FindRecord 参数指定条件的记录
GoToControl	把焦点移动到打开的窗体、数据表（窗体、表、查询）中当前记录的指定字段或控件上
GoToPage	将焦点移动到活动窗体中指定页的第一个控件上
GoToRecord	将打开的表、窗体或查询结果集中的指定记录变为当前记录
Hourglass	使鼠标指针在宏执行时变成沙漏图像
Maximize	放大活动窗口，使其充满 Access 工作界面
Minimize	将活动窗口缩小成 Access 工作界面底部的小标题栏
MoveSize	移动活动窗口或调整其大小
MessageBox	显示包含警告信息或其他信息的消息框
OpenDataAccessPage	打开一个数据访问页
OpenDiagram	打开一个数据库图表
OpenForm	打开一个窗体
OpenFunction	打开一个用户定义函数
OpenModule	打开指定的 VBA 模块
OpenQuery	打开一个查询
OpenReport	打开一个报表
OpenStoredProcedure	打开一个存储过程

命　　令	功　　能
OpenTable	打开一个表
OpenView	打开一个视图
OutputTo	将 Access 数据库对象中的数据输入 Excel 文件或文本文件中
PrintOut	打印数据库中的活动对象
Quit	退出 Access
Rename	重新命名一个指定的数据库对象
RepaintObject	更新当前数据库对象
Requery	通过重新查询控件的数据源来更新活动对象，指定控件中的数据
Restore	将已最大化或最小化的窗口恢复为原来的大小
RunApp	运行一个应用程序
RunCode	调用 VBA 的 Function 过程
RunCommand	运行 Access 的内置命令
RunMacro	执行宏
RunSQL	运行操作查询和数据定义查询
Save	保存一个 Access 对象
SelectObject	选择指定的数据库对象
SendKeys	将一个击键动作发送到 Access 或活动的 Windows 应用程序中
SendObject	将指定的 Access 数据表、窗体、报表、模块或数据访问页包含在电子邮件消息中，以便查看和转发
SetMenuItem	设置活动窗口、自定义菜单栏或全局菜单栏中的菜单项状态
SetValue	设置窗体、窗体数据表或报表中的字段、控件或属性的值
SetWarnings	打开或关闭系统消息
ShowAllRecords	删除所有已应用过的筛选，并且显示所有记录
ShowToolbar	显示或隐藏内置工具栏或自定义工具栏
StopAllMacros	终止当前所有宏的运行
StopMacro	终止当前正在运行的宏
TransferDatabase	在当前数据库与其他数据库之间导入/导出数据
TransferSpreadsheet	在当前数据库与电子表格文件之间导入/导出数据
TransferText	在当前数据库与文本文件之间导入/导出文本

参考文献

[1] 教育部考试中心. 全国计算机等级考试二级教程——Access 数据库程序设计（2021 年版）. 北京：高等教育出版社，2020.

[2] 白艳. Access 2016 数据库应用教程. 北京：中国铁道出版社，2019.

[3] 尚品科技. Access 数据库开发从入门到精通. 北京：电子工业出版社，2019.